普通高等院校计算机专业（本科）实用教程系列

操作系统实用教程（第三版）实验指导

任爱华　罗晓峰　等编著

清华大学出版社
北　京

内 容 简 介

操作系统课的实验环节一直是操作系统教学的难点。本书通过 Windows 和 Linux 两个操作系统各自的编程接口，提供一些编程实例，以此加深学生对操作系统设计原理的领会和对操作系统实现方法的理解，并且使学生在程序设计方面能够得到基本的训练。

本书提供了操作系统接口的设计实例以及有关进程调度、作业调度、虚存管理、文件管理、设备管理等内容的实践例子。书中的实验环境基于 Windows 操作系统或者 Linux 操作系统。每个实验分为六个部分，即实验目的、实验要求、相关基础知识、实验设计、实验总结、源程序与运行结果。

本书的使用对象是普通高等院校计算机专业的学生，或者是具有一些操作系统基本知识并想进一步了解程序设计以及操作系统实验内容的读者，也可作为普通高等院校操作系统实验教学的参考书。

本书封面贴有清华大学出版社防伪标签，无标签者不得销售。
版权所有，侵权必究。举报：010-62782989，beiqinquan@tup.tsinghua.edu.cn。

图书在版编目（CIP）数据

操作系统实用教程（第三版）实验指导 / 任爱华等编著. —北京：清华大学出版社，2009.9（2024.2重印）
（普通高等院校计算机专业（本科）实用教程系列）
ISBN 978-7-302-20250-9

Ⅰ. 操… Ⅱ. 任… Ⅲ. 操作系统 – 高等学校 – 教学参考资料 Ⅳ. TP316

中国版本图书馆 CIP 数据核字（2009）第 082254 号

责任编辑：郑寅堃　薛　阳
责任校对：焦丽丽
责任印制：杨　艳

出版发行：清华大学出版社
　　　　网　　址：https://www.tup.com.cn，https://www.wqxuetang.com
　　　　地　　址：北京清华大学学研大厦 A 座　　邮　编：100084
　　　　社 总 机：010-83470000　　邮　购：010-62786544
　　　　投稿与读者服务：010-62776969，c-service@tup.tsinghua.edu.cn
　　　　质 量 反 馈：010-62772015，zhiliang@tup.tsinghua.edu.cn
印 装 者：天津鑫丰华印务有限公司
经　　销：全国新华书店
开　　本：185mm×260mm　　印　张：20.75　　字　数：502 千字
版　　次：2009 年 9 月第 1 版　　印　次：2024 年 2 月第 8 次印刷
印　　数：7501～7700
定　　价：49.00 元

产品编号：032663-02

普通高等院校计算机专业（本科）实用教程系列
编 委 会

主　　任　孙家广（清华大学教授，中国工程院院士）

成　　员　（按姓氏笔画为序）
　　　　　王玉龙（北方工业大学教授）
　　　　　艾德才（天津大学教授）
　　　　　刘　云（北京交通大学教授）
　　　　　任爱华（北京航空航天大学教授）
　　　　　杨旭东（北京邮电大学副教授）
　　　　　张海藩（北京信息工程学院教授）
　　　　　徐孝凯（中央广播电视大学教授）
　　　　　耿祥义（大连交通大学教授）
　　　　　徐培忠（清华大学出版社编审）
　　　　　樊孝忠（北京理工大学教授）

丛书策划　徐培忠　徐孝凯

序　言

时光更迭，历史嬗递。中国经济以令世人惊叹的持续高速发展驶入了一个新的世纪，一个新的千年。世纪之初，以微电子、计算机、软件和通信技术为主导的信息技术革命给我们生存的社会所带来的变化令人目不暇接。软件是优化我国产业结构、加速传统产业改造和用信息化带动工业化的基础产业，是体现国家竞争力的战略性产业，是从事知识的提炼、总结、深化和应用的高智型产业；软件关系到国家的安全，是保证我国政治独立、文化不受侵蚀的重要因素；软件也是促进其他学科发展和提升的基础学科；软件作为20世纪人类文明进步的最伟大成果之一，代表了先进文化的前进方向。美国政府早在1992年"国家关键技术"一文中提出"美国在软件开发和应用上所处的传统领先地位是信息技术及其他重要领域竞争能力的一个关键因素"，"一个成熟的软件制造工业的发展是满足商业与国防对复杂程序日益增长的要求所必需的"，"在很多国家关键技术中，软件是关键的、起推动作用（或阻碍作用）的因素"。在1999年1月美国总统信息技术顾问委员会的报告"21世纪的信息技术"中指出"从台式计算机、电话系统到股市，我们的经济与社会越来越依赖于软件"，"软件研究为基础研究方面最优先发展的领域"。而软件人才的缺乏和激烈竞争是当前国际的共性问题。各国、各企业都对培养、引进软件人才采取了特殊政策与措施。

为了满足社会对软件人才的需要，为了让更多的人可以更快地学到实用的软件理论、技术与方法，我们编著了《普通高等院校计算机专业（本科）实用教程系列》。本套丛书面向普通高等院校学生，以培养面向21世纪计算机专业应用人才（以软件工程师为主）为目标，以简明实用、便于自学，反映计算机技术最新发展和应用为特色，具体归纳为以下几点：

1．讲透基本理论、基本原理、方法和技术，在写法上力求叙述详细，算法具体，通俗易懂，便于自学。

2．理论结合实际。计算机是一门实践性很强的科学，丛书贯彻从实践中来到实践中去的原则，许多技术以理论结合实例进行讲解，便于学习理解。

3．本丛书形成完整的体系，每本教材既有相对独立性，又有相互衔接和呼应，为总的培养目标服务。

4．每本教材都配以习题和实验，在各教学阶段安排课程设计或大作业，培养学生的实战能力与创新精神。习题和实验可以制作成光盘。

为了适应计算机科学技术的发展，本系列教材将本着与时俱进的精神不断修订更新，及时推出第二版、第三版……

新世纪曙光激人向上，催人奋进。江泽民同志在十五届五中全会上的讲话："大力推进国民经济和社会信息化，是覆盖现代化建设全局的战略举措。以信息化带动工业化，发挥后发优势，实现社会生产力的跨越式发展"，指明了我国信息界前进的方向。21世纪日趋开放的国策与更加迅速发展的科技会托起祖国更加辉煌灿烂的明天。

孙家广

2004年1月

第三版前言

操作系统课程是一门实践性很强的技术课程，是计算机专业本科生的必修课。开设本实验课的目的在于培养学生的实践能力，促进理论与实践的结合。本书通过两个著名的操作系统 Windows 和 Linux 各自的编程接口，提供一些编程实例，使学生熟悉对操作系统程序接口的使用，并了解如何模拟操作系统原理的实现，加深对操作系统设计原理和实现方法的理解，使学生在程序设计方面能够得到基本的训练。

操作系统本身的构造十分复杂，如何在有效的时间内，使学生既能了解其实现原理，又能对原理部分进行有效的实践，是操作系统教学一直在探索的内容。本书从基本原理出发，提供了不同类型的上机实习题。每个实习题都配有测试通过的源程序代码供读者参考，也对实习题的设计进行了详细的讲解和指导。

本书的使用对象是针对普通高等院校计算机专业的学生，或者是具有一些操作系统基本知识并想进一步了解程序设计以及操作系统实验内容的读者。实验的环境是 Windows 操作系统或者是 Linux 操作系统。Windows 操作系统已经很普及，但是对于 Linux 操作系统并不是每个用户都有所了解，仅是有具体应用目的或者对 Linux 感兴趣的人才会去接触 Linux。所以，在附录 B 中为读者提供了有关 Linux 的安装知识和常用命令。而对 Windows 的使用，我们便主观地认为学生已经熟知了它的使用，所以在介绍实验方法时，只重点介绍编程工具的使用过程以及实验设计本身的内容。

在 Windows 的实验中，重点放在对 Windows 的应用程序接口 API 的使用上。利用这些与操作系统原理直接相关的 API，编写一些实践操作系统概念的实例，便于对抽象概念的理解和具体化；通过阅读本书提供的实例程序代码，使读者得到编程方面的体验和训练。

在 Linux 的实验中，基本上也是在系统调用的层次上对学生进行训练，所不同的是 Linux 是开放源代码的自由软件，读者可以很方便地得到 Linux 操作系统的全部源代码。比如常用的由 Red Hat Software 公司提供的 Red Hat Linux，既可从网站上下载，也可从一般的书店中买到安装光盘。Linux 是深入学习操作系统的有利环境，通过对 Linux 的不断了解，不仅可以深入学习操作系统的设计原理和技巧，还可以在互联网上与热衷于编程的人探讨与 Linux 相关的技术难题。如今的笔记本电脑已经十分普及，从而使 Linux 的实验环境可以随读者的笔记本电脑安装并建立。

本书在 Windows 环境下提供了四个实验，分别是关于操作系统命令接口的设计、进程调度、虚存管理以及文件管理方面的实验内容。

在 Linux 环境下提供了四个实验，分别是关于操作系统的命令接口程序 shell 的编制、虚存管理、作业控制系统以及文件系统方面的实例。

书中有些实验题目是基于北京航空航天大学计算机学院操作系统课设的实验内容，书中配备的实验源程序有一部分来自于学生提交的实际作业。考虑到实验的覆盖面，在附录中增加了存储管理以及命令接口设计等方面的实验实例供读者参考和学习。

本书的 Windows 实验部分由罗晓峰执笔，Linux 的实验部分由李鹏和罗晓峰执笔，任爱华完成全书的统稿、编写和审校工作。参与本书实验的设计与验证工作的还有李萌、张恺、张晓敏、原攀峰、郝美玲、胡宝雷、郭威、丛佩政、张迪、茹晓毅、佘世伟、杨洋、郑志明等。

限于编者水平，错误和不妥之处在所难免，恳请读者批评指正。

任爱华 于北京
2009 年 6 月

目 录

实验一 命令解释程序 ·· 1

  1.1 实验目的 ·· 1
  1.2 实验要求 ·· 1
      1.2.1 基本要求 ·· 1
      1.2.2 进一步要求 ··· 2
      1.2.3 实验步骤建议 ·· 3
  1.3 相关基础知识 ·· 3
      1.3.1 命令解释程序与内核的关系 ··· 3
      1.3.2 系统调用 ·· 4
      1.3.3 重要 API 的使用说明 ··· 10
  1.4 实验设计 ·· 12
      1.4.1 重要的数据结构 ··· 12
      1.4.2 程序实现 ·· 14
  1.5 实验总结 ·· 15
  1.6 源程序与运行结果 ··· 16
      1.6.1 程序源代码 ··· 16
      1.6.2 程序运行结果 ·· 29
      1.6.3 实验报告模板 ·· 29

实验二 虚存管理（Windows） ·· 31

  2.1 实验目的 ·· 31
  2.2 实验要求 ·· 31
      2.2.1 基本要求 ·· 31
      2.2.2 进一步要求 ··· 31
  2.3 相关基础知识 ·· 32
      2.3.1 虚拟存储器 ··· 32
      2.3.2 页式存储管理方式 ·· 32
      2.3.3 Windows 中的虚拟存储技术 ·· 35
  2.4 实验设计 ·· 38
      2.4.1 重要的数据结构 ··· 38
      2.4.2 程序实现 ·· 40
  2.5 实验总结 ·· 45

	2.6	源程序与运行结果	45
		2.6.1 程序源代码	45
		2.6.2 程序运行结果	57

实验三 进程调度 ··· 58

	3.1	实验目的	58
	3.2	实验要求	58
		3.2.1 基本要求	58
		3.2.2 进一步要求	59
	3.3	相关基础知识	59
		3.3.1 进程调度	59
		3.3.2 Windows 中的进程和线程	61
		3.3.3 相关 Win32 API 介绍	62
	3.4	实验设计	64
		3.4.1 重要的数据结构	64
		3.4.2 程序实现	65
	3.5	实验总结	68
	3.6	源程序与运行结果	68
		3.6.1 程序源代码	68
		3.6.2 程序运行结果	83

实验四 文件系统 ··· 85

	4.1	实验目的	85
	4.2	实验要求	85
		4.2.1 基本要求	85
		4.2.2 进一步要求	86
	4.3	相关基础知识	87
		4.3.1 Windows 的文件系统	87
		4.3.2 FAT16 文件系统	88
		4.3.3 相关 API 函数说明	92
	4.4	实验设计	95
		4.4.1 重要的数据结构	95
		4.4.2 程序实现	97
		4.4.3 编译及运行	102
	4.5	实验总结	103
	4.6	源程序与运行结果	103
		4.6.1 程序源代码	103
		4.6.2 程序运行结果	119

实验五　shell 程序 ·· 120

- 5.1　实验目的 ··· 120
- 5.2　实验要求 ··· 120
  - 5.2.1　基本要求 ·· 120
  - 5.2.2　进一步要求 ·· 122
  - 5.2.3　实验步骤建议 ·· 122
- 5.3　相关基础知识 ··· 123
  - 5.3.1　shell 与内核的关系 ·· 123
  - 5.3.2　系统调用 ·· 123
  - 5.3.3　Lex 和 YACC 介绍 ·· 133
- 5.4　实验设计 ··· 134
  - 5.4.1　重要的数据结构 ··· 135
  - 5.4.2　程序实现 ·· 136
- 5.5　实验总结 ··· 143
- 5.6　源程序与运行结果 ·· 143
  - 5.6.1　程序源代码 ·· 143
  - 5.6.2　程序运行结果 ·· 160

实验六　虚存管理（Linux）··· 162

- 6.1　实验目的 ··· 162
- 6.2　实验要求 ··· 162
  - 6.2.1　基本要求 ·· 162
  - 6.2.2　进一步要求 ·· 162
- 6.3　相关基础知识 ··· 163
  - 6.3.1　存储管理 ·· 163
  - 6.3.2　虚拟存储的功能 ··· 163
  - 6.3.3　虚拟存储的抽象模型 ·· 163
  - 6.3.4　按需装入页面 ·· 164
  - 6.3.5　页面交换 ·· 165
  - 6.3.6　共享内存 ·· 166
  - 6.3.7　存取控制 ·· 166
  - 6.3.8　系统页表 ·· 167
  - 6.3.9　页面的分配和释放 ··· 168
  - 6.3.10　内存映射 ··· 169
  - 6.3.11　缺页中断 ··· 170
- 6.4　实验设计 ··· 171
  - 6.4.1　重要的数据结构 ··· 171
  - 6.4.2　虚存管理程序的实现 ·· 172

	6.5	实验总结	178
	6.6	源程序与运行结果	178
		6.6.1 程序源代码	178
		6.6.2 程序运行结果	190

实验七 作业调度 … 192

	7.1	实验目的	192
	7.2	实验要求	192
		7.2.1 基本要求	192
		7.2.2 进一步要求	193
	7.3	相关基础知识	194
		7.3.1 进程及作业的概念	194
		7.3.2 作业调度	195
		7.3.3 进程间通信	196
	7.4	实验设计	198
		7.4.1 重要数据结构	198
		7.4.2 程序实现	199
	7.5	实验总结	201
	7.6	源程序与运行结果	202
		7.6.1 程序源代码	202
		7.6.2 程序运行结果	218

实验八 文件系统 … 219

	8.1	实验目的	219
	8.2	实验要求	219
		8.2.1 基本要求	219
		8.2.2 进一步要求	220
	8.3	相关基础知识	220
		8.3.1 虚拟文件系统	220
		8.3.2 FAT 文件系统结构	224
	8.4	实验设计	229
		8.4.1 重要的数据结构	229
		8.4.2 程序实现	230
	8.5	实验总结	234
	8.6	源程序与运行结果	235
		8.6.1 程序源代码	235
		8.6.2 程序运行结果	253

附录 A 存储管理应用实例 ········· 254
- A.1 概述 ········· 254
- A.2 存储管理对内存硬件的抽象 ········· 255
- A.3 用户编程中申请与释放内存实例分析 ········· 258
  - A.3.1 Malloc.h 文件 ········· 258
  - A.3.2 Malloc.c 文件 ········· 259
  - A.3.3 Test.c 文件 ········· 262
  - A.3.4 Makefile 文件 ········· 263
- A.4 小结 ········· 263
- A.5 习题 ········· 264

附录 B 操作系统接口 ········· 265
- B.1 操作系统接口 ········· 265
  - B.1.1 系统调用 ········· 265
  - B.1.2 shell 命令及其解释程序 ········· 274
- B.2 Linux 的安装 ········· 283
  - B.2.1 安装前的准备 ········· 283
  - B.2.2 建立硬盘分区 ········· 284
  - B.2.3 安装类型 ········· 285
  - B.2.4 安装过程 ········· 286
  - B.2.5 操作系统的安装概念 ········· 286
- B.3 Linux 的使用 ········· 287
  - B.3.1 使用常识 ········· 287
  - B.3.2 文件操作命令 ········· 288
  - B.3.3 文本编辑命令 ········· 294
  - B.3.4 shell 的特殊字符 ········· 296
  - B.3.5 进程控制命令 ········· 300
  - B.3.6 网络应用工具 ········· 303
  - B.3.7 联机帮助 ········· 305
- B.4 系统管理 ········· 305
  - B.4.1 超级用户 ········· 305
  - B.4.2 用户和用户组管理 ········· 306
  - B.4.3 文件系统管理 ········· 308
  - B.4.4 Linux 源代码文件安放结构 ········· 312
- B.5 小结 ········· 313
- B.6 习题 ········· 313

参考文献 ········· 314

实验一 命令解释程序

1.1 实验目的

- 掌握命令解释程序的设计方法。
- 学习 Windows 系统调用的使用，了解目录操作、进程控制等相关知识。
- 理解并发程序中的同步问题。
- 培养 C/C++语言程序设计技能，提高程序设计和文档编写能力。
- 锻炼团队成员的交流与合作能力。

1.2 实验要求

1.2.1 基本要求

本实验要求实现一个简单的命令解释程序，其设计类似于 MS-DOS 的 Command 程序，程序应当具有如下一些重要特征：

- 能够执行 cd、dir、tasklist、taskkill、history、exit 等内部命令。
- 能够创建前台进程和后台进程。

此外，还应做到：

- 使用 VC 建立工程。
- 提供清晰、详细的设计文档和解决方案。

本实验的具体要求如下：

（1）参考 Command 命令解释程序，采用控制台命令行输入，命令提示行是当前目录与提示符 ">"，在提示符后输入命令，执行结果在控制台中显示，如图 1-1 所示。

（2）实现以下内部命令。

- cd <路径> 切换目录。
- dir 显示指定目录下的文件、目录及磁盘空间等相关信息。
- tasklist 显示系统当前进程信息，包括进程标识符 pid、线程数、进程名等。
- taskkill <pid> 结束系统中正在运行的进程，须提供进程标识 pid。
- history 显示控制台中曾经输入过的命令。
- exit 退出控制台。

（3）对前台进程和后台进程的操作。

本实验设计的命令解释程序可以将进程放在前台执行或者后台执行。

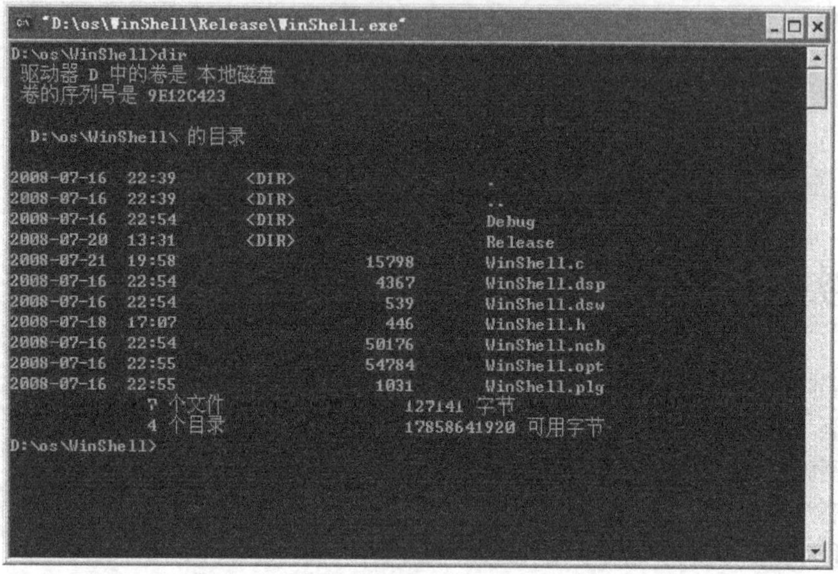

图 1-1 命令解释器界面

启动前台进程，即在提示符下输入：

fp <可执行文件>

启动后台进程的命令格式为：

bg <可执行文件>

解释程序在前台进程运行期间需要一直等待，直到前台进程运行结束才打印命令提示符，而在后台进程运行期间不必等待，会立刻打印出命令提示符，允许用户输入下一条命令。命令解释程序中还需要捕获 Ctrl+C 组合键的信号来结束前台正在运行的进程，并返回用户输入界面，等待新命令输入。

（4）其他要求。

该命令解释程序应该具有相应的出错提示功能。程序每次接收用户输入的一行命令，在用户按下回车键（Enter）后开始执行命令。空命令只打印一个新的提示行，不做其他处理。定义空格为分隔符，程序应能处理命令行中出现的重复空格符。提供帮助命令 help，供使用者查询每个命令的用法。

1.2.2 进一步要求

（1）实现管道命令。命令格式为：

<命令> {| <命令>}

管道命令的作用是将管道分隔符 | 前一个命令的输出作为后一个命令的输入。

（2）仿照 MS-DOS Command 命令解释程序对现有命令语法进行改进，实现命令参数处理功能。例如 dir 命令，附加/A（显示具有指定属性的文件），附加/B（使用空格式），附加/C（在文件大小中显示千位数分隔符）等参数。如 dir /A。

（3）实现进程的前台/后台切换命令，这需要查阅相关 Windows API 来解决。

1.2.3 实验步骤建议

（1）熟悉 Windows 相关 API 函数的调用。
（2）编写小程序练习使用这些系统调用。
（3）编写命令解释器设计文档。
（4）按照设计文档编写代码。
（5）不断完善程序细节。
（6）测试。
（7）写实验报告（包括需求、设计、测试和使用说明等内容，格式可参考 1.6 节源程序与运行结果之"实验报告模板"）。

1.3 相关基础知识

1.3.1 命令解释程序与内核的关系

命令解释程序是用户和系统内核之间的接口程序。对于 Windows 系统来说，由于已经提供了具有良好交互性的图形用户界面，传统的控制台命令解释程序已经很少被广大用户所了解和使用了。但是，对于某些应用，例如删除所有扩展名为 tmp 的文件，或是删除某些具有特殊名字的病毒文件,在图形用户界面下很难甚至不能完成,这时需要通过 Windows 提供的 Command 命令接口来完成。Command 程序是一个命令语言解释器，它拥有自己内建的命令集，用户或其他应用程序都可通过对 Command 程序的调用完成与系统内核的交互。我们可以把系统内核想象成一个球体的中心，Command 命令解释程序就是包围内核的外壳，如图 1-2 所示。

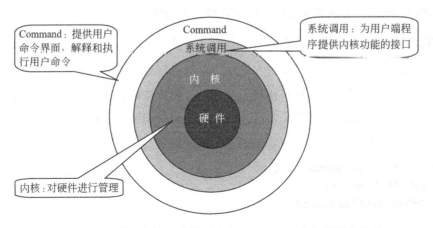

图 1-2 硬件、内核、系统调用以及 Command 之间的层次关系

1.3.2 系统调用

应用程序是以函数调用的方式来通知操作系统执行相应的内核功能。操作系统所能够完成的每一个特殊功能通常都有一个函数与其对应，即操作系统把它所能够完成的功能以函数的形式提供给应用程序使用。应用程序对这些函数的调用叫做系统调用，这些函数的集合就是 Windows 操作系统提供给应用程序编程的接口（Application Programming Interface），简称 Windows API 或 Win32 API（注：某些 Win32 API，如管理 Windows 线程的 API 等，它们并没有操纵内核对象，因此不是系统调用。本实验只讨论 API 的使用，不再做进一步区分）。所有在 Win32 平台上运行的应用程序都可以调用这些函数。

使用 Windows API，应用程序可以充分挖掘 Windows 的 32 位操作系统的潜力。Microsoft 的所有 32 位平台都支持统一的 API，包括函数、结构、消息、宏及接口。使用 Windows API 不但可以开发出在各种 Windows 平台上都能运行的应用程序，而且也可以充分利用每个平台特有的功能和属性。

Windows 的相关 API 都可以在 MSDN 中查到，包括定义、使用方法等。下面简单介绍本次实验中所涉及的 Windows API。

1. GetCurrentDirectory 函数

功能说明
查找当前进程的当前目录，调用成功返回装载到 lpBuffer 的字节数。
格式

```
DWORD GetCurrentDirectory(
    DWORD nBufferLength,
    LPTSTR lpBuffer
)
```

参数说明
nBufferLength：缓冲区的长度。
lpBuffer：指定一个预定义字串，用于装载当前目录。

2. WaitForSingleObject 函数

功能说明
等待一个事件信号直至该信号出现或是超时。若有信号则返回 WAIT_OBJECT_0，若等待超过 dwMilliseconds 时间还是无信号则返回 WAIT_TIMEOUT。
格式

```
DWORD WaitForSingleObject(
    HANDLE hHandle,
    DWORD dwMilliseconds
)
```

参数说明

hHandle：事件的句柄。

dwMilliseconds：最大等待时间，以 ms 计时。

3. SetCurrentDirectory

功能说明

设置当前目录，非 0 表示成功，0 表示失败。

格式

```
BOOL SetCurrentDirectory(
        LPCTSTR lpPathName
)
```

参数说明

lpPathName：新设置的当前目录的路径。

4. FindFirstFile 函数

功能说明

该函数用于到一个文件夹（包括子文件夹）中搜索指定文件，由这个函数返回的句柄可以作为一个参数用于 FindNextFile 函数。这样一来，就可以方便地枚举出与 lpFileName 参数指定的文件名相符的所有文件。

格式

```
HANDLE FindFirstFile(
    LPCTSTR lpFileName,
    LPWIN32_FIND_DATA lpFindFileData
)
```

参数说明

lpFileName：文件名字符串。

lpFindFileData：指向一个用于保存文件信息的结构体。

5. FindNextFile 函数

功能说明

继续查找 FindFirstFile 函数搜索后的文件。由这个函数返回的句柄可以作为一个参数用于 FindNextFile()函数。这样一来，就可以方便地枚举出与 lpFileName 参数指定的文件名相符的所有文件。

格式

```
BOOL FindNextFile(
    HANDLE hFindFile,
    LPWIN32_FIND_DATA lpFindFileData
)
```

参数说明

hFindFile：前一个搜索到的文件的句柄。
lpFindFileData：指向一个用于保存文件信息的结构体。

6. GetVolumeInformation 函数

功能说明

用于获取磁盘相关信息。

格式

```
BOOL GetVolumeInformation(
    LPCTSTR lpRootPathName,
    LPTSTR lpVolumeNameBuffer,
    DWORD nVolumeNameSize,
    LPDWORD lpVolumeSerialNumber,
    LPDWORD lpMaximumComponentLength,
    LPDWORD lpFileSystemFlags,
    LPTSTR lpFileSystemNameBuffer,
    DWORD nFileSystemNameSize
)
```

参数说明

lpRootPathName：磁盘驱动器代码字符串。
lpVolumeNameBuffer：磁盘驱动器卷标名称。
nVolumeNameSize：磁盘驱动器卷标名称长度。
lpVolumeSerialNumber：磁盘驱动器卷标序列号。
lpMaximumComponentLength：系统允许的最大文件长度。
lpFileSystemFlags：文件系统标识。
lpFileSystemNameBuffer：文件系统名称。
nFileSystemNameSize：文件系统名称长度。

7. GetDiskFreeSpaceEx 函数

功能说明

获取与一个磁盘的组织以及剩余空间容量有关的信息。

格式

```
BOOL GetDiskFreeSpaceEx(
    LPCTSTR lpRootPathName,
    PULARGE_INTEGER lpFreeBytesAvailableToCaller,
    PULARGE_INTEGER lpTotalNumberOfBytes,
    PULARGE_INTEGER lpTotalNumberOfFreeBytes,
)
```

参数说明

lpRootPathName：不包括卷名的磁盘根路径名。

lpFreeBytesAvailableToCaller：调用者可用的字节数量。
lpTotalNumberOfBytes：磁盘上的总字节数。
lpTotalNumberOfFreeBytes：磁盘上可用的字节数。

8．FileTimeToLocalFileTime 函数

功能说明

将一个 FILETIME 结构转换成本地时间。

格式

```
BOOL FileTimeToLocalFileTime(
    const FILETIME* lpFileTime,
    LPFILETIME lpLocalFileTime
)
```

参数说明

lpFileTime：包含了 UTC 时间信息的一个结构。
lpLocalFileTime：用于装载转换过的本地时间的结构体。

9．FileTimeToSystemTime 函数

功能说明

根据一个 FILETIME 结构的内容，装载一个 SYSTEMTIME 结构。

格式

```
BOOL FileTimeToSystemTime(
    const FILETIME* lpFileTime,
    LPSYSTEMTIME lpSystemTime
)
```

参数说明

lpFileTime：包含了文件时间的一个结构。
lpSystemTime：用于装载系统时间信息的一个结构体。

10．CreateToolhelp32Snapshot 函数

功能说明

为指定的进程、进程使用的堆（heap）、模块（module）、线程（thread）建立一个快照（snapshot）。快照建立成功则返回快照的句柄，失败则返回 INVAID_HANDLE_VALUE。

格式

```
HANDLE WINAPI CreateToolhelp32Snapshot(
    DWORD dwFlags,
    DWORD th32ProcessID
)
```

参数说明

dwFlags：指定快照中包含的系统内容。

th32ProcessID：指定将要快照的进程 ID。

11. Process32First 函数

功能说明

Process32First 是一个进程获取函数，当使用 CreateToolhelp32Snapshot()函数获得当前运行进程的快照后，可以使用 Process32First()函数获得第一个进程的句柄。

格式

```
BOOL WINAPI Process32First(
    HANDLE hSnapshot,
    LPPROCESSENTRY32 lppe
)
```

参数说明

hSnapshot：快照句柄。

lppe：指向一个保存进程快照信息的 PROCESSENTRY32 结构体。

12. Process32Next 函数

功能说明

获取进程快照中下一个进程信息。

格式

```
BOOL WINAPI Process32Next(
    HANDLE hSnapshot,
    LPPROCESSENTRY32 lppe
)
```

参数说明

hSnapshot：由 Process32First()函数或 Process32Next()函数获得的快照句柄。

lppe：指向一个保存进程快照信息的 PROCESSENTRY32 结构体。

13. OpenProcess 函数

功能说明

OpenProcess()函数打开一个已存在的进程对象。若成功，返回值为指定进程的打开句柄。若失败，返回值为空。

格式

```
HANDLE OpenProcess(
    DWORD dwDesiredAccess,
    BOOL bInheritHandle,
    DWORD dwProcessId
)
```

参数说明

dwDesiredAccess：权限标识。

bInheritHandle：句柄继承标识。
dwProcessId：进程 ID。

14. SetConsoleCtrlHandler 函数

功能说明

添加或删除一个事件钩子（handler）。

格式

```
BOOL SetConsoleCtrlHandler(
    PHANDLER_ROUTINE HandlerRoutine,
    BOOL Add
)
```

参数说明

HandlerRoutine：回调函数的指针。
Add：表示添加或是删除。

15. CreateProcess 函数

功能说明

创建一个新的进程和它的主线程，这个新进程运行指定的可执行文件。

格式

```
BOOL CreateProcess(
    LPCTSTR lpApplicationName,
    LPTSTR lpCommandLine,
    LPSECURITY_ATTRIBUTES lpProcessAttributes,
    LPSECURITY_ATTRIBUTES lpThreadAttributes,
    BOOL bInheritHandles,
    DWORD dwCreationFlags,
    LPVOID lpEnvironment,
    LPCTSTR lpCurrentDirectory,
    LPSTARTUPINFO lpStartupInfo,
    LPPROCESS_INFORMATION lpProcessInformation
)
```

参数说明

lpApplicationName：指定可执行模块的字符串。
lpCommandLine：指定要运行的命令行。
lpProcessAttributes：决定返回句柄能否被继承，该参数定义了进程的安全特性。
lpThreadAttributes：决定返回句柄能否被继承，该参数定义了进程之主线程的安全特性。
bInheritHandles：表示新进程是否从调用进程处继承了句柄。
dwCreationFlags：控制优先类和进程的创建标志。

lpEnvironment：指向一个新进程的环境块。
lpCurrentDirectory：指定子进程的工作路径。
lpStartupInfo：决定新进程的主窗体显示方式的结构体。
lpProcessInformation：接收新进程的识别信息。

16．GetExitCodeProcess 函数

功能说明

获取一个已中断进程的退出代码。

格式

```
BOOL GetExitCodeProcess(
    HANDLE hProcess,
    LPDWORD lpExitCode
)
```

参数说明

hProcess：为进程句柄。
lpExitCode：指向接受退出码的变量。

17．TerminateProcess 函数

功能说明

以给定的退出码终止一个进程。

格式

```
BOOL TerminateProcess(
    HANDLE hProcess,
    UINT uExitCode
)
```

参数说明

hProcess：进程句柄。
uExitCode：进程退出码。

1.3.3　重要 API 的使用说明

这里详细介绍实验中涉及的、重要的 Windows API 函数。

1．创建进程

Windows 中使用 CreateProcess()函数创建进程，与 Linux 中的 fork()函数有所不同。Windows 里的进程/线程是继承自 OS/2 的。在 Windows 中，"进程"是指一个程序，而"线程"是一个"进程"里的一个执行"线索"。从核心上讲，Windows 与 Linux 的多进程并无多大的区别，Windows 中的线程相当于 Linux 中的进程，是一个实际正在执行的代码，同一个进程里的各个线程之间是共享数据段的。在 Windows 中，当使用 CreateProcess()创建一个进程时，系统也会为其创建一个主线程，并从指定的可执行代码处开始运行，而不像 Linux 那样从创建处开始运行。此后，可以使用 CreateThread()函数为进程创建更多的线程。

CreateProcess()函数包含了多个参数，这里只介绍几个相关的参数，其他参数使用默认值。

```
BOOL CreateProcess(
    LPCTSTR lpApplicationName,
    LPTSTR lpCommandLine,
    LPSECURITY_ATTRIBUTES lpProcessAttributes,
    LPSECURITY_ATTRIBUTES lpThreadAttributes,
    BOOL bInheritHandles,
    DWORD dwCreationFlags,
    LPVOID lpEnvironment,
    LPCTSTR lpCurrentDirectory,
    LPSTARTUPINFO lpStartupInfo,
    LPPROCESS_INFORMATION lpProcessInformation
)
```

主要参数说明

lpApplicationName：这是指向一个 NULL 结尾的、用来指定可执行模块的字符串。这个字符串可以是可执行模块的绝对路径，也可以是相对路径。在后一种情况下，函数使用当前驱动器和目录建立可执行模块的路径。这个参数可以设置为 NULL，在这种情况下，可执行模块的名称必须处于 lpCommandLine 参数的最前面并由空格符与后面的字符分开。

lpCommandLine：指向一个 NULL 结尾的、用来指定要运行的命令行。这个参数可以为空，这时函数将使用参数指定的字符串当作要运行的程序的命令行。如果 lpApplicationName 和 lpCommandLine 参数都不为空，那么 lpApplicationName 参数指定将要被运行的模块，lpCommandLine 参数指定将被运行的模块的命令行。

lpStartupInfo：指向一个用于决定新进程的主窗体如何显示的 STARTUPINFO 结构体，包括窗口的显示位置、大小，是否有输入和输出及错误输出（具体参见 MSDN 的参数说明）。其中输出句柄可以用于进程的管道通信。使用这个结构体时要注意先要初始化它的大小，当进程创建的时候可以用 GetStartupInfo 来获得 STARTUPINFO 结构体。

lpProcessInformation：指向一个用来接收新进程的识别信息的 PROCESS_INFORMATION 结构体。其中包含了新进程的多个信息。例如进程句柄、进程主线程的句柄、进程 ID、主线程 ID。通过获得的进程信息即可对该进程进行进一步操作。

2. 处理控制台消息

本实验需要在用户按下 Ctrl+C 组合键时终止当前进程的运行，这需要程序能够处理相应的控制台消息。处理控制台消息首先需要安装一个事件钩子，可通过 SetConsoleCtrlHandler()函数来完成。

格式

```
BOOL SetConsoleCtrlHandler(
    PHANDLER_ROUTINE HandlerRoutine,
    BOOL Add
)
```

参数说明

Add：值为 TRUE 时表示添加一个事件钩子，为 FALSE 时则表示删除对应的事件钩子。

HandlerRoutine：指向处理消息事件的回调函数的指针，原型如下

```
BOOL WINAPI HandlerRoutine(
    DWORD dwCtrlType
)
```

所有 HandlerRoutine() 函数都只有一个参数 dwCtrlType，表示控制台发出了什么消息，可能有以下取值。

- Ctrl_C_Event：用户按下 Ctrl+C 组合键，或者由 GenerateConsoleCtrlEvent API 发出。
- Ctrl_Break_Event：用户按下 Ctrl+Break 组合键，或者由 GenerateConsoleCtrlEvent API 发出。
- Ctrl_Close_Event：当试图关闭控制台程序时，系统发送关闭消息。
- Ctrl_Logoff_Event：用户退出时，但是不能确定是哪个用户。
- Ctrl_Shutdown_Event：当系统被关闭时的取值。

当收到事件消息时，HandlerRoutine() 可以选择处理，或是简单的忽略。如果回调函数选择忽略，函数返回 FALSE，系统将处理下一个钩子程序。如果选择处理消息，程序在处理完消息后应该返回 TRUE。

1.4 实验设计

本实验是在 Windows XP＋VC 6.0 环境下实现的，利用 Windows SDK 提供的系统接口（API）完成程序的功能。实验在 Windows 系统下安装 VC 后进行，因为 VC 是一个集成开发环境，其中包含了 Windows SDK 所有工具和定义，所以安装了 VC 后就不用特意安装 SDK 了。实验中所用的 API，即应用程序接口，是操作系统提供的、用以进行应用程序设计的系统功能接口。要使用这些 API，需要包含对这些函数进行说明的 SDK 头文件，最常见的就是 windows.h。一些特殊的 API 调用还需要包含其他的头文件。

由于本实验涉及了较多的 API，所以建议安装 MSDN 作为参考。

1.4.1 重要的数据结构

1. 历史命令循环数组

在 history 命令中，用数组来存放我们输入过的历史命令。假设一个能够记录 12 条历

史记录的数组如图 1-3（a）所示。数组的定义如下：

```
typedef struct ENV_HISTROY{
    int start=0;
    int end=0;
    char his_cmd[12][100];
} ENV_HISTORY;
ENV_HISTORY envhis;
```

可以看到，每个 his_cmd[i] 对应图中一块圆环，一共 12 块，能存放 12 条命令。当用户输入一个命令时，只需执行如下语句即可将输入存入相应数组中：

```
envhis.end=envhis.end+1;
strcpy(envhis.his_cmd[envhis.end],input);
```

但是，还需要考虑如图 1-3（b）所示的情况。

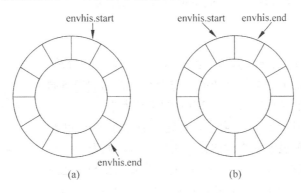

图 1-3 循环数组示意图

在这种情况下 end=12，当我们再输入一条命令时，如果还是用上面两条命令进行处理"end=end+1"，则 end=13 就会出错。所以应对程序进一步修改为：

```
envhis.end=(envhis.end+1)%12;
    if (envhis.end==envhis.start){
    envhis.start=(envhis.start+1)%12;
}
strcpy(envhis.his_cmd[envhis.end],input);
```

经过这样的处理，就可以达到循环的目的了。

2．文件信息链表

在实验中，我们需要把 dir 命令取得的文件信息用链表保存，输出这些信息时对链表进行遍历。

链表结点的定义如下：

```
typedef struct files_Content
{
```

```
    FILETIME time;           //文件创建时间
    char name[200];          //文件名
    int type;                //普通文件/目录标识
    int size;                //文件大小
    struct files_Content *next;
}files_Content;
```

1.4.2 程序实现

实现程序的流程如图 1-4 所示。程序一开始需要对一些变量进行初始化，例如初始化 history。接着获得当前目录，打印命令提示符，等待用户输入。用户完成输入之后，解析命令，再根据命令解析结果分别调用相应的命令函数进行处理，显示处理结果。如果输入命令为 exit，则结束程序，否则继续打印提示符，等待用户输入。

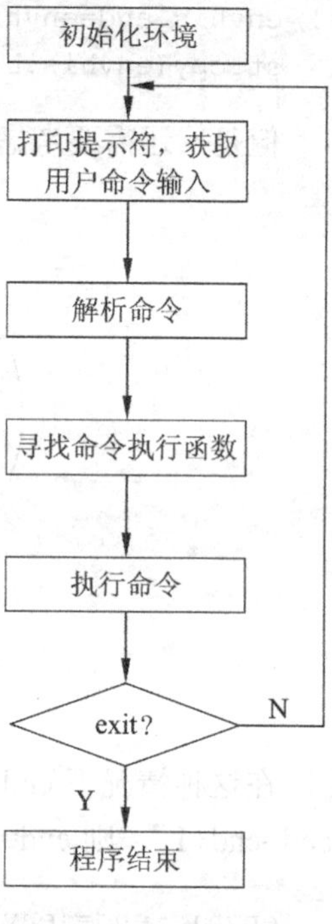

1. 解析命令

解析命令就是分析 input 数组中的输入，分离命令和参数。参数和命令的分隔是由空格符完成的。将命令读入 arg[0]指向的字符串中，将命令参数读入 arg[1]指向的字符串中。

例如：输入"cd c:\temp"命令，首先将命令存入 input 数组，然后从 input 数组中依次读取命令中的字符。假设 cd 与 c:\temp 之间无意中输入了多个空格，则先略去多余空格；之后将 cd 存入 arg[0]指向的字符串，将 c:\temp 存入 arg[1]指向的字符串中，以便进行下一步处理。

图 1-4 程序流程图

```
for (i=0, j=0, k=0; i<input_len;i++)
{
    if (input[i] == ' ' || input[i] == '\0')
    {
        if (j == 0)      /*去掉连在一起的多个空格*/
            continue;
        else
        {
            buf[j++]='\0';
            arg[k]=(char*)malloc(sizeof(char)*j);
            strcpy(arg[k++], buf);  /*将指令或参数复制到 arg 中*/
            j=0;                    /*准备取下一个参数*/
        }
    }
    else
    {
```

```
            buf[j++]=input[i];
        }
    }
```

接下来根据 arg[0]指向字符串的不同，确定应该执行的命令函数。

```
if (strcmp(arg[0], "cd") == 0) {
    add_history(input);              /* 将输入的命令添加到历史命令中 */
    for (i=3, j=0; i <= input_len; i++)   /* 获取 cd 命令的相关参数 */
        buf[j++]=input[i];
    buf[j]='\0';
    arg[1]=(char*)malloc(sizeof(char) * j);
    strcpy(arg[1], buf);
    cd_cmd(arg[1]);                  /* 显示 cd 命令 */
    free(input);
    continue;
}
```

上面一段代码显示执行的是 cd 命令，将用户输入的命令添加到历史命令中，通过一个 for 循环将空格后（空格保存在 input[2]中）的参数存入 buf，使 arg[1]指向 buf 的首地址，再将 arg[1]作为参数传给命令处理函数 cd_cmd(arg[1])。

2. 命令处理

命令的处理与执行命令的目的有关，其中系统调用是重要组成部分。

```
void cd_cmd(char *route)
{
    if ( !SetCurrentDirectory(route))   /*设置当前目录,若失败则返回出错信息*/
    {
        printf(TEXT("SetCurrentDirectory failed (%d)\n"),
        GetLastError());
    }
}
```

以上是 cd 命令的处理函数，涉及的 Windows API 为 SetCurrentDirectory()函数，它的作用是设置当前目录为指定路径，若失败则返回出错信息。

其余命令处理函数结构类似，具体实现请参照源代码，这里就不一一赘述了。

1.5 实验总结

本次实验为命令解释程序的设计和编写。通过实验，学生可以学习到用户如何通过命令行界面与系统内核进行交互，掌握系统调用的相关知识。在实验中，学生可以参考实验样例或 MS-DOS、Linux 等系统的命令解释（shell）程序，设计自定义的命令集，以完成更多的实用功能。此外，实验还使学生可以初步了解一些 Windows 核心编程的知识，并掌握一些常见 Windows API 的使用方法。

本次实验为 Windows 系列实验的第一次实验，希望学生在所有实验活动的过程中养成勤于分析问题、查阅资料和记录文档的习惯，加强团队沟通能力，使软件开发能力进一步提高。

1.6 源程序与运行结果

1.6.1 程序源代码

1. WinShell.h 文件

```
#define BUFSIZE MAX_PATH
#define HISNUM 12                          /*可以最多保存 12 个历史命令*/
char buf[BUFSIZE];

/*保存历史命令的结构体*/
typedef struct ENV_HISTROY{
    int start;
    int end;
    char his_cmd[HISNUM][100];
}ENV_HISTORY;
ENV_HISTORY envhis;

/*保存文件或目录相关信息*/
typedef struct files_Content
{
    FILETIME time;
    char name[200];
    int type;
    int size;
    struct files_Content *next;
}files_Content;
```

2. WinShell.c 文件

```
#define _WIN32_WINNT 0x0501                /*Windows API 版本*/

#include <stdio.h>
#include <stdlib.h>
#include <windows.h>
#include <winbase.h>
#include <Wincon.h>
#include <tlhelp32.h>
#include <malloc.h>
```

```c
#include <string.h>
#include <direct.h>
#include "WinShell.h"

int main()
{
    /****************** 声明程序中用到的函数 ******************/
    void cd_cmd(char *dir);                    /* 显示 cd 命令 */
    void dir_cmd(char *dir);                   /* 显示 dir 命令 */
    void ftime(FILETIME filetime);             /* 显示文件创建时间 */
    void GetProcessList();                     /* 获得系统当前进程列表 */
    void history_cmd();                        /* 获得最近输入的命令 */
    void add_history(char *inputcmd);          /* 将输入的命令添加到命令历史中*/
    HANDLE process(int bg, char appName[]);/* 创建进程 */
    BOOL killProcess(char *pid);               /* kill 进程 */
    BOOL WINAPI ConsoleHandler(DWORD CEvent);  /* 回调函数 */
    void help();                               /* 显示帮助信息 */

    char c, *input, *arg[2], path[BUFSIZE];
    int input_len=0,is_bg=0,i,j,k;
    HANDLE hprocess;                           /* 进程执行结束，返回进程句柄 */
    DWORD dwRet;

    while(1)
    {
        /* 将指向输入命令的指针数组初始化 */
        for (i=0; i<2; i++)
            arg[i]=NULL;
        /* 获得当前目录，返回的地址存入"path"中 */
        /* BUFSIZE 是最多能够保存的地址长度 */
        dwRet=GetCurrentDirectory(BUFSIZE, path);

        if (dwRet==0)
        {
            /* 返回当前目录失败，输出出错信息 */
            printf("GetCurrentDirectory failed (%d)\n", GetLastError());
        }
        else if (dwRet>BUFSIZE)
        {
            /*BUFSIZE 长度小于返回地址长度，输出需要多少长度*/
            printf("GetCurrentDirectory failed (buffer too small; need %d chars)\n", dwRet);
        }
        else
```

```c
    /*输出当前目录*/
    printf("%s>", path);

/*************************** 输入 ***************************/

input_len=0;
/*将无用字符过滤掉*/
while((c=getchar()) == ' ' || c == '\t' || c == EOF)
if (c == '\n')                    /* 输入为空时,结束本次循环打印提示符 */
    continue;
while(c != '\n')
{
    buf[input_len++]=c;
    c=getchar();
}
buf[input_len++]= '\0';           /* 加上串结束符 */

/* 分配动态存储空间,将命令从缓存复制到 input 中 */
input=(char*) malloc(sizeof(char) * (input_len));
strcpy(input, buf);

/*********************** 解析指令 ***************************/

for (i=0, j=0, k=0; i<input_len;i++)
{
    if (input[i] == ' ' || input[i] == '\0')
    {
        if (j == 0)               /* 去掉连在一起的多个空格 */
            continue;
        else
        {
            buf[j++]='\0';
            arg[k]=(char*)malloc(sizeof(char)*j);
            strcpy(arg[k++], buf);  /* 将指令或参数复制到 arg 中 */
            j=0;                    /* 准备取下一个参数 */
        }
    }
    else
    {
        buf[j++]=input[i];
    }
}

/*********************** 内部命令处理 ***********************/
```

```c
/* cd 命令 */
if (strcmp(arg[0], "cd") == 0){
    add_history(input);                      /*将输入的命令添加到历史命令中*/
    for (i=3, j=0; i <= input_len; i++)/*获取 cd 命令的相关参数*/
        buf[j++]=input[i];
    buf[j]='\0';
    arg[1]=(char*) malloc(sizeof(char) * j);
    strcpy(arg[1], buf);
    cd_cmd(arg[1]);                          /* 显示 cd 命令 */
    free(input);
    continue;
}

/*dir 命令*/
if (strcmp(arg[0], "dir") == 0){
    char *route;
    add_history(input);
    if (arg[1] == NULL)   /* 没有输入 dir 目录参数，dir 目录为当前目录*/
    {
        route=path;
        dir_cmd(route);
    }
    else
        dir_cmd(arg[1]);                    /* dir 目录参数由 arg[1]获得 */
    free(input);
    continue;
}

/*tasklist 命令*/
if (strcmp(arg[0], "tasklist") == 0) {
    add_history(input);
    GetProcessList();                        /* 获得系统当前进程列表 */
    free(input);
    continue;
}

/* 前台进程 */
if (strcmp(arg[0], "fp") == 0) {
    add_history(input);
    if (arg[1] == NULL)
    {
        printf("没有指定可执行文件\n");
        free(input);
        continue;
```

```c
        }
        is_bg=0;                                    /*后台标志置 0*/
        hprocess=process(is_bg);                    /*返回创建的进程句柄*/
        if (WaitForSingleObject(hprocess, INFINITE) == WAIT_OBJECT_0)
        /* 如果进程执行完毕，释放控制台 */
            free(input);
        continue;
    }

    /* 后台进程 */
    if (strcmp(arg[0], "bg&") == 0)
    {
        add_history(input);
        if (arg[1] == NULL)
        {
            printf("没有指定可执行文件\n");
            free(input);
            continue;
        }
        is_bg=1;                                    /*后台标志置 1*/
        process(is_bg);
        free(input);
        continue;
    }

    /*kill 进程*/
    if (strcmp(arg[0],"taskkill") == 0)
    {
        BOOL success;
        add_history(input);
        success=killProcess(arg[1]);                /* arg[1]指向进程 ID */
        if (!success)
            printf("kill process failed!\n");
        free(input);
        continue;
    }

    /* 显示历史命令 */
    if (strcmp(arg[0], "history") == 0)
    {
        add_history(input);
        history_cmd();                              /* 获得最近输入的命令 */
        free(input);
        continue;
    }
```

```c
            /* exit 命令 */
            if (strcmp(arg[0], "exit") == 0)
            {
                add_history(input);
                printf("Bye bye!\n");
                free(input);
                break;                                      /* 退出 */
            }

            if (strcmp(arg[0], "help") == 0)
            {
                add_history(input);
                help();
                free(input);
                continue;
            }
            else
            {
                printf("please type in correct command!\n");    /*出错提示*/
                continue;
            }
        }
    }
}
/******************* 主程序完 *********************/


/******************* 相关命令处理函数 *********************/


/******************* cd 命令 *********************/
void cd_cmd(char *route)
{
    if ( !SetCurrentDirectory(route))    /*设置当前目录,若失败则返回出错信息*/
    {
        printf(TEXT("SetCurrentDirectory failed (%d)\n"), GetLastError
        ());
    }
}

/******************* dir 命令 *******************/
void dir_cmd(char *route)
{
    WIN32_FIND_DATA FindFileData;           /* 将查找到的文件或目录以 */
```

```c
                files_Content head, *p, *q;           /* WIN32_FIND_DATA 结构返回 */
                HANDLE hFind=INVALID_HANDLE_VALUE;    /*定义指向文件结构体的指针*/
                DWORD dwError;
                char volume_name[256];
                int file=0, dir=0;                    /* 文件数目和目录数目初始值为 0 */
                _int64 sum_file=0;                    /* 总文件大小为 0 字节,其值较大, */
                                                      /* 保存为 64 位整数 */
                _int64 l_user, l_sum, l_idle;         /* 已用空间，总容量，可用空间 */
                unsigned long volume_number;
                char *DirSpec[3];

                DirSpec[0]=(char*)malloc(sizeof(char) * 2);
                strncpy(DirSpec[0], route, 1);
                *(DirSpec[0] + 1)='\0';               /* DirSpec[0]为驱动器名 */
                DirSpec[1]=(char*)malloc(sizeof(char) * 4);
                strcpy(DirSpec[1], DirSpec[0]);
                strncat(DirSpec[1], ":\\", 3);        /* DirSpec[1]用于获得驱动器信息 */
                DirSpec[2]=(char*)malloc(sizeof(char) * (strlen(route) + 2));
                DirSpec[3]=(char*)malloc(sizeof(char) * (strlen(route) + 5));
                strcpy(DirSpec[2], route);
                strcpy(DirSpec[3], route);
                strncat(DirSpec[2], "\\", 2);         /* DirSpec[2]为 dir 命令的目录名 */
                strncat (DirSpec[3], "\\*.*", 5);     /* DirSpec[3]用于查找目录中的文件 */
                hFind=FindFirstFile(DirSpec[3], &FindFileData);
                if (hFind == INVALID_HANDLE_VALUE)    /* 查找句柄返回为无效值，查找失败 */
                {
                    printf ("Invalid file handle. Error is %u\n", GetLastError());
                }
                else
                {
                    /* 获取卷的相关信息 */
                    GetVolumeInformation(DirSpec[1], volume_name, 50, &volume_number,
                        NULL, NULL, NULL, 10);

                    if (strlen(volume_name) == 0)
                        printf(" 驱动器 %s 中的卷没有标签。\n", DirSpec[0]);
                    else
                        printf(" 驱动器 %s 中的卷是 %s \n", DirSpec[0], volume_name);
                    printf(" 卷的序列号是 %X \n\n", volume_number);
                    printf("  %s 的目录 \n\n", DirSpec[2]);
                    head.time=FindFileData.ftCreationTime;  /*获得文件创建时间,存入文件结
                                                              构体*/
                    strcpy(head.name, FindFileData.cFileName); /*获得文件名,存入文件结构
                                                                 体*/
```

```c
/* 如果数据属性是目录，type 位为 0 */
if ( FindFileData.dwFileAttributes == FILE_ATTRIBUTE_DIRECTORY)
{
    head.type=0;
    dir++;
}
else
{
    /* 如果数据属性是文件，type 位为 1 */
    head.type=1;
    head.size=FindFileData.nFileSizeLow; /* 将文件大小存入结构体中 */
    file++;
    sum_file += FindFileData.nFileSizeLow;  /* 将文件大小累加 */
}
p=&head;
/* 如果还有下一个数据，继续查找 */
while (FindNextFile(hFind, &FindFileData) != 0)
{
    q=(files_Content*)malloc(sizeof(files_Content));
    q->time=FindFileData.ftCreationTime;
    strcpy(q->name, FindFileData.cFileName);
    if ( FindFileData.dwFileAttributes == FILE_ATTRIBUTE_DIRECTORY)
    {
        q->type=0;
        dir++;
    }
    else
    {
        q->type=1;
        q->size=FindFileData.nFileSizeLow;
        file++;
        sum_file += FindFileData.nFileSizeLow;
    }
    p->next=q;
    p=q;
}
p->next=NULL;
p=&head;
/* 将结构体中数据的创建时间、类型、大小、名称等信息依次输出 */
while(p != NULL)
{
```

```c
                ftime(p->time);
                if (p->type == 0)
                    printf("\t<DIR>\t\t");
                else
                    printf("\t\t%9lu", p->size);
                printf ("\t%s\n", p->name);
                p=p->next;
            }
            free(p);
            /* 显示文件和目录总数以及磁盘空间相关信息 */
            printf("%15d 个文件\t\t\t%I64d 字节 \n", file, sum_file);
            GetDiskFreeSpaceEx(DirSpec[1],(PULARGE_INTEGER)&l_user,
                (PULARGE_INTEGER)&l_sum, (PULARGE_INTEGER)&l_idle);
            printf("%15d 个目录\t\t\t%I64d 可用字节 \n", dir, l_idle);

            dwError=GetLastError();
            FindClose(hFind);
            /*如果出现其他异常情况，输出出错信息*/
            if (dwError != ERROR_NO_MORE_FILES)
            {
                printf ("FindNextFile error. Error is %u\n", dwError);
            }
        }
}

/***************** 时间处理函数 ************************/
void ftime(FILETIME filetime)
{
    SYSTEMTIME systemtime;
    /* Win32 时间的低 32 位 */
    if (filetime.dwLowDateTime == -1)
    {
        wprintf(L"Never Expires ");
    }
    else
    {
        /* 将 UTC(Universal Time Coordinated)文件时间转换成本地文件时间 */
        if (FileTimeToLocalFileTime(&filetime, &filetime) != 0)
        {
            /* 将 64 位时间转换为系统时间 */
            if (FileTimeToSystemTime(&filetime, &systemtime) != 0)
            {
                char str[50];
                /*以一定格式输出时间*/
                wsprintf(str, "%d-%02d-%02d  %02d:%02d",
```

```c
                    systemtime.wYear, systemtime.wMonth, systemtime.wDay,
                    systemtime.wHour, systemtime.wMinute);
                printf("%s", str);
            }
            else
            {
                /* wprintf 输出 UNICODE 字符 */
                wprintf(L"FileTimeToSystemTime failed ");
            }
        }
        else
        {
            wprintf(L"FileTimeToLocalFileTime failed ");
        }
    }
}

/******************** 获取系统进程命令 ************************/
void GetProcessList()
{
    HANDLE hProcessSnap=NULL;
    PROCESSENTRY32 pe32={0};
    /* 对系统中进程进行拍照 */
    hProcessSnap=CreateToolhelp32Snapshot(TH32CS_SNAPPROCESS, 0);
    if ( hProcessSnap == INVALID_HANDLE_VALUE)
        printf("\nCreateToolhelp32Snapshot() failed:%d", GetLastError
            ());

    /* 使用前要填充结构大小 */
    pe32.dwSize=sizeof(PROCESSENTRY32);
    /* 列出进程 */
    if ( Process32First (hProcessSnap, &pe32) )
    {
        DWORD dwPriorityClass;
        printf("\n 优先级\t\t 进程 ID\t\t 线程\t\t 进程名\n");
        do {
            HANDLE hProcess;
            hProcess=OpenProcess(PROCESS_ALL_ACCESS,
                        FALSE, pe32.th32ProcessID);
            dwPriorityClass=GetPriorityClass (hProcess);
            CloseHandle(hProcess);
            /* 输出结果 */
            printf("%d\t", pe32.pcPriClassBase);
            printf("\t%d\t", pe32.th32ProcessID);
            printf("\t%d\t", pe32.cntThreads);
```

```c
            printf("\t%s\n", pe32.szExeFile);
        }
        while (Process32Next (hProcessSnap, &pe32)) ;
    }
    else
        printf("\nProcess32finst() failed:%d", GetLastError ());
    CloseHandle (hProcessSnap);
}


/******************** history 命令 *************************/
void add_history(char *inputcmd)
{
    /*end 前移一位*/
    envhis.end=(envhis.end + 1) % HISNUM;
    /*end 和 start 指向同一数组*/
    if (envhis.end == envhis.start)
    {
        /*start 前移一位*/
        envhis.start=(envhis.start+1) % HISNUM;
    }
    /*将命令存入 end 指向的数组中*/
    strcpy(envhis.his_cmd[envhis.end], inputcmd);
}

/******************** 显示 history 命令 ***********************/
void history_cmd()
{
    int i, j=1;
    if (envhis.start == envhis.end)        /*循环数组为空, 什么也不做*/
        ;
    else if (envhis.start<envhis.end) {
        /* 显示 history 命令数组中 start+1 到 end 的命令 */
        for (i=envhis.start + 1;i <= envhis.end; i++)
        {
            printf("%d\t%s\n", j, envhis.his_cmd[i]);
            j++;
        }
    } else {
        /* 显示 history 命令数组中 start+1 到 HISNUM-1 的命令 */
        for (i=envhis.start + 1;i<HISNUM; i++)
        {
            printf("%d\t%s\n", j, envhis.his_cmd[i]);
            j++;
        }
```

```c
        /*显示 history 命令数组中 0 到 end+1 的命令*/
        for (i=0; i <= envhis.end+1; i++)
        {
            printf("%d\t%s\n", j, envhis.his_cmd[i]);
            j++;
        }
    }
}

/******************** 创建进程命令 ********************/
HANDLE process(int bg, char appName[])
{
    /* 初始化进程相关信息 */
    STARTUPINFO si;
    PROCESS_INFORMATION pi;
    /* 用于版本控制 */
    si.cb=sizeof(si);
    GetStartupInfo(&si);
    /* 擦去 pi 的内容 */
    ZeroMemory(&pi, sizeof(pi));
    if (bg == 0)      /* 前台进程 */
    {
        /* 设置钩子，捕捉组合键 Ctrl+C 命令，收到即结束进程 */
        if (SetConsoleCtrlHandler((PHANDLER_ROUTINE)ConsoleHandler,TRUE)
              == FALSE)
        {
            printf("Unable to install handler!\n");
            return NULL;
        }
        /* 执行一个可执行文件 */
        CreateProcess(NULL, appName, NULL, NULL, FALSE, 0, NULL, NULL, &si,
            &pi);
        return pi.hProcess;
    }
    else     /* 后台进程 */
    {
        /* 设置进程窗口选项 */
        si.dwFlags=STARTF_USESHOWWINDOW;
        /* 隐藏窗口 */
        si.wShowWindow=SW_HIDE;
        CreateProcess(NULL, appName, NULL, NULL, FALSE, CREATE_NEW_CONSOLE,
                    NULL, NULL, &si, &pi);
        return NULL;
    }
}
```

```c
/********************** kill 进程命令 ************************/
BOOL killProcess(char *pid)
{
    int id, i;
    DWORD   dwExitStatus;
    HANDLE hprocess;
    id=atoi(pid);
    hprocess=OpenProcess(PROCESS_TERMINATE, FALSE, id);
    GetExitCodeProcess(hprocess, &dwExitStatus);
    if (i=TerminateProcess(hprocess, dwExitStatus))
        return TRUE;
    else
        return FALSE;
}

/********************** 回调函数 **********************/
BOOL WINAPI ConsoleHandler(DWORD CEvent)
{
    switch(CEvent)
    {
    case CTRL_C_EVENT:                  /* 由系统处理事件，包括按下组合键 Ctrl+C 等 */
        break;
    case CTRL_BREAK_EVENT:
        break;
    case CTRL_CLOSE_EVENT:
        break;
    case CTRL_LOGOFF_EVENT:
        break;
    case CTRL_SHUTDOWN_EVENT:
        break;
    }
    return TRUE;
}

/****************** 显示帮助 ********************/
void help()
{
    printf("cd:切换当前目录。\n 输入形式：cd ..\n\t  cd [drive:][path](cd c:\\temp)    \n 注：cd 命令以空格为分隔符，区分命令和参数。\n\n");
    printf("dir:显示目录中的文件和子文件列表。\n 输入形式：dir \n\t  dir [drive:][path](dir c:\\temp)  \n 注：cd 命令以空格为分隔符，区分命令和参数。\n\n");
    printf("tasklist:显示系统中当前的进程信息。\n 输入形式：tasklist\n\n");
```

```
    printf("fp:创建进程并在前台执行。\n 输入形式：fp\n\n");
    printf("bg&:创建进程并在后台执行。\n 输入形式：bg&\n\n");
    printf("taskkill:终止进程。\n 输入形式：taskkill [pid]\n\注：taskkill 命令
以空格为分隔符，pid 为进程 id。\n\n");
    printf("history:显示历史命令。\n 输入形式：history\n\n");
    printf("exit:退出。\n 输入形式：exit\n\n");
}
```

1.6.2 程序运行结果

程序运行结果如图 1-5 所示。

图 1-5　程序运行结果样例

1.6.3 实验报告模板

操作系统实验报告

实验一　命令解释程序

姓名 XXX

1.1 需求说明

1.1.1 基本需求
这里列出实验要求中规定的基本要求，包括功能需求和非功能（性能）需求。

1.2 进阶需求
这里列出实验要求中提出的进一步要求，或者自行提出的实验改进点。

1.3 设计说明
1.3.1 结构设计
用流程图、结构图、用例图等描述程序的整体结构，并辅以文字说明。对于非标准图表（如流程图、结构图等）应在图中给出图注。

1.3.2 功能设计
这里给出各功能模块的设计方案或实现方法。

1.3.2.1 重要的数据结构设计
这里给出程序中使用的重要数据结构（struct、union、class、常量等）的说明。

1.3.2.2 主要函数或接口设计
这里给出主要函数或接口的功能说明、实现方法和调用关系。

1．函数功能说明

这里列出主要函数（模块）的功能说明，应包括函数格式、参数说明、功能和返回值说明。参考格式如下：

cd_cmd 函数

功能说明

执行 cd（切换目录）命令，根据参数提供的路径名切换当前目录。

函数格式

`void cd_cmd(char *route)`

参数说明

route：路径名字符串，必须是绝对路径。

2．函数调用关系

这里给出各函数或接口的调用关系图，并辅以必要的文字说明。

1.4 测试和使用说明
这里给出程序的编译、运行环境和运行结果样例。

1.4.1 使用说明
列出程序的开发环境，如操作系统、使用的编程语言、开发工具和组件等。
列出程序的运行环境，如操作系统、必要的运行库等。

1.4.2 测试说明
列出各功能测试结果。每个测试说明应包括输入（动作）描述、输出（响应）描述以及相应的程序运行截图。

1.5 其他说明
包括实验小组成员分工说明、实验未完成部分说明、实验总结以及其他的意见或建议等。

1.6 程序清单
列出所有源代码、可执行程序、文档、测试使用的数据文件清单。

实验二 虚存管理（Windows）

2.1 实验目的

- 了解 Windows 2000/XP 的内存管理机制，掌握页式虚拟存储技术。
- 理解内存分配原理，特别是以页面为单位的虚拟内存分配方法。
- 掌握"最不频繁使用淘汰算法"，即 LFU 页面淘汰算法。

2.2 实验要求

2.2.1 基本要求

通过本实验，要求学生能够了解页式存储管理机制，并实现一个简单的虚存管理程序。具体要求如下：

（1）设计并实现一个虚存管理程序，模拟一个单道程序的页式存储管理，用一个一维数组模拟实存空间，用一个文本文件模拟辅存空间。

（2）建立一张一级页表。

（3）程序中使用函数 do_request() 随机产生访存请求，访存操作包括读取、写入、执行三种类型。

（4）实现函数 do_response() 响应访存请求，完成虚地址到实地址的定位及读/写/执行操作，同时判断并处理缺页中断。

（5）实现 LFU 页面淘汰算法。

2.2.2 进一步要求

要求学生在完成上述基本要求的基础上对程序的功能和性能进行改进，改进建议如下：

（1）实现多道程序的存储控制。

（2）建立一张多级页表或快表。

（3）将函数 do_request() 和 do_response() 实现在不同进程中，通过进程间通信（如 FIFO）完成访存控制的模拟。

（4）实现其他更高效的页面淘汰算法，如"最近最久未使用淘汰算法"，即 LRU 算法。

2.3 相关基础知识

2.3.1 虚拟存储器

存储管理子系统是操作系统中最为重要的组成部分之一，它负责为各程序统一分配内存资源。一个进程在计算机上运行，操作系统必须为其分配内存空间，使其部分或全部驻留在内存中。早期的程序比较简单，对内存需求并不高，因此操作系统可以使用实存管理技术管理内存资源，如分区式存储管理方式。但是，随着计算机技术的发展，多道程序和分时技术的出现，程序对内存这种宝贵而有限的资源需求越来越高，实存管理技术已经不能适应需求，因此出现了虚拟存储技术。虚拟存储技术主要可以提供以下几种功能。

- 大地址空间：系统的虚拟内存可以比系统的实际内存大很多倍。
- 进程的保护：系统中的每一个进程都有自己的虚拟地址空间，即逻辑地址空间。这些虚拟地址空间是完全分开的，从而使一个进程的运行不会影响其他进程。
- 内存映射：内存映射用来把文件映射到进程的地址空间。在内存映射中，文件的内容直接链接到进程的虚拟地址空间内。而进程的虚拟地址空间通常对应到存储管理使用的相应的数据结构上，如页表或者段表等。取决于采用何种存储管理技术。
- 共享内存：虽然虚拟内存允许进程拥有自己单独的虚拟地址空间，但有时可能会希望进程共享内存。

虚拟存储技术是在主存与辅存之间增加部分软件及必要的硬件支持，使主辅存之间的信息交换、程序的重定位、地址转换都能自动进行，从而使主辅存形成一个有机的整体。从程序员角度看，可以用到的空间远远大于主存的实际空间，速度接近于主存，价格接近于辅存，这种概念的存储器称为虚拟存储器。对于虚拟存储器的管理有三种方式：段式管理、页式管理和段页式管理。这里主要介绍页式管理。

页式虚拟存储器的基本思想是：用户程序的正文段、数据段和堆栈段总的大小可能超过可用物理内存的大小，用户程序在运行过程中，操作系统只是将当前经常访问的页面装入内存，而将那些暂时不访问的页面放在外存。当访问到放在外存的页面时，操作系统把那些暂时不访问且驻留在内存中的页面调到外存，把那些即将要访问的页面调到内存，这种内外存之间的页面交换是操作系统根据程序运行的需要而自动完成的，用户对此全然不知，而是错觉为全部程序均常驻内存，这就是虚拟存储器，简称虚存。

虚拟存储器同样可以在多道程序方式下工作，例如，在 2MB 内存中可以为 8 个 1MB 的程序各分配 256KB 空间，对每个程序来说都好像运行在一台独立的 256KB 内存的机器上，当一个程序由于等待 I/O 操作暂不能运行时，操作系统就把 CPU 交给另一个进程使用，从而有效地支持了在多道程序方式下多个进程的并发运行。

2.3.2 页式存储管理方式

页式存储管理是最常用的一种虚存管理机制，它根据计算机程序的时间局部性和空间局部性原理，采用按需装入策略实现内存的扩充。页式存储管理的实现方法分为以下几步。

1．等分内存

分页式管理的主要特征是将内存等分为大小固定的若干块，一般每块的大小为 2^9、2^{10} 或 2^{11} 单元（若以字节为单位，即为 512B、1024B 或 2048B），每个这样的内存块称为一页。内存被等分成页（块）之后，地址编号再不是字节（或字）了，而是以页号进行编址，如 0，1，…，n 页。同样，把每个用户程序的虚地址空间划分为同样大小的若干页面，每个页面也对应着一个编号，称之为页号。物理内存的每一页为实页，或称为（物理）块；虚地址空间的每一页则为虚页。

按照这种页式概念，用户访问内存的地址形式应理解为由相对页号和页内地址两部分组成。当用户要访问内存时，系统应将相对页号转换成物理块号，页内地址不变，从而形成访问内存的实际地址。

页面的大小直接影响地址转换和页式存储管理的性能。如果页面的尺寸太大，甚至和作业的地址空间相差无几，这种方法实际上就相当于分区式管理。反之，如果太小，则页表冗长，系统需要提供更多的寄存器（或存储单元）来存放页表，从而大大增加了计算机系统的成本，综合各种因素，大部分分页系统所采用的页面尺寸为 512B～8KB。

2．建立页表

每一个用户作业都被均等地分成若干页，并以页为单位把各页面分散装入主存的块中。为了建立逻辑地址空间到实存空间的映射关联，需要给每个运行的用户作业建立一张页表。如表 2-1 所示，页表的内容通常包括页号、特征位、物理块号、外存地址。作业空间有多少页，该页表就有多少项，这些项数体现了虚拟内存有多少页面，即虚拟内存的大小或者说是虚拟内存的地址空间。

表 2-1　页表

页号	特征位	物理块号	外存地址
0	1	2	0x1234
1	0	3	0x5678
⋮	⋮	⋮	⋮

系统除了为每个用户作业建立一张页表之外，还应设立一张内存分配总表，也称为存储分块表，这种表按照物理块号从小到大顺序排列，反映内存全部页面的分配情况。

3．动态地址转换

系统有了页表之后，就可以对作业地址空间中的每一页进行动态重定位，对于一个作业在主存中的位置来说，无须完全连续，仅要求每个页面中的位置必须是连续的。地址转换过程如下：

（1）系统根据作业号把该作业的页表在主存中的起始地址以及页表长度取到始址寄存器中。

（2）将 CPU 给出的虚地址由地址变换机构自动分成两部分。在分页系统中，假设虚地址长度为 32 位,页面大小为 2^{10} 单元,则其地址结构的格式如图 2-1 所示。

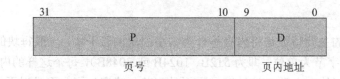

图 2-1 分页系统地址结构示意图

(3) 根据页表始址寄存器中的页表始址,找到作业的页表。

(4) 根据虚地址中的页号在页表中查找对应的物理块号,若对应页表项的特征位为 0,即该页未装入内存,则产生缺页中断。

(5) 将物理块号和虚地址中的页内地址直接拼接在一起,形成访问内存的物理地址。

4. 缺页处理

在实际系统中,用户作业当前用到的页面放在主存中,其他的页面则放在磁盘上,因此,若从页表查出该页信息不在主存中而在磁盘上时,则会产生缺页中断。这时作业被迫停止执行,转入执行缺页中断处理程序。缺页中断处理程序负责把所需的页从磁盘上调入内存,并把实际页号填入页表,更改特征位,然后再继续执行被中断的程序。

缺页中断处理过程涉及许多方面的问题。例如,作业副本以文件形式存放在外存,在进行页面交换的时候,必然要涉及文件系统管理和外设管理。

5. 页面淘汰

在发生缺页中断需要进行调页时,若主存中没有空闲块,就需要淘汰旧页面,为新页腾出空间。为了保证作业不因等待新页而中断运行,一般都设有一个临界量,当空闲块数小于这个临界量时就进行页面的淘汰工作。

通常被淘汰的页面应该是不常用的页面,否则在淘汰该页面之后不久又需要马上将其调入内存,会使系统的页面调度过于频繁,造成"抖动(颠簸)"现象。常见的页面淘汰算法有下列几种。

- 先进先出算法(FIFO):该算法总是首先淘汰在主存中驻留时间最长的作业。
- 最近最久未使用淘汰算法(LRU):该算法根据一个作业在过去的执行过程中的页面踪迹来推测未来的情况,淘汰最近一段时间内最久未用过的页面。
- 最不频繁使用淘汰算法(LFU):该算法是 LRU 算法的一种近似算法,通过计数器淘汰作业执行过程中使用次数最少的页面。
- 最优算法(OPT):淘汰将在最长时间后才要访问的页面。该算法仅是一个理论算法,用于评价对各种算法的比较与分析。

在以上几种算法中,FIFO 算法实现最简单,但效率不高。LRU 算法效率较高,但实现较难,通常使用其近似算法(如 LFU 算法)替代,从而简化实现过程。OPT 算法虽是一种最佳算法,但并不实用,通常只做研究使用。

2.3.3 Windows 中的虚拟存储技术

Windows 采用分页存储技术来管理内存的使用。Windows 在实现虚拟存储技术的时候，利用页面文件（paging file）来实现物理内存的扩展。所谓页面文件就是 Windows 2000/XP 在硬盘上分配的、用来存储没有装入内存的程序和数据文件部分的磁盘文件。这个文件是一个名叫 pagefile.sys 的系统隐藏文件，系统安装时，会在安装系统盘的根目录下创建该文件，其默认值大于计算机中 RAM 的 1.5 倍。需要调入页面时，Windows 2000/XP 会将数据从页面文件移至内存，而淘汰页面时则将数据从内存移至页面文件以便为新数据腾出空间。页面文件也被称为交换文件。

页面文件和物理内存（或 RAM）构成"虚拟内存"。如果系统要求的内存量超过了虚拟内存的大小，则系统就会出现提示，发出虚拟内存不足的警告。可以根据需要设置虚拟内存的大小，方法是：右击"我的电脑"，选择"属性"→"高级"→"性能"选项栏的"设置"→"高级"→"更改"；在这个设置功能下，还可以在其他分区或者磁盘下新增（默认情况非系统盘没有）页面文件，这样相应的磁盘根目录下也会出现一个系统隐藏文件 pagefile.sys。设置界面（Windows XP 系统）如图 2-2 所示。

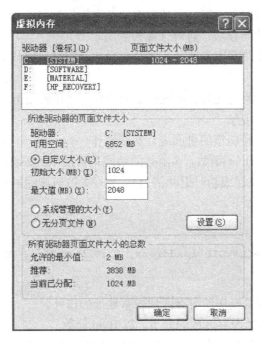

图 2-2　Windows XP 虚拟内存的设置

1. 虚存页面的状态和操作

每一个进程的虚拟地址空间中的页面根据状态可以分为三种：提交页面、保留页面和空闲页面。下面逐一解释它们的含义。

- 提交（Committed）页面：提交页面是已分得物理存储的虚拟地址页面，通过设定该区域的属性可对它加以保护，例如设置为"只读"。系统在第一次读写页面时，进行初始化并将提交的页面装入物理内存；当进程结束时系统将释放提交页面的存储空间。当然也可以使用 VirtualFree()函数（函数的使用说明会在稍后给出）进行存储空间的释放。
- 保留（Reserved）页面：保留页面是逻辑页面已分配但没有分配物理存储的页面。这样可以在进程中保留一部分虚拟地址，如果没有释放这些地址，则进程中进行的其他内存分配操作就不能使用该段虚拟地址空间。可以使用 VirtualFree()函数将提交页面转换为保留页面。
- 空闲（Free）页面：空闲页面是指那些可以保留或提交的可用页面，对当前的进程是不可存取的。可以使用系统函数 VirtualFree()将提交页面或保留页面转换为空闲页面。

针对上述几种虚拟内存页面所处的几种不同状态，可以对其进行不同的操作，这些操作包括保留、提交、回收和释放一个区域以及对一个虚拟内存区域加锁或解锁等。各操作的含义解释如下。
- 保留：保留进程的虚拟地址空间，而不分配物理存储空间。
- 提交：在内存中为进程的虚拟地址分配物理存储空间。可以对处于空闲状态或保留状态的页面进行提交操作，也可以对已经提交的页面再次进行提交操作。
- 回收：释放物理内存空间，但是虚拟地址空间仍然保留，它与提交相对应，即可以回收已经提交的内存块，有时又称为除配。
- 释放：将物理存储和虚拟地址空间全部释放，它与保留相对应，即可以释放已经保留的内存块。
- 加锁：可以对已经提交的页面进行加锁操作，这样就使得这些页面常驻内存而不会产生通常的缺页现象。
- 解锁：可以对已经加锁的页面进行解锁操作。

前面提到了 VirtualFree()函数，该函数的功能是释放（release）或取消提交（decommit）一个内存区域，当函数执行成功时返回值为 0，执行失败时则返回一个非 0 值。VirtualFree()函数的格式和参数说明如下。

格式

```
BOOL VirtualFree(LPVOID lpAddress, SIZE_T dwSize, DWORD dwFreeType)
```

参数说明

lpAddress：指向将要操作的内存区域的基地址的指针。

dwSize：将要操作的内存区域的大小，以 Byte 计数。

dwFreeType：操作类型，有两种取值。MEM_DECOMMIT 表示取消提交指定内存区域，即将页面置为保留状态；MEM_RELEASE 表示释放指定内存区域，即将页面置为空闲状态。

2. 存储系统的统计指标

系统中维护结构体 MEMORYSTATUS 保存了系统对物理内存和虚拟内存的使用情况。可以通过 GlobalMemoryStatus()函数来获得这个结构体，该函数接受的唯一参数为指向用于保存 MEMORYSTATUS 结构体信息区域的指针。下面给出 MEMORYSTATUS 结构体的格式和参数说明。

注意：结构体的参数中除了最后两项是与各个不同进程相关的，其他的参数是关于整个系统的信息，对所有进程都是一样。

格式

```
typedef struct _MEMORYSTATUS {
    DWORD dwlength;
    DWORD dwMemoryload;
    SIZE_T dwTotalPhys;
    SIZE_T dwAvailPhys;
    SIZE_T dwTotalPagefile;
    SIZE_T dwAvailPagefile;
    SIZE_T dwTotalVirtual;
    SIZE_T dwAvailVirtual;
} MEMORYSTATUS, *LPMEMORYSTATUS;
```

参数说明

dwlength：指明本结构体所占空间的大小，在使用 GlobalMemoryStatus()函数从系统中获取这个结构体的数据的时候，该系统函数会给这个域设置正确的值。

dwMemoryload：物理存储使用负荷指数，使用了一个百分数表示当前物理内存已经被占用的比率。在利用 Win32 API 查询得到的结果中，这个比率只精确到个位，而且是选择进一原则，即如果使用了 78.2%的物理内存，则显示占用 79%。

dwTotalPhys：系统中安装的物理内存总数，以 Byte 计数。

dwAvailPhys：可用物理内存数，以 Byte 计数。

dwTotalPagefile：页面文件总量，也就是系统在外存上为虚拟内存系统分配的页面文件（paging file）的总量，以 Byte 计数。

dwAvailPagefile：可用的页面文件大小，以 Byte 计数。

DwTotalVirtual：本进程中用户可以访问的虚存空间总量，对于目前的 32 位 Windows 系统，在总共 4GB 的虚存空间中，高端的 2GB 是被系统占用的，只有低端的 2GB 才是用户可以访问的。此处以 Byte 计数，也就是说在 Windows 2000/XP（32 位）系统中，该数字应该显示为 2147352576。

dwAvailVirtual：本进程中用户可以访问的虚存空间中可用部分的大小，也就是还没有被程序分配的用户虚拟空间大小，以 Byte 计数。

除了采用上述的结构来表示关于系统虚拟存储系统的信息以外，我们还关心进程的某一段具体的虚拟存储空间的状态。为此，系统也有相应的结构体 MEMORY_BASIC_INFORMATION，用来说明我们对一段具体的虚存空间可以关注哪些方面的属性。可以通过 Win32 函数 VirtualQuery()查询从某一虚存地址开始的虚存页面的一些属性，并以本结构体返回结果，该结构体在 windows.h 中定义。各属性含义如下。

格式

```
typedef struct _MEMORY_BASIC_INFORMATION {
    PVOID BaseAddress;
    PVOID AllocationBase;
    DWORD AllocationProtect;
    DWORD RegionSize;
    DWORD State;
    DWORD Protect;
    DWORD Type;
} MEMORY_BASIC_INFORMATION;
```

参数说明

BaseAddress：一个虚存地址，该结构体所包含的信息，就是从这个地址开始的、属性相同的、虚存地址的属性信息。

AllocationBase：表示用 VirtualAlloc()函数分配包括该段内存在内的、内存块时分配动作的基地址，即起始地址。

AllocationProtect：代表分配该段地址空间时的页面属性，如 PAGE_READWRITE（可读写）、PAGE_EXECUTE（可执行）等（其他属性可参考 Platform SDK）。

RegionSize：从 BaseAddress 开始，具有相同属性（这里列出的属性）的地址空间的大小。

State：当前这片虚存页面的状态，如上面讲到的三种取值，MEM_COMMIT（提交页面）、MEM_FREE（空闲页面）和 MEM_ RESERVE（保留页面）。这个参数对我们来说是最重要的，从中便可以知道指定内存页面的状态。

Protect：页面的属性，其可能的取值与 AllocationProtect 相同。

Type：指明该内存块的类型，有三种可能值，MEM_IMAGE（映射的文件属于可执行映像部分的内存）、MEM_MAPPED（映射的文件不属于可执行映像部分的内存，这种内存包含那些从页面文件映射的内存）和 MEM_PRIVATE（私有的、不和其他进程共享的，并且未用来映射任何文件的内存）。

2.4 实验设计

本实验参考程序在 Windows XP+VC 6.0 环境下开发。程序模拟了单道程序的内存访问控制过程。

2.4.1 重要的数据结构

1. 页表

```
typedef struct
{
```

```
    unsigned int blockNum;      /*物理块号*/
    BOOL filled;                /*页面装入特征位*/
    BYTE proType;               /*页面保护类型*/
    BOOL edited;                /*页面修改标识*/
    unsigned long auxAddr;      /*外存地址*/
    unsigned long count;        /*页面使用次数*/
} PageTableItem, *Ptr_PageTableItem;
```

该数据结构描述了一张一级页表的页表项的全部属性。属性字段意义如下。

blockNum：物理块号。

filled：页面装入特征位，TRUE 表示已装入，FALSE 表示未装入。

proType：页面保护类型，包括只读、可读写等共七种类型，在稍后会介绍。

edited：页面修改标识，TRUE 表示已修改，FALSE 表示未修改。

auxAddr：页面对应的辅（外）存地址。

count：页面被使用的次数。

根据此结构，可如下定义页表：

```
PageTableItem pageTable[PAGE_SUM];
```

其中，PAGE_SUM 为页表项个数，即虚存空间包含的虚页的个数。页表项的相对位置即为页号。

2. 访存请求

```
typedef struct
{
    MemoryAccessRequestType reqType;    /*访存请求类型*/
    unsigned long virAddr;              /*虚地址*/
    BYTE value;                         /*写请求的值*/
} MemoryAccessRequest, *Ptr_MemoryAccessRequest;
```

该数据结构定义了访存请求的格式，由 do_request()函数填充内容并提交给 do_response()函数进行处理。访存请求类型包括 READ、WRITE、EXECUTE 三种。

- READ：请求读取 virAddr 虚地址处的内容。
- WRITE：请求在 virAddr 虚地址处写入 value 表示的值。
- EXECUTE：请求执行 virAddr 虚地址处的代码。

3. 页面保护类型

```
#define READABLE    0x01        /*可读标识*/
#define WRITABLE    0x02        /*可写标识*/
#define EXECUTABLE  0x04        /*可执行标识*/
```

以上三个常量定义了页面的保护类型标识。在页表中可以使用如：pageTable[i].proType = READABLE|WRITABLE 的方式表示第 i 个页面的保护类型是"可读写"的。若要判断一个页面是否可读，只需判断 proType & READABLE 的值，若为 0 则该页不可读，若不为 0 则该页可读。

2.4.2 程序实现

程序的整体流程如图 2-3 所示。

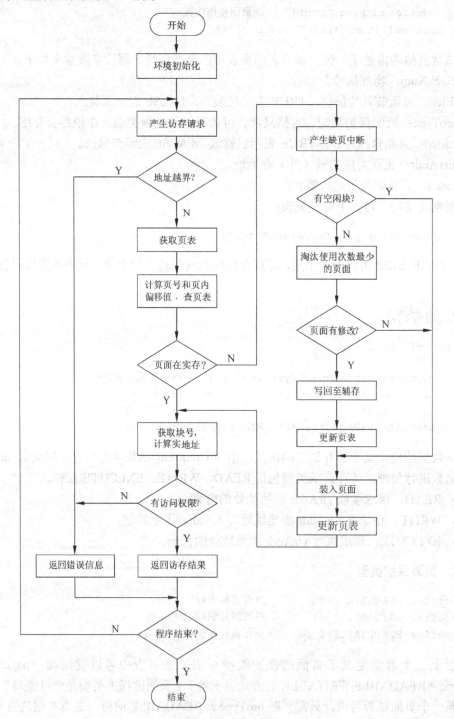

图 2-3　程序流程图

1. 初始化环境

do_init()函数负责将页表、实存和外存内容进行初始化,并通过随机方式设置页面的装入情况和保护类型。可通过库函数中的 rand()函数来获得一个 0~RAND_MAX 之间的随机数,RAND_MAX 的值在 stdlib.h 中定义。rand()函数生成的并非真正的随机数,而是使用某个初始值(称为"种子")计算出来的一个序列,当序列足够大时,则符合正态分布,相当于产生了随机数。在使用 rand()之前须先调用 srand()函数或 randomize()函数设置用于生成随机序列的"种子",若不设置种子则默认种子值为 1。相同的种子会产生相同的随机数序列。通常种子可以通过 srand((unsigned int) time(NULL))的方式进行设置,其中 time()函数会返回 1970 年 1 月 1 日 UTC 时间 0 时 0 分 0 秒开始至今的秒数。

do_init()函数中关于随机设置页面保护类型部分的例子如下:

```
#include <stdlib.h>
#include <time.h>
void do_init()
{
    int i;
    srand((unsigned int) time(NULL));
    for (i = 0; i < PAGE_SUM; i++)
    {
        ⋮               /*随机将页面保护类型设置为以下七种情况中的一种*/
        switch (rand() % 7)
        {
            case 0:     /*只可读取*/
            {
                pageTable[i].proType = READABLE;
                break;
            }
            case 1:     /*只可写入*/
            {
                pageTable[i].proType = WRITABLE;
                break;
            }
            case 2:     /*只可执行*/
            {
                pageTable[i].proType = EXECUTABLE;
                break;
            }
            case 3:     /*可读取或写入*/
            {
                pageTable[i].proType = READABLE | WRITABLE;
                break;
            }
            case 4:     /*可读取或执行*/
```

```
                    {
                        pageTable[i].proType = READABLE | EXECUTABLE;
                        break;
                    }
                case 5:         /*可写入或执行*/
                    {
                        pageTable[i].proType = WRITABLE | EXECUTABLE;
                        break;
                    }
                case 6:         /*可读取、写入或执行*/
                    {
                        pageTable[i].proType = READABLE | WRITABLE | EXECUTABLE;
                        break;
                    }
                default:
                    break;
            }
        }
        …
}
```

2. 产生访存请求

do_request()函数通过随机数方式产生访存请求的类型和虚地址,若访存类型为"写入",则还须产生一个待写入的值,并将所有内容填入 MemoryAccessRequest 结构体中,交给 do_response()函数进行访存操作。

3. 缺页中断和页面替换

do_page_fault()函数用于完成缺页中断处理。这里使用一个全局 bool 型数组 blockStatus[BLOCK_SUM]标识物理块是否被占用,其中 BLOCK_SUM 为物理块的总数。遍历 blockStatus 数组,选择一个未使用的块进行调页,若没有空的块则调用 do_LFU()函数进行页面替换。

do_LFU()函数使用 LFU(最不频繁使用)策略完成页面替换。根据页表项的 count 属性即可选出使用次数最少的页面进行淘汰,从而从外存中调入所需页面。在淘汰页面时,须先判断页面是否已被修改,这一信息可通过页表项的 edited 属性获得,若页面已被修改,则要将该页面内容写回至外存。do_LFU()函数如下:

```
void do_LFU(Ptr_PageTableItem ptr_pageTabIt)
{
    unsigned int i, min, page;
    /*寻找使用次数最少的页面,用变量page记录对应页表项在页表中的位置
    for (i = 0, min = 0xFFFFFFFF, page = 0; i < PAGE_SUM; i++)
    {
        if (pageTable[i].count < min)
```

```
            {
                min = pageTable[i].count;
                page = i;
            }
        }
        printf("选择页面%u进行替换\n", page);
        if (pageTable[page].edited)
        {
            /* 页面内容有修改，需要写回至辅存 */
            printf("该页内容有修改，写回至辅存\n");
            do_page_out(&pageTable[page]);
        }
        pageTable[page].filled = FALSE;  // 替换出的页面，其装入特征位置为 false
        pageTable[page].count = 0;       // 使用次数计数器清 0

        /* 读辅存内容，写入到实存 */
        do_page_in(ptr_pageTabIt, pageTable[page].blockNum);

        /* 更新页表内容 */
        ptr_pageTabIt->blockNum = pageTable[page].blockNum; // 记录页面的块号
        ptr_pageTabIt->filled = TRUE;    // 页面装入状态位置为 true
        ptr_pageTabIt->edited = FALSE;   // 页面修改状态置为 false
        ptr_pageTabIt->count = 0         // 初始使用次数为 0
        printf("页面替换成功\n");
    }
```

4. 页面调入和写回

do_page_in()和 do_page_out()函数负责进行页面调入和写回。这里外存是用一个文本文件来模拟的，通过对文件的读/写来完成页面调入/写回。涉及的库函数有以下三个。

- int ftell（FILE *stream，long offset，int whence）：移动文件流的读写位置，调用成功时返回 0，失败则返回–1，错误代码保存于 errno 中。参数 stream 为已打开的文件指针，参数 offset 为根据参数 whence 来移动读写位置的偏移量。参数 whence 为下列三者之一。

SEEK_SET   从文件开头向后 offset 个偏移量为新的读写位置。
SEEK_CUR   从当前的读写位置往后增加 offset 个偏移量。
SEEK_END   将读写位置指向文件尾后再增加 offset 个偏移量。

当 whence 值为 SEEK_CUR 或 SEEK_END 时，参数 offset 允许负值出现，这时即向前移动读写位置。

- size_t fread(void *ptr, size_t size, size_t nmemb, FILE *stream)：从文件流读取数据，返回实际读取到的 nmemb 数。参数 stream 为已打开的文件指针，参数 ptr 指向欲存放读取进来的数据的空间，读取的字符数以参数 size×nmemb 来决定。若返回值比参数 nmemb 小，则表示可能读到了文件尾或有错误发生，需要用 feof()函数或 ferror()

函数来了解发生了什么情况。

- size_t fwrite(const void *ptr, size_t size, size_t nmemb, FILE *stream)：将数据写入文件流，返回实际写入的 nmemb 数。参数 stream 为已打开的文件指针，参数 ptr 指向欲写入文件流的数据的位置，总共写入的字符数以参数 size×nmemb 来决定。

下面是程序中页面调入和写回函数的实现的例子。

```c
#include <stdio.h>
/* 页面调入，将辅存内容写入实存 */
void do_page_in(Ptr_PageTableItem ptr_pageTabIt, unsigned int blockNum)
{
    unsigned int readNum;
    if (fseek(ptr_auxMem, ptr_pageTabIt->auxAddr, SEEK_SET) < 0)
    {
        do_error(ERROR_FILE_SEEK_FAILED);
        exit(1);
    }
    if ((readNum = fread(actMem + blockNum * PAGE_SIZE,
        sizeof(BYTE), PAGE_SIZE, ptr_auxMem)) < PAGE_SIZE)
    {
        do_error(ERROR_FILE_READ_FAILED);
        exit(1);
    }
    printf("调页成功：辅存地址%u-->物理块%u\n",
        ptr_pageTabIt->auxAddr, blockNum);
}

/* 将被替换页面的内容写回辅存 */
void do_page_out(Ptr_PageTableItem ptr_pageTabIt)
{
    unsigned int writeNum;
    if (fseek(ptr_auxMem, ptr_pageTabIt->auxAddr, SEEK_SET) < 0)
    {
        do_error(ERROR_FILE_SEEK_FAILED);
        exit(1);
    }
    if ((writeNum = fwrite(actMem + ptr_pageTabIt->blockNum * PAGE_SIZE,
        sizeof(BYTE), PAGE_SIZE, ptr_auxMem)) < PAGE_SIZE)
    {
        do_error(ERROR_FILE_WRITE_FAILED);
        exit(1);
    }
    printf("写回成功：物理块%u-->辅存地址%u\n",
        ptr_pageTabIt->auxAddr, ptr_pageTabIt->blockNum);
}
```

5. 进程休眠

在主函数中，每次产生和响应完访存请求后，要使进程休眠一段时间，从而模拟用户程序访存的不定时性。这里要用到 Windows 的一个 API 函数——Sleep()。

功能说明

使当前线程休眠一段时间。实验中的程序在运行时只有一个线程,因此使当前线程休眠就会使主进程休眠。

格式

VOID Sleep(DWORD dwMilliseconds)

参数说明

dwMilliseconds:欲休眠的时间,以 ms 为单位。

参考程序代码如下:

```
#include <windows.h>
int main(int argc, char* argv[])
{
    ⋮
    do_init();
    while (true)
    {
        do_request();
        do_response();
        do_print_info();
        /* 随机休眠 5~10 秒 */
        Sleep(5000 + (rand() % 5) * 5000);
    }
    ⋮
    return 0;
}
```

2.5 实验总结

本次实验并不困难,主要是要求学生掌握页式存储的原理。实验中模拟了使用一级页表对单道程序进行访存管理,实现了 LFU 页面淘汰算法。同学们可以尝试实现使用二级或三级页表,并完成多道程序的访存管理。

2.6 源程序与运行结果

2.6.1 程序源代码

1. vmm.h 文件

```
#ifndef VMM_H
#define VMM_H
```

```c
/* 模拟辅存的文件路径 */
#define AUXILIARY_MEMORY "vmm_auxMem.txt"

/* 页面大小（字节）*/
#define PAGE_SIZE 4
/* 虚存空间大小（字节）*/
#define VIRTUAL_MEMORY_SIZE (64 * 4)
/* 实存空间大小（字节）*/
#define ACTUAL_MEMORY_SIZE (32 * 4)
/* 总虚页数 */
#define PAGE_SUM (VIRTUAL_MEMORY_SIZE / PAGE_SIZE)
/* 总物理块数 */
#define BLOCK_SUM (ACTUAL_MEMORY_SIZE / PAGE_SIZE)

/* 可读标识位 */
#define READABLE 0x01u
/* 可写标识位 */
#define WRITABLE 0x02u
/* 可执行标识位 */
#define EXECUTABLE 0x04u

/* 页表项 */
typedef struct
{
    unsigned int blockNum;              // 物理块号
    BOOL filled;                        // 页面装入特征位
    BYTE proType;                       // 页面保护类型
    BOOL edited;                        // 页面修改标识
    unsigned long auxAddr;              // 外存地址
    unsigned long count;                // 页面使用计数器
} PageTableItem, *Ptr_PageTableItem;

/* 访存请求类型 */
typedef enum {
    REQUEST_READ,
    REQUEST_WRITE,
    REQUEST_EXECUTE
} MemoryAccessRequestType;

/* 访存请求 */
typedef struct
{
    MemoryAccessRequestType reqType;    // 访存请求类型
    unsigned long virAddr;              // 虚地址
```

```c
    BYTE value;                          // 请求的值
} MemoryAccessRequest, *Ptr_MemoryAccessRequest;

/* 访存错误代码 */
typedef enum {
    ERROR_READ_DENY,                     // 该页不可读
    ERROR_WRITE_DENY,                    // 该页不可写
    ERROR_EXECUTE_DENY,                  // 该页不可执行
    ERROR_INVALID_REQUEST,               // 非法请求类型
    ERROR_OVER_BOUNDARY,                 // 地址越界
    ERROR_FILE_OPEN_FAILED,              // 文件打开失败
    ERROR_FILE_CLOSE_FAILED,             // 文件关闭失败
    ERROR_FILE_SEEK_FAILED,              // 文件指针定位失败
    ERROR_FILE_READ_FAILED,              // 文件读取失败
    ERROR_FILE_WRITE_FAILED              // 文件写入失败
} ERROR_CODE;

/* 产生访存请求 */
void do_request();

/* 响应访存请求 */
void do_response();

/* 处理缺页中断 */
void do_page_fault(Ptr_PageTableItem);

/* LFU 页面替换 */
void do_LFU(Ptr_PageTableItem);

/* 装入页面 */
void do_page_in(Ptr_PageTableItem, unsigned int);

/* 写出页面 */
void do_page_out(Ptr_PageTableItem);

/* 错误处理 */
void do_error(ERROR_CODE);

/* 打印页表相关信息 */
void do_print_info();

/* 获取页面保护类型字符串 */
char *get_proType_str(char *, BYTE);

#endif
```

2. vmm.c 文件

```c
#include <stdio.h>
#include <stdlib.h>
#include <time.h>
#include <windows.h>
#include "vmm.h"

/* 页表 */
PageTableItem pageTable[PAGE_SUM];
/* 实存空间 */
BYTE actMem[ACTUAL_MEMORY_SIZE];
/* 用文件模拟辅存空间 */
FILE *ptr_auxMem;
/* 物理块使用标识 */
bool blockStatus[BLOCK_SUM];
/* 访存请求 */
Ptr_MemoryAccessRequest ptr_memAccReq;

/* 初始化环境 */
void do_init()
{
    srand((unsigned int) time(NULL));
    for (int i = 0; i < PAGE_SUM; i++)
    {
        pageTable[i].filled = false;
        pageTable[i].edited = false;
        pageTable[i].count = 0;
        /* 使用随机数设置该页的保护类型 */
        switch (rand() % 7)
        {
            case 0:
            {
                pageTable[i].proType = READABLE;
                break;
            }
            case 1:
            {
                pageTable[i].proType = WRITABLE;
                break;
            }
            case 2:
```

```c
            {
                pageTable[i].proType = EXECUTABLE;
                break;
            }
            case 3:
            {
                pageTable[i].proType = READABLE | WRITABLE;
                break;
            }
            case 4:
            {
                pageTable[i].proType = READABLE | EXECUTABLE;
                break;
            }
            case 5:
            {
                pageTable[i].proType = WRITABLE | EXECUTABLE;
                break;
            }
            case 6:
            {
                pageTable[i].proType = READABLE | WRITABLE | EXECUTABLE;
                break;
            }
            default:
                break;
        }
        /* 设置该页对应的辅存地址，本程序为实现简单采用了顺序设置的方式，可替换成其他
        设置方式，但须注意每个页表项对应的辅存地址均应为 PAGE_SIZE 的整数倍 */
        pageTable[i].auxAddr = i * PAGE_SIZE * 2;
    }
    for (int j = 0; j < BLOCK_SUM; j++)
    {
        /* 随机选择一些物理块进行页面装入 */
        if (rand() % 2 == 0)
        {
            do_page_in(&pageTable[j], j);
            pageTable[j].blockNum = j;
            pageTable[j].filled = true;
            blockStatus[j] = true;
        }
        else
            blockStatus[j] = false;
    }
}
```

```c
/* 响应请求 */
void do_response()
{
    Ptr_PageTableItem ptr_pageTabIt;
    unsigned int pageNum, offAddr;
    unsigned int actAddr;

    /* 检查地址是否越界 */
    if (ptr_memAccReq->virAddr < 0 ||
        ptr_memAccReq->virAddr >= VIRTUAL_MEMORY_SIZE)
    {
        do_error(ERROR_OVER_BOUNDARY);
        return;
    }

    /* 计算页号和页内偏移值 */
    pageNum = ptr_memAccReq->virAddr / PAGE_SIZE;
    offAddr = ptr_memAccReq->virAddr % PAGE_SIZE;
    printf("页号为：%u\t页内偏移为：%u\n", pageNum, offAddr);

    /* 获取对应页表项 */
    ptr_pageTabIt = &pageTable[pageNum];

    /* 根据特征位决定是否产生缺页中断 */
    if (!ptr_pageTabIt->filled)
    {
        do_page_fault(ptr_pageTabIt);
    }

    actAddr = ptr_pageTabIt->blockNum * PAGE_SIZE + offAddr;
    printf("实地址为：%u\n", actAddr);

    /* 检查页面访问权限并处理访存请求 */
    switch (ptr_memAccReq->reqType)
    {
        case REQUEST_READ: /* 读请求 */
        {
            ptr_pageTabIt->count++;
            if (!(ptr_pageTabIt->proType & READABLE)) // 页面不可读
            {
                do_error(ERROR_READ_DENY);
                return;
            }
            /* 读取实存中的内容 */
            printf("读操作成功：值为%02X\n", actMem[actAddr]);
```

```c
            break;
        }
        case REQUEST_WRITE: // 写请求
        {
            ptr_pageTabIt->count++;
            if (!(ptr_pageTabIt->proType & WRITABLE)) // 页面不可写
            {
                do_error(ERROR_WRITE_DENY);
                return;
            }
            /* 向实存中写入请求的内容 */
            actMem[actAddr] = ptr_memAccReq->value;
            ptr_pageTabIt->edited = true;
            printf("写操作成功\n");
            break;
        }
        case REQUEST_EXECUTE: // 执行请求
        {
            ptr_pageTabIt->count++;
            if (!(ptr_pageTabIt->proType & EXECUTABLE)) // 页面不可执行
            {
                do_error(ERROR_EXECUTE_DENY);
                return;
            }
            printf("执行成功\n");
            break;
        }
        default: // 非法请求类型
        {
            do_error(ERROR_INVALID_REQUEST);
            return;
        }
    }
}

/* 处理缺页中断 */
void do_page_fault(Ptr_PageTableItem ptr_pageTabIt)
{
    printf("产生缺页中断，开始进行调页...\n");
    for (unsigned int i = 0; i < BLOCK_SUM; i++)
    {
        if (!blockStatus[i])
        {
            /* 读辅存内容，写入到实存 */
            do_page_in(ptr_pageTabIt, i);
```

```c
        /* 更新页表内容 */
        ptr_pageTabIt->blockNum = i;
        ptr_pageTabIt->filled = true;
        ptr_pageTabIt->edited = false;
        ptr_pageTabIt->count = 0;

        blockStatus[i] = true;
        return;
    }
    /* 没有空闲物理块,进行页面替换 */
    do_LFU(ptr_pageTabIt);
}

/* 根据 LFU 算法进行页面替换 */
void do_LFU(Ptr_PageTableItem ptr_pageTabIt)
{
    printf("没有空闲物理块,开始进行 LFU 页面替换...\n");
    for (unsigned int i = 0, min = 0xFFFFFFFF, page = 0; i < PAGE_SUM; i++)
    {
        if (pageTable[i].count < min)
        {
            min = pageTable[i].count;
            page = i;
        }
    }
    printf("选择第%u 页进行替换\n", page);
    if (pageTable[page].edited)
    {
        /* 页面内容有修改,需要写回至辅存 */
        printf("该页内容有修改,写回至辅存\n");
        do_page_out(&pageTable[page]);
    }
    pageTable[page].filled = false;
    pageTable[page].count = 0;

    /* 读辅存内容,写入到实存 */
    do_page_in(ptr_pageTabIt, pageTable[page].blockNum);

    /* 更新页表内容 */
    ptr_pageTabIt->blockNum = pageTable[page].blockNum;
    ptr_pageTabIt->filled = true;
    ptr_pageTabIt->edited = false;
```

```c
    ptr_pageTabIt->count = 0;
    printf("页面替换成功\n");
}

/* 将辅存内容写入实存 */
void do_page_in(Ptr_PageTableItem ptr_pageTabIt, unsigned int blockNum)
{
    unsigned int readNum;
    if (fseek(ptr_auxMem, ptr_pageTabIt->auxAddr, SEEK_SET) < 0)
    {
        exit(1);
    }
    if ((readNum = fread(actMem + blockNum * PAGE_SIZE,
        sizeof(BYTE), PAGE_SIZE, ptr_auxMem)) < PAGE_SIZE)
    {
        exit(1);
    }
    printf("调页成功：辅存地址%u-->>物理块%u\n", ptr_pageTabIt->auxAddr,
        blockNum);
}

/* 将被替换页面的内容写回辅存 */
void do_page_out(Ptr_PageTableItem ptr_pageTabIt)
{
    unsigned int writeNum;
    if (fseek(ptr_auxMem, ptr_pageTabIt->auxAddr, SEEK_SET) < 0)
    {
        exit(1);
    }
    if ((writeNum = fwrite(actMem + ptr_pageTabIt->blockNum * PAGE_SIZE,
        sizeof(BYTE), PAGE_SIZE, ptr_auxMem)) < PAGE_SIZE)
    {
        do_error(ERROR_FILE_WRITE_FAILED);
        exit(1);
    }
    printf("写回成功：物理块%u-->>辅存地址%u\n", ptr_pageTabIt->auxAddr,
        ptr_pageTabIt->blockNum);
}

/* 错误处理 */
void do_error(ERROR_CODE code)
{
    switch (code)
    {
        case ERROR_READ_DENY:
```

```
            {
                printf("访存失败：该地址内容不可读\n");
                break;
            }
        case ERROR_WRITE_DENY:
            {
                printf("访存失败：该地址内容不可写\n");
                break;
            }
        case ERROR_EXECUTE_DENY:
            {
                printf("访存失败：该地址内容不可执行\n");
                break;
            }
        case ERROR_INVALID_REQUEST:
            {
                printf("访存失败：非法访存请求\n");
                break;
            }
        case ERROR_OVER_BOUNDARY:
            {
                printf("访存失败：地址越界\n");
                break;
            }
        case ERROR_FILE_OPEN_FAILED:
            {
                printf("系统错误：打开文件失败\n");
                break;
            }
        case ERROR_FILE_CLOSE_FAILED:
            {
                printf("系统错误：关闭文件失败\n");
                break;
            }
        case ERROR_FILE_SEEK_FAILED:
            {
                printf("系统错误：文件指针定位失败\n");
                break;
            }
        case ERROR_FILE_READ_FAILED:
            {
                printf("系统错误：读取文件失败\n");
                break;
            }
        case ERROR_FILE_WRITE_FAILED:
```

```c
            {
                printf("系统错误：写入文件失败\n");
                break;
            }
            default:
            {
                printf("未知错误：没有这个错误代码\n");
            }
        }
    }
}

/* 产生访存请求 */
void do_request()
{
    /* 随机产生请求地址 */
    ptr_memAccReq->virAddr = rand() % VIRTUAL_MEMORY_SIZE;
    /* 随机产生请求类型 */
    switch (rand() % 3)
    {
        case 0: // 读请求
        {
            ptr_memAccReq->reqType = REQUEST_READ;
            printf("产生请求：\n地址：%u\t类型：读取\n", ptr_memAccReq->
                virAddr);
            break;
        }
        case 1: // 写请求
        {
            ptr_memAccReq->reqType = REQUEST_WRITE;
            /* 随机产生待写入的值 */
            ptr_memAccReq->value = rand() % 0xFFu;
            printf("产生请求：\n地址：%u\t类型：写入\t值：%02X\n",
                ptr_memAccReq->virAddr, ptr_memAccReq->value);
            break;
        }
        case 2:
        {
            ptr_memAccReq->reqType = REQUEST_EXECUTE;
            printf("产生请求：\n地址：%u\t类型：执行\n", ptr_memAccReq->
                virAddr);
            break;
        }
        default:
            break;
    }
}
```

```c
}

/* 打印页表 */
void do_print_info()
{
    char str[4];
    printf("页号\t块号\t装入\t修改\t保护\t计数\t辅存\n");
    for (unsigned int i = 0; i < PAGE_SUM; i++)
    {
        printf("%u\t%u\t%u\t%u\t%s\t%u\t%u\n", i,
            pageTable[i].blockNum, pageTable[i].filled,
            pageTable[i].edited, get_proType_str(str, pageTable[i].
            proType), pageTable[i].count, pageTable[i].auxAddr);
    }
}

/* 获取页面保护类型字符串 */
char *get_proType_str(char *str, BYTE type)
{
    if (type & READABLE)
        str[0] = 'r';
    else
        str[0] = '-';
    if (type & WRITABLE)
        str[1] = 'w';
    else
        str[1] = '-';
    if (type & EXECUTABLE)
        str[2] = 'x';
    else
        str[2] = '-';
    str[3] = '\0';
    return str;
}
        // 主程序
int main(int argc, char* argv[])
{
    if (!(ptr_auxMem = fopen(AUXILIARY_MEMORY, "r+")))
    {
        do_error(ERROR_FILE_OPEN_FAILED);
        exit(1);
    }

    do_init();
    do_print_info();
```

```
    ptr_memAccReq = (Ptr_MemoryAccessRequest) malloc(sizeof
(MemoryAccessRequest));
    /* 在循环中模拟访存请求与处理过程 */
    while (true)
    {
        do_request();
        do_response();
        do_print_info();
        /* 随机休眠 5～10 秒 */
        Sleep(5000 + (rand() % 5) * 5000);
    }

    if (fclose(ptr_auxMem) == EOF)
    {
        do_error(ERROR_FILE_CLOSE_FAILED);
        exit(1);
    }
    return (0);
}
```

2.6.2 程序运行结果

在程序所在目录下建立文本文件 vmm_auxMem.txt，在其中写入任意内容（须多于 512 个字符）。运行程序，其样例运行结果如图 2-4 所示。

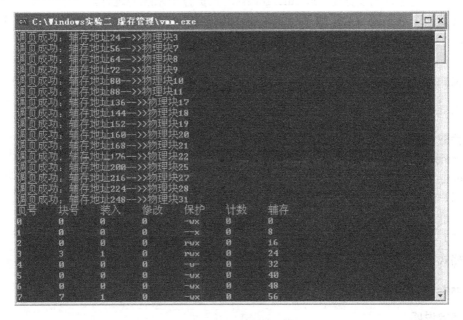

图 2-4 样例程序运行结果

实验三 进 程 调 度

3.1 实验目的

- 理解操作系统中进程调度的概念和调度算法。
- 学习并掌握 Windows 进程控制以及进程间通信的基本知识。
- 理解在操作系统中作业是如何被调度的,如何协调和控制各作业对 CPU 的使用。

3.2 实验要求

3.2.1 基本要求

本实验要求实现一个进程调度程序,通过该程序可以完成进程的创建、撤销、查看和调度。具体要求如下:

(1) 实现进程调度程序 scheduleProcess,负责整个系统的运行。

这是一个不停循环运行的进(线)程,其任务是及时响应进程的创建、撤销及状态查看请求,要采用适当的调度策略调度进程运行。

(2) 实现创建进程命令。

格式

```
create <name> <time>
```

参数说明

name:进程名。

time:该进程计划运行的时间。

用户通过本命令发送创建进程请求,将进程信息提交给系统。系统创建进程,为其分配一个唯一的进程标识 PID,并将状态置为 READY,然后放入就绪队列中。

(3) 实现撤销进程命令。

格式

```
remove <name>
```

参数说明

name:待撤销进程的名字。

输入撤销命令以后，系统就会删除待撤销的进程在缓冲区的内容，如果输入有误，程序会有出错提示。

（4）实现查看进程状态命令。

格式

`current`

打印出当前运行进程和就绪队列中各进程的信息。状态信息应该包括：
- 进程的 PID
- 进程名字
- 进程状态（READY、RUN、WAIT）

（5）实现时间片轮转调度算法。

处理机总是优先调度运行就绪队列中的第一个进程，当时间片结束后就把该进程放在就绪队列的尾部。在系统的实现以及运行中，不必考虑 Windows 操作系统本身的进程调度。假设所有的作业均由 scheduleProcess 调度执行，而且进程在分配给它的时间片内总是不间断地运行。

3.2.2 进一步要求

程序中采用的是轮转调度策略，我们可以对该策略进行改进，实现多级反馈的轮转调度策略。每个进程有其动态的优先级，在用完分配的时间片后，可以被优先级更高的进程抢占运行。就绪队列中的进程等待时间越长，其优先级越高。每个进程都具有以下两种优先级。
- 初始优先级（initial priority）：在进程创建时指定，将保持不变，直至进程结束。
- 当前优先级（current priority）：由 scheduleProcess 调度更新，用以调度进程运行。scheduleProcess 总是选择当前优先级最高的那个进程来运行。

进程当前优先级的更新主要取决于以下两种情况：
- 一个进程在就绪队列中等待了若干个时间片（如 5 个），则将它的当前优先级加 1。
- 若当前运行的进程时间片到，则中止其运行（抢占式多任务），将其放入就绪队列中，它的当前优先级也恢复为初始优先级。

通过这样的反馈处理，使得每个进程都有执行的机会，避免了低优先级的进程迟迟不能执行而"饿死"，而高优先级的进程将不断执行的情况发生。

3.3 相关基础知识

3.3.1 进程调度

Windows 是一种多道程序系统,在同一时段内,允许用户同时执行多个作业(或进程)。一个作业从提交到执行，通常都要经历很多种调度，如高级调度（即作业调度）、低级调度

（即进程调度）、中级调度（即内外存对换进程的选择）和 I/O 调度等。而系统运行的性能，如吞吐量的大小、周转时间的长短、响应的及时性等，很大程度上都取决于调度。

- 高级调度，又称作业调度。其主要功能是根据一定的算法，从输入的一批作业中选出若干个作业，分配必要的资源，如内存、外设等，为它建立相应的用户作业进程和为其服务的系统进程（如输入、输出进程），最后把它们的程序和数据调入内存，等待进程调度程序对其执行调度，并在作业完成后作善后处理工作。
- 中级调度，又称交换调度。为了使内存中同时存放的进程数目不至于太多，有时就需要把某些进程从内存中移到外存上，以减少多道程序的数目，为此设立了中级调度。特别在采用虚拟存储技术的系统或分时系统中，往往增加中级调度这一级，用于选择被对换的进程。
- 低级调度，通常称为进程调度、短程调度。它决定就绪队列中的哪个进程将获得处理机，然后由分配程序执行把处理机分配给该进程的操作。进程调度的运行频率很高，在分时系统中通常是几十毫秒就要执行一次。

进程调度是最基本的一种调度，下面着重介绍几种常用的算法。

1. 先来先服务（FCFS）

FCFS（first come first service）这种调度算法按照进程就绪的先后顺序来调度进程，进程到达得越早，其优先级越高。获得处理机的进程，在未遇到其他情况时，一直运行下去，系统只需具备一个先进先出的队列。在管理优先级的就绪队列时，这是一种最常见、最简单的策略。

2. 轮转调度

轮转调度也称为简单轮转法，是 FCFS 的一个变形策略。系统把所有就绪进程按先后次序排列，处理机总是优先分配给就绪队列中的第一个就绪进程，并分配给它一个固定的时间片。当该运行进程用完规定的时间片时，被迫释放处理机给下一个处于就绪队列中的第一个进程，为这个进程分配一个相同的时间片。每当运行进程运行完一个时间片，而且未遇到任何阻塞时，就会回到就绪队列的尾部，等待下次轮到它时再投入运行。因此，只要是处于就绪队列中的进程，总可以分配到处理机投入运行。

3. 分级轮转法

分级轮转法是对简单轮转法的改进。系统根据进程优先级的不同，划分多个就绪队列，并赋给每个队列不同的优先级。以两个就绪队列为例，具有较高优先级的队列称为前台队列，另一个称为后台队列。一般情况下，系统把相同的时间片分配给前台队列的进程，优先满足其需要。只有当前台队列中的所有进程全部运行完或因等待 I/O 操作而没有进程在运行时，才把处理机分配给后台队列中的进程。通常前、后台队列的进程分得的时间片有差异，对长进程可采取增长时间片的办法来弥补。例如，若短进程的执行时间片为 50ms，长进程的时间片可增长到 150ms，这就大大降低了长进程的交换频率，减少了系统在调度进程时的时间损耗，提高了系统的效率。

4．优先级法

进程调度最常用的一种简单方法，是把处理机分配给就绪队列中具有最高优先级的就绪进程。优先级法又可分为以下两种。

- 非抢占方式（优先占有法）：一旦某个最高优先级的就绪进程分得处理机之后，只要不是其自身的原因被阻塞（如要求 I/O 操作）而不能继续运行时，就会一直运行下去，直至运行结束。
- 抢占方式（优先剥夺法）：对于一个正在运行的进程，无论什么时候，只要就绪队列中有一个比它的优先级高的进程，当前进程就必须让出处理机，等待被调度运行。这就意味着，任何时刻，运行进程的优先级要高于或等于就绪队列中的任何一个进程。

进程的优先级通常可以根据进程的类型、运行时间、所属作业的优先级等来确定，这种方法称为静态优先级法。而有时可以随着进程的等待时间或 I/O 操作的频率等来更新其优先级，这种方法则称为动态优先级法。通常，这两种优先级的确定方法是结合使用的，即首先根据进程的类型等信息确定进程的初始优先级，然后随着进程在就绪队列中的等待时间增长而增高其优先级，当该进程获得处理机后再将其优先级恢复到初始值。

3.3.2　Windows 中的进程和线程

在 Windows 2000 中，每个进程包含至少一个线程，每个线程至少包含一个纤程（fiber，一种轻型的用户级线程）。每个进程均由一个线程启动，但可以动态创建新的线程。线程构成了 CPU 调度的基础，因为操作系统会选择一个线程运行而不是一个进程，所以每个线程具有一个状态（就绪、运行、阻塞等），但是进程没有这些状态。进程和线程均可以通过 Win32 调用动态创建（在后面会具体介绍）。每个线程有一个线程 ID，它与进程的 ID 占有同一空间，因而一个 ID 绝不能被同时用于进程和线程。进程 ID 和线程 ID 是 4 的倍数，所以如同其他对象一样，它们可以用作内核表的字节下标。

线程通常在用户态下运行，当它进行系统调用时，会切换到核心态运行，并继续作为同一线程并具有与用户态下相同的属性和限制。当一个线程执行完毕时，它可以退出。当进程的最后一个活动的线程退出时，该进程终止。

线程是一个调度的概念而不是占有资源的概念，认清这一点是十分重要且必要的。任何一个线程可以访问它所属的进程的所有对象，它所要做的只是获得对象的句柄并做适当的 Win32 调用。

Windows 2000 线程切换的代价相对比较高，因为线程切换需要先进入然后离开核心态。为了提供轻量级的伪并行，Windows 2000 提供了纤程，它类似于线程，但由创建它的程序（或它的运行系统）在用户空间调度。每个线程可以有多个纤程，如同一个进程可以有多个线程一样，只是当一个纤程在逻辑上阻塞时，它将自己放在阻塞纤程队列中并选择另一个纤程在其线程的上下文中运行。由于线程一直在运行，因此操作系统并不会知道纤程的切换，也没有与纤程有关的执行体对象。有一些 Win32 API 调用可以管理纤程，但是并不通过系统调用来完成。

3.3.3 相关 Win32 API 介绍

在 Windows 系统中，要进行进程/线程的创建、撤销和调度等操作，都需要通过 Win32 API 调用来完成。涉及的 API 如下。

1. CreateThread 函数

功能说明

创建一个新线程，返回与线程相关的句柄。

格式

```
HANDLE CreateThread(
    PSECURITY_ATTRIBUTES psa,
    DWORD dwStackSize,
    LPTHREAD_START_ROUTINE pfnStartAddr,
    PVOID pvParam,
    DWORD dwCreationFlags,
    PDWORD pdwThreadId)
```

参数说明

psa：指向 SECURITY_ATTRIBUTES 结构的指针，指出返回的句柄是否可被子线程继承。通常可以设置为 NULL，表示不可继承。

dwStackSize：指定新线程所用的堆栈的大小（字节），值为 0 时表示使用默认值，即其大小与当前线程一样。

pfnStartAddr：指明想要新线程执行的线程函数的地址，线程函数必须声明为 _stdcall 标准，具体做法见程序实现部分说明。

pvParam：线程函数的参数列表。

dwCreationFlags：指定线程的初始状态，0 表示运行状态，CREATE_SUSPEND 表示挂起状态。

pdwThreadId：存放该线程的标识号的地址。在 Windows 2000/XP 中可以设置为 NULL，但在 Windows 95/98 中则必须设置为 DWORD 的有效地址。

注意：VC++的运行期库函数_beginthreadex()也提供了与 CreateThread()函数相同的功能，参数列表的含义也一致，只是参数类型不同。由于其消除了对 Windows 数据类型的依赖，是更值得推荐的创建 Windows 线程的方式。若使用此函数须在程序编译时链接"多线程"库。由于本实验参考程序并未使用该库函数，因此不做过多介绍，更多细节可参阅 MSDN 手册。

2. SuspendThread 函数

功能说明

暂停（挂起）线程。线程可以被暂停多次，最多为 MAXIMUM_SUSPEND_COUNT 次。每暂停一次，则其暂停计数加 1，当暂停计数为 0 时才可以为其分配 CPU。该函数会返回线程的前一次暂停计数。

格式

```
DWORD SuspendThread(HANDLE hThread)
```

参数说明

hThread：线程的句柄。

3．ResumeThread 函数

功能说明

恢复（唤醒）线程。对于暂停计数为 n 的线程，必须恢复 n 次才能为其分配 CPU。该函数正确执行则返回线程的前一个暂停计数，否则返回 0xFFFFFFFF。

格式

```
DWORD ResumeThread(HANDLE hThread)
```

参数说明

hThread：线程的句柄。

4．TerminateThread 函数

功能说明

终止线程运行。

格式

```
BOOL TerminateThread(
    HANDLE hThread,
    DWORD dwExitCode)
```

参数说明

hThread：线程的句柄。
dwExitCode：线程终止时的退出代码。

5．Sleep 函数

功能说明

当前线程休眠一段时间。

格式

```
VOID Sleep(DWORD dwMilliseconds)
```

参数说明

dwMilliseconds：欲休眠的时间，以 ms 为单位。

6．CloseHandle 函数

功能说明

关闭内核对象（线程）的句柄，将对象引用计数减 1，或者释放堆栈资源。

格式

```
BOOL CloseHandle(HANDLE hobj)
```

参数说明

hobj：对象的句柄。

多个线程操作相同的数据时，一般是需要按顺序访问的，否则会引导数据错乱，使其无法控制数据，变成随机变量。为解决这个问题，须引入互斥变量，让每个线程都按顺序地访问变量。这样就需要使用 EnterCriticalSection() 和 LeaveCriticalSection() 函数。

7. EnterCriticalSection 函数

功能说明

等待指定临界区对象的所有权。当线程被赋予所有权时，该函数返回。

格式

```
VOID EnterCriticalSection(LPCRTICAL_SECTION lpCriticalSection)
```

参数说明

lpCriticalSection：指向临界区对象的指针。

8. LeaveCriticalSection 函数

功能说明

释放指定临界区对象的所有权。

格式

```
VOID LeaveCriticalSection(LPCRTICAL_SECTION lpCriticalSection)
```

参数说明

lpCriticalSection：指向临界区对象的指针。

3.4 实验设计

本实验是在 Windows XP + VC 6.0 环境下实现的，利用 Windows SDK 提供的系统接口（API）完成程序的功能。实验中所使用的 API 是操作系统提供的用来进行应用程序设计的系统功能接口。要使用这些 API，需要包含对这些函数进行说明的 SDK 头文件，最常见的就是 windows.h。一些特殊的 API 调用还需要包含其他的头文件。

3.4.1 重要的数据结构

1. 进程控制信息

```
typedef struct PCB /* 进程控制信息 */
```

```
{
    int id;              //进程标识 PID
    char name[20];       //进程名
    enum STATUS status;  //进程状态
    HANDLE hThis;        //进程句柄
    DWORD threadID;      //线程 ID
    int count;           //进程长度,以时间片为单位
    struct PCB* next;    //指向就绪队列或缓冲区的指针
} PCB, *pPCB;
```

该数据结构定义了一个用于进程控制的若干属性,包括 PID、进程名字、进程状态、操作进程的句柄和进程剩余时间长度。其中进程状态有三种:RUN(运行)、READY(就绪)、WAIT(等待创建)。

为了操作方便,在程序中还定义了一个数据结构用于操作进程队列,如下:

```
typedef struct /* 就绪队列和缓存区队列 */
{
    pPCB head;     //队首
    pPCB tail;     //队尾
    int pcbNum;    //队列中的进程数
} readyList, freeList, *pList;
```

2. CREATE 命令参数

```
typedef struct apply /* 待创建的进程,记录 CREATE 命令的参数 */
{
    char name[20];        //进程名
    int time;             //进程(计划)运行的时间片数
    struct apply* next;
} applyProcess, *applyList;
```

该结构用于记录 CREATE 命令传进来的参数,包括进程名和计划运行的时间片数。

3.4.2 程序实现

1. 主函数

在主函数 main()中,首先打开用于输出记录信息的文件,并调用 init()函数初始化各数据结构并启动进程调度线程,然后在一个无限循环中接收用户输入的命令,并调用相应的函数进行响应。其函数流程如图 3-1 所示。

2. 初始化环境函数

在程序中,设置了一个可调度进程数的上限 PCB_LIMIT 。在初始化环境函数 init()中为每个可用的 PCB 结构分配了空间,称为缓存区 freeList。每当新创建一个进程,则从缓冲区中取出一个 PCB 结构放入就绪队列 readyList 中。当一个进程结束时,则需要把该 PCB 内容清空并放回缓存区。

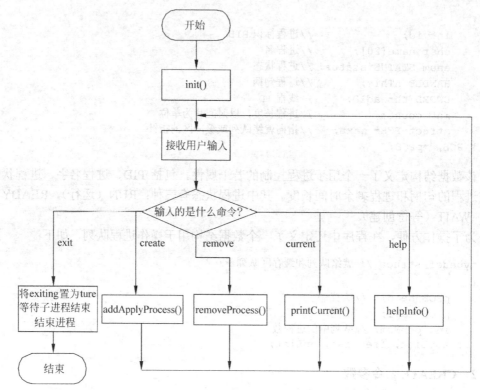

图 3-1 主函数 main()流程图

3. 线程函数的启动

在程序中使用线程来模拟用户进程和调度程序。这里以用户进程模拟线程为例说明线程函数的编写格式和线程的启动方法。

```
DWORD WINAPI processThread(LPVOID lpParameter) /* 模拟用户进程的线程 */
{
    pPCB currentPcb = (pPCB)lpParameter;
    MSG msg;
    while (true)
    {
        Sleep(500);
        //进入临界区
        EnterCriticalSection(&cs_SaveSection);
        if (PeekMessage(&msg, NULL, 0, 0,PM_REMOVE))
        {
            if (msg.message == WM_USER) { }
        }
        /*离开临界区*/
        LeaveCriticalSection(&cs_SaveSection);
    }
    return 0;
}
```

这个线程只有一个死循环，什么都不做，直到线程被终止。DWORD WINAPI 表明这是一个线程的入口函数，LPVOID lpParameter 是线程函数的参数表。线程函数必须有一个 DWORD 类型的返回值，作为该线程的退出标识。启动该线程的代码如下：

```
void createProcess(char* name, int count)
{
    ...
    newPcb->hThis = CreateThread(NULL, 0, processThread, newPcb,
        CREATE_SUSPENDED, &(newPcb->threadID));
    ...
}
```

这段代码调用 CreateThread()函数启动了一个线程。对应的线程函数为 processThread，即上面定义的模拟用户进程的线程函数，线程的参数为一个指向 PCB 结构的指针 newPcb，线程的初始状态为暂停，该线程的线程号也记录到 newPcb 中。关于 CreateThread()函数各参数的含义可参看 3.3.3 节中的 API 介绍。

4. 进程调度函数

进程调度函数 scheduleProcess()是本实验中的重点，它负责响应用户的命令，这些命令可以是创建进程（create）、删除进程（remove）、查看信息（current）。同时还要在运行进程的时间片结束时更新进程状态。

这里，我们在每次调度完新进程以后，还要利用 Sleep()函数使调度程序睡眠一段时间。睡眠时间就是时间片的大小，从而表示消耗了一个时间片。实现此类似功能的方法还有很多，例如采用 WM_TIMER 消息映射机制，在 SetTimer()中设置时间间隔，从而可以周期性地执行 OnTimer()中的内容；或者使用多媒体定时器 timeSetEvent()函数周期性地回调某一函数等等。学生可以自行选择合适的方式。

本参考程序中采用的是轮转调度算法。当一个进程运行时间片到期时，要调用 SuspendThread()函数暂停进程运行，并判断此进程是否运行完毕。如果进程运行时间结束，就调用 TerminateThread()函数终止该进程，并且回收 PCB 空间；如果没有结束，就把它放至就绪队列队尾，最后取出就绪队列队首的进程，调用 ResumeThread()函数恢复其运行。程序的流程如图 3-2 所示。

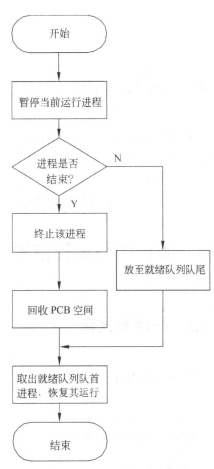

图 3-2　进程调度函数 scheduleProcess()流程图

5. 命令处理函数

命令处理函数分别处理 create、remove、current 三种命令。命令处理函数并不复杂，主要是根据命令的参数创建新的进程或撤销、查找相应的进程，具体过程如图 3-3 所示。

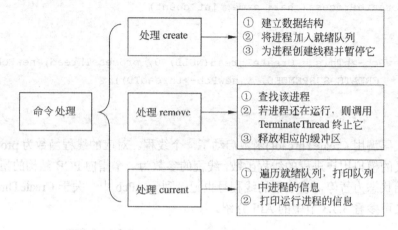

图 3-3　命令处理示意图

3.5　实验总结

本实验主要在于加深对进程调度概念和进程调度算法的理解，同时学习一些与进程、线程控制相关的 Win32 API 的使用方法，锻炼实际的编程能力。

本实验参考程序采用的是较为简单的轮转调度算法，要求学生分析所使用的调度策略的优缺点，选择一种更好的调度策略，实现公平合理的调度。

3.6　源程序与运行结果

3.6.1　程序源代码

1. schedule.h 文件

```
#ifndef SCHEDULE_H
#define SCHEDULE_H

/* 进程控制块 */
typedef struct PCB
{
```

```c
        int id;                    //进程标识 PID
        char name[20];             //进程名
        enum STATUS status;        //进程状态,RUN 表示运行,READY 表示就绪,WAIT 表示等
                                   //待创建进程
        HANDLE hThis;              //进程句柄
        DWORD threadID;            //线程 ID
        int count;                 //进程长度,以时间片为单位
        struct PCB* next;          //指向就绪队列或缓冲区的指针
} PCB, *pPCB;

/* 就绪队列和缓存区队列 */
typedef struct
{
    pPCB head;   //队首
    pPCB tail;   //队尾
    int pcbNum;  //队列中的进程数
} readyList, freeList, *pList;

/* 待创建的进程,记录 CREATE 命令的参数 */
typedef struct apply
{
    char name[20];   //进程名
    int time;        //进程(计划)运行的时间片数
    struct apply* next;
} applyProcess, *applyList;

/* 待创建的进程的队列 */
typedef struct
{
    applyList head;
    applyList tail;
    int applyNum;    //此队列中的进程数
} applyQueue;

//状态列表
enum STATUS { RUN, READY, WAIT };

//进程控制块数
const int PCB_LIMIT = 10;

void init();
void createProcess(char* name, int ax);
void addApplyProcess(char* name, int time);
void createIfAnyApply();
void scheduleProcess();
```

```
void removeProcess(char* name);
void fprintReadyList();
void printCurrent();
void stopAllThreads();

#endif
```

2. schedule.cpp 文件

```
#include <stdio.h>
#include <stdlib.h>
#include <time.h>
#include <windows.h>
#include "schedule.h"

//就绪队列
pList pReadyList = new readyList;
//缓存区
pList pFreeList = new freeList;
//当前运行的程序
pPCB runPCB;
//用于系统初始化标识
bool firstTime = true;
//待创建的进程
applyQueue *queue = new applyQueue;
//程序调度线程的句柄
HANDLE hSchedule = NULL;
//临界区
CRITICAL_SECTION cs_ReadyList;
CRITICAL_SECTION cs_SaveSection;

//输出文件
extern FILE* log;
extern volatile bool exiting;

/* 初始化进程控制块 */
void initialPCB(pPCB p)
{
    p->id = 0;
    strcpy(p->name, "");
    p->status = WAIT;
    p->next = NULL;
    p->hThis = NULL;
    p->threadID = 0;
```

```
        p->count = 0;
}


/* 缓存区取得空闲进程控制块 */
pPCB getPcbFromFreeList()
{
    pPCB freePCB = NULL;
    if (pFreeList->head != NULL && pFreeList->pcbNum > 0)
    {
        freePCB = pFreeList->head;
        pFreeList->head = pFreeList->head->next;
        pFreeList->pcbNum--;
    }
    return freePCB;
}


/* 释放缓冲区 */
void returnPcbToFreeList(pPCB p)
{
    initialPCB(p);

    if (pFreeList->head == NULL)
    {
        pFreeList->head = p;
        pFreeList->tail = p;
        pFreeList->pcbNum++;
    }
    else
    {
        pFreeList->tail->next = p;
        pFreeList->tail = p;
        pFreeList->pcbNum++;
    }
}


/* 模拟用户进程的线程 */
DWORD WINAPI processThread(LPVOID lpParameter)
{
    pPCB currentPcb = (pPCB)lpParameter;
    MSG msg;
    while (true)
    {
```

```
        Sleep(500);  //等待500ms，什么都不做

        EnterCriticalSection(&cs_SaveSection);
        if (PeekMessage(&msg, NULL, 0, 0,PM_REMOVE))
        {
            if (msg.message == WM_USER) { }
        }
        //离开临界区
        LeaveCriticalSection(&cs_SaveSection);
    }
    return 0;
}


/* 调度线程 */
DWORD WINAPI scheduleThread(LPVOID lpParameter)
{
    pList readyList = (pList)lpParameter;
    while (!exiting)
    {
        scheduleProcess();
    }
    stopAllThreads();
    pPCB tmp, p = pFreeList->head;
    while (p != NULL)
    {
        tmp = p;
        p = p->next;
        delete tmp;
    }
    return 0;
}


/* 写入缓冲区 */
void init()
{
    if (firstTime)
    {
        pReadyList->head = NULL;
        pReadyList->tail = NULL;
        pReadyList->pcbNum = 0;

        pFreeList->head = NULL;
        pFreeList->tail = NULL;
```

```
            pFreeList->pcbNum = 0;

            for (int i = 0; i < PCB_LIMIT; i++)
            {
                pPCB pTempPCB = new PCB;
                initialPCB(pTempPCB);
                pTempPCB->id = i;
                if (pFreeList->head == NULL)
                {
                    pFreeList->head = pTempPCB;
                    pFreeList->tail = pTempPCB;
                    pFreeList->pcbNum++;
                }
                else
                {
                    pFreeList->tail->next = pTempPCB;
                    pFreeList->tail = pTempPCB;
                    pFreeList->pcbNum++;
                }
            }

            //创建调度程序的监控线程
            hSchedule = CreateThread(NULL, 0, scheduleThread, pReadyList, 0, NULL);

            InitializeCriticalSection(&cs_ReadyList);
            InitializeCriticalSection(&cs_SaveSection);

            exiting = false;
            firstTime = false;
        }
}


/* 创建进程 */
void createProcess(char* name, int count)
{
    EnterCriticalSection(&cs_ReadyList);

    if (pFreeList->pcbNum > 0) //有用于创建进程的缓存区
    {
        pPCB newPcb = getPcbFromFreeList();
        newPcb->status = READY;
        strcpy(newPcb->name, name);
        newPcb->count = count;
```

```c
            newPcb->next = NULL;

            if (pReadyList->pcbNum == 0)
            {
                pReadyList->head = newPcb;
                pReadyList->tail = newPcb;
                pReadyList->pcbNum++;
            }
            else
            {
                pReadyList->tail->next = newPcb;
                pReadyList->tail = newPcb;
                pReadyList->pcbNum++;
            }

            fprintf(log, "New Process Created.\nProcess ID: %d  Process Name:
            %s Process" "Length: %d\n", newPcb->id, newPcb->name, newPcb->
            count);
            fprintf(log, "Current ReadyList is:\n");
            fprintReadyList();
            //创建用户线程，初始状态为暂停
            newPcb->hThis = CreateThread(NULL, 0, processThread, newPcb,
                CREATE_SUSPENDED, &(newPcb->threadID));
        }
        else //缓存区用完
        {
            printf("PCB used out\n");
            fprintf(log, "New process intend to append. But PCB has been used
            out!\n\n");
        }


        LeaveCriticalSection(&cs_ReadyList);
    }


/* 进程调度 */
void scheduleProcess()
{
    EnterCriticalSection(&cs_ReadyList);

    if (pReadyList->pcbNum > 0)  //就绪队列中有进程则调度
    {
        runPCB = pReadyList->head;
        pReadyList->head = pReadyList->head->next;
        if (pReadyList->head == NULL)
```

```c
    {
        pReadyList->tail = NULL;
    }
    pReadyList->pcbNum--;
    runPCB->count--;
    fprintf(log, "Process %d:%s is to be scheduled.\n",
        runPCB->id, runPCB->name, runPCB->id, runPCB->name);
    ResumeThread(runPCB->hThis);
    runPCB->status = RUN;

    //时间片 1s
    Sleep(1000);
    fprintf(log, "\nOne time slot used out!\n\n");
    runPCB->status = READY;
    PostThreadMessage(runPCB->threadID, WM_USER, 0, 0);

    EnterCriticalSection(&cs_SaveSection);
    SuspendThread(runPCB->hThis);
    LeaveCriticalSection(&cs_SaveSection);

    //判断进程是否运行完毕
    if (runPCB->count <= 0 && runPCB != NULL)
    {
        printf("\nProcess %d:%s has finished.\n", runPCB->id, runPCB->name);
        printf("COMMAND>");
        fprintf(log, "Process %d:%s has finished.\n\n", runPCB->id, runPCB->name);
        fprintf(log, "Current ReadyList is:\n");
        fprintReadyList();
        fflush(log);

        //终止线程
        if (!TerminateThread(runPCB->hThis, 0))
        {
            printf("Terminate thread failed! System will abort!\n");
            abort();
        }
        CloseHandle(runPCB->hThis);
        returnPcbToFreeList(runPCB);
        runPCB = NULL;
    }
    if (runPCB != NULL) //进程未结束，将其放在就绪队列队尾
    {
        if (pReadyList->pcbNum <= 0)
```

```
                {
                    pReadyList->head = runPCB;
                    pReadyList->tail = runPCB;
                }
                else
                {
                    pReadyList->tail->next = runPCB;
                    pReadyList->tail = runPCB;
                }
                runPCB->next = NULL;
                runPCB = NULL;
                pReadyList->pcbNum++;
            }
        }
        else if (pReadyList != NULL) //清空就绪队列信息
        {
            pReadyList->head = NULL;
            pReadyList->tail = NULL;
            pReadyList->pcbNum = 0;
        }

        LeaveCriticalSection(&cs_ReadyList);
}


/* 添加请求进程 */
void addApplyProcess(char* name, int time)
{
    applyProcess* newApply = new applyProcess;
    strcpy(newApply->name, name);
    newApply->time = time;
    newApply->next = NULL;

    if (queue->applyNum <= 0)
    {
        queue->head = newApply;
        queue->tail = newApply;
        queue->applyNum = 1;
    }
    else
    {
        queue->tail->next = newApply;
        queue->tail = newApply;
        queue->applyNum++;
    }
```

```cpp
        createIfAnyApply();
}


/* 进程入队 */
void createIfAnyApply()
{
    if (queue != NULL && queue->applyNum >= 1)
    {
        applyProcess* temp = queue->head;
        createProcess(temp->name, temp->time);
        if (queue->applyNum <= 1)
        {
            queue->head = NULL;
            queue->tail = NULL;
        }
        else
        {
            queue->head = queue->head->next;
        }
        queue->applyNum--;
        delete temp;
    }
}


/* 撤销进程 */
void removeProcess(char* name)
{
    pPCB removeTarget = NULL;
    pPCB preTemp = NULL;

    EnterCriticalSection(&cs_ReadyList);

    if (runPCB != NULL && strcmp(name, runPCB->name) == 0)
    {
        removeTarget = runPCB;
        printf("Process %d:%s has been removed.\n", removeTarget->id,
            removeTarget->name);
        fprintf(log, "\nProcess %d:%s has been removed.\n", removeTarget->
            id, removeTarget->name);

        if (!TerminateThread(removeTarget->hThis, 0))
```

```
            {
                printf("Terminate thread failed! System will abort!\n");
                abort();
            }
            CloseHandle(removeTarget->hThis);
            returnPcbToFreeList(removeTarget);
            runPCB = NULL;

            fprintf(log, "Current ReadyList is:\n");
            fprintReadyList();
            fflush(log);

            LeaveCriticalSection(&cs_ReadyList);

            return;
        }
        else if (pReadyList->head != NULL)
        {
            for (removeTarget = pReadyList->head, preTemp = pReadyList->head;
                removeTarget != NULL; removeTarget = removeTarget->next)
            {
                if (removeTarget == pReadyList->head &&
                    strcmp(name, removeTarget->name) == 0)
                {
                    pReadyList->head = pReadyList->head->next;
                    if (pReadyList->head == NULL)
                    {
                        pReadyList->tail = NULL;
                    }

                    printf("Process %d:%s has been removed.\n", removeTarget->
                    id, removeTarget->name);
                    fprintf(log, "\nProcess %d:%s has been removed.\n",
                    removeTarget->id, removeTarget->name);

                    if (!TerminateThread(removeTarget->hThis, 0))
                    {
                        printf("Terminate thread failed! System will abort!\
                        n");
                        abort();
                    }
                    CloseHandle(removeTarget->hThis);
                    returnPcbToFreeList(removeTarget);
                    pReadyList->pcbNum--;
```

```c
            fprintf(log, "Current ReadyList is:\n");
            fprintReadyList();
            fflush(log);

            LeaveCriticalSection(&cs_ReadyList);

            return;
        }
        else if (removeTarget != pReadyList->head &&
            strcmp(name, removeTarget->name) == 0)
        {
            preTemp->next = removeTarget->next;
            if (removeTarget == pReadyList->tail)
            {
                pReadyList->tail = preTemp;
            }
            printf("Process %d:%s has been removed.\n",
                removeTarget->id, removeTarget->name);
            fprintf(log, "\nProcess %d:%s has been removed.\n",
                removeTarget->id, removeTarget->name);

            if (!TerminateThread(removeTarget->hThis, 0))
            {
                printf("Terminate thread failed! System will abort!\
                    n");
                abort();
            }
            CloseHandle(removeTarget->hThis);
            returnPcbToFreeList(removeTarget);
            pReadyList->pcbNum--;

            fprintf(log, "Current ReadyList is:\n");
            fprintReadyList();
            fflush(log);

            LeaveCriticalSection(&cs_ReadyList);

            return;
        }
        else if (removeTarget != pReadyList->head)
        {
            preTemp = preTemp->next;
        }
    }
}
```

```c
        printf("Sorry, there's no process named %s\n", name);

        LeaveCriticalSection(&cs_ReadyList);

        return;
    }
    /* 向文件中打印就绪队列 */
    void fprintReadyList()
    {
        pPCB tmp = NULL;
        tmp = pReadyList->head;
        if (tmp != NULL)
        {
            for (int i = 0; i < pReadyList->pcbNum; i++)
            {
                fprintf(log, "--%d:%s--", tmp->id, tmp->name);
                tmp = tmp->next;
            }
        }
        else
        {
            fprintf(log, "NULL");
        }
        fprintf(log, "\n\n");
    }

    /* 向标准输出打印就绪队列信息 */
    void printReadyList()
    {
        pPCB tmp = NULL;
        tmp = pReadyList->head;
        if (tmp != NULL)
        {
            for (int i = 0; i < pReadyList->pcbNum; i++)
            {
                printf("--%d:%s--", tmp->id, tmp->name);
                tmp = tmp->next;
            }
        }
        else
        {
            printf("NULL");
        }
        printf("\n\n");
```

```c
}


/* 打印当前运行进程信息 */
void printCurrent()
{
    if (runPCB != NULL)
    {
        printf("Process %s is running...\n", runPCB->name);
    }
    else
    {
        printf("No process is running.\n");
    }
    printf("Current readyList is:\n");
    printReadyList();
}


//结束所有子线程
void stopAllThreads()
{
    if (runPCB != NULL)
    {
        TerminateThread(runPCB->hThis, 0);
        CloseHandle(runPCB->hThis);
    }

    //结束所有就绪队列中的线程
    pPCB p = pReadyList->head;
    while (p != NULL)
    {
        if (!TerminateThread(p->hThis, 0))
        {
            printf("Terminate thread failed! System will abort!\n");
            abort();
        }
        CloseHandle(p->hThis);
        returnPcbToFreeList(p);
        p = p->next;
    }
}
```

3. main.cpp 文件

```cpp
#include <stdio.h>
#include <string.h>
#include <windows.h>
#include "schedule.h"

FILE *log; //打印进程调度信息的文件
volatile bool exiting; //是否退出程序
extern applyQueue* queue; //待创建的进程
extern HANDLE hSchedule; //调度线程的句柄

void helpInfo()
{
    printf("\n**************************************************\n");
    printf("COMMAND LIST:\n");
    printf("create process_name process_length (create p0 8)\n"
        "\t append a process to the process list\n");
    printf("remove process_name (remove p0)\n"
        "\t remove a process from the process list\n");
    printf("current\t show current runProcess readyList\n");
    printf("exit\t exit this simulation\n");
    printf("help\t get command imformation\n");
    printf("**************************************************\n\n");
}

int main()
{
    queue->head = NULL;
    queue->tail = NULL;
    queue->applyNum = 0;

    log = fopen("Process_log.txt", "w");
    helpInfo();
    init();

    char command[20] = {0};
    while (strcmp(command, "exit") != 0)
    {
        printf("COMMAND>");
        scanf("%s", command);
```

```c
        if (strcmp(command, "exit") == 0)
        {
            break;
        }
        else if (strcmp(command, "create") == 0)
        {
            char name[20] = {'\0'};
            int time = 0;
            scanf("%s%d", name, &time);
            addApplyProcess(name, time);
        }
        else if (strcmp(command, "remove") == 0)
        {
            char name[20] = {'\0'};
            scanf("%s", name);
            removeProcess(name);
        }
        else if (strcmp(command, "current") == 0)
        {
            printCurrent();
        }
        else if (strcmp(command, "help") == 0)
        {
            helpInfo();
        }
        else
        {
            printf("Enter help to get command information!\n");
        }
    }

    exiting = true;
    WaitForSingleObject(hSchedule, 1000);
    CloseHandle(hSchedule);
    fclose(log);
    return 0;
}
```

3.6.2 程序运行结果

程序运行结果如图 3-4 所示。程序运行输出文件样例如图 3-5 所示。

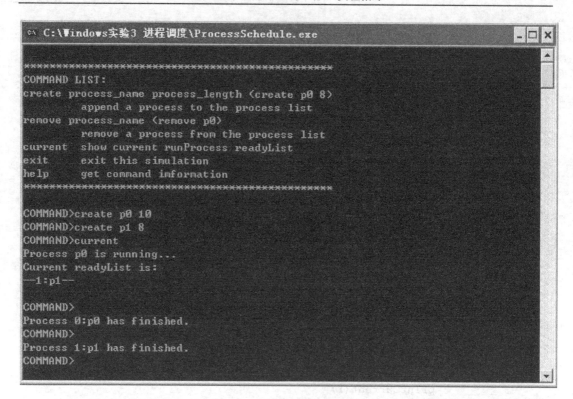

图 3-4　程序运行结果样例

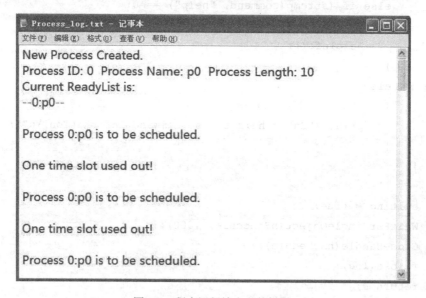

图 3-5　程序运行输出文件样例

实验四 文 件 系 统

4.1 实验目的

- 了解有关 Windows 文件管理的知识。
- 理解 FAT16 存储格式。
- 掌握文件管理系统的开发方法。

4.2 实验要求

4.2.1 基本要求

准备一个 FAT16 格式的磁盘（最大 2GB），在 Windows 下编写一个用户程序，对磁盘上的文件进行管理。具体要求如下：

（1）设计并实现一个显示当前目录的函数，其涉及对磁盘根目录区信息和磁盘数据区的非根目录信息进行读取。

格式

void dir_comd();

（2）设计并实现一个改变当前目录的函数，即把当前目录切换到上一层目录或当前目录的子目录中（无须处理路径名），本函数涉及对磁盘根目录区信息和磁盘数据区的非根目录信息进行读取，通过子目录名，例如 subdir 与目录项的匹配，使当前目录指针 curdir 指向匹配了的目录项。

格式

void cd_comd(char *subdir);

（3）设计并实现一个删除文件的函数，其涉及对磁盘目录信息和 FAT 表的读取，涉及对目录的查找，通过清除 FAT 表项和删除目录项并写回磁盘来删除文件。

格式

void del_comd(char *file_name);

（4）设计并实现一个建立文件的函数，返回文件句柄 fDevice，函数的功能可以通过系统调用来实现。

格式

void creat_comd(char * filename);

（5）设计并实现一个写文件的函数，实现对 fDevice 所指向文件的写入，其功能可以通过系统调用来实现。

格式

void wr_comd(char *rw_buf);

（6）设计并实现一个读文件的函数，实现对 fDevice 所指向文件的读出，其功能可以通过系统调用来实现。

格式

void rd_comd(char *rw_buf,int n);

本实验中参考程序的运行结果如图 4-1 所示。

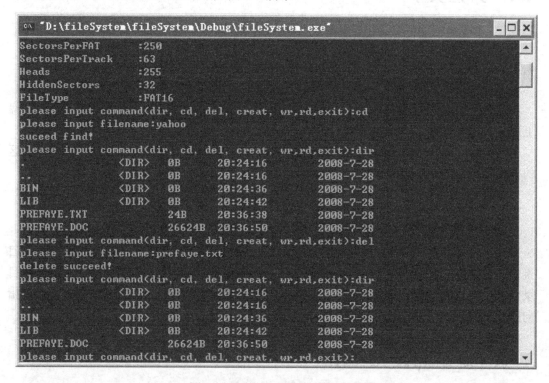

图 4-1 文件管理程序的运行结果

4.2.2 进一步要求

（1）增加删除目录的功能。通常需要先判断目录是否为空目录，若目录不为空，则需给出提示,并删除其包含的所有子目录和文件;若是空目录则可直接删除。

(2)增加对绝对路径和多级目录的支持。这里需要对输入的目录路径字符串进行解析,然后逐级查找目录。

(3)自己实现建立文件、写文件、读文件的功能函数,代替 create_comd()等函数中的系统调用。

(4)在 dir_comd()函数中,增加对全部非根目录信息的读取。本实验的参考程序中只读取了一个扇区的非根目录信息。

4.3 相关基础知识

4.3.1 Windows 的文件系统

文件系统是操作系统中负责管理和存取文件信息的软件机构,负责文件的建立、撤销、读写、修改、复制、按名存取和存取控制,其中按名存取是通过目录来实现的。文件系统还向用户提供使用文件系统的接口。文件系统在层次上的逻辑结构如表 4-1 所示。

表 4-1 文件系统的层次结构

文件系统接口	
对象操作与管理的软件集合	逻辑文件系统
	基本 I/O 管理程序(文件组织模块)
	基本文件系统(物理 I/O)
	I/O 控制层(设备驱动程序)
对象及其属性说明	

在 Windows 的发展史上,几乎每一个操作系统都对应着一种新的文件系统。Windows 3.x 和 MS-DOS 一直使用最为原始的文件分配表系统(file allocation table,FAT),而到了 Windows 95 时代则使用了扩展 FAT 文件系统,进入 Windows 98 的时代可以使用 FAT32 文件系统了。而 Windows NT 则提出了 Windows NT 文件系统(NTFS)和高性能文件系统(IIPFS)。Windows XP 同时支持 NTFS 系统和 FAT32 系统。最新的 Windows Vista 则是使用 WinFS 文件系统。迄今为止 DOS/Windows 系列的操作系统共使用了六种不同的文件系统:FAT12 文件系统、FAT16 文件系统、FAT32 文件系统、NTFS 文件系统、NTFS5.0 文件系统和 WinFS 文件系统。FAT12 文件系统是微软最早的文件系统,是伴随着 DOS 而诞生的,它采用 12 位文件分配表,因此得名。FAT12 文件系统可以管理的磁盘容量是 8MB(此时没有硬盘)。

为了保持对 DOS 的兼容性,微软在原有基础上发展出 FAT16/32 文件系统,这样可以保证高版本支持低版本的兼容性,也使得低版本向高版本升级时更为容易。但是它也因此放弃了许多可以发展的特点,比如:不支持长文件名、无法支持系统高级容错特征、不具有内部安全特性等。本实验中涉及的是较为简单的 FAT16 文件系统，下面将对 FAT16 文件系统进行详细介绍。

4.3.2　FAT16 文件系统

FAT16 文件系统由六部分组成（主要部分是前五部分），如图 4-2 所示。引导扇区（DBR）是占有固定大小的一个扇区，因为 FAT16 文件系统在 DBR 之后没有留有任何保留扇区，所以其后紧随的便是 FAT 表。FAT 表是 FAT16 文件系统用来记录磁盘数据区簇链结构的，其大小根据实际情况而定。FAT 表记录了磁盘数据文件的存储链表，对于数据的读取而言是极其重要的，所以为 FAT 文件系统中的 FAT 表创建了一份备份，即 FAT2。FAT2 与 FAT1 的内容通常是即时同步的，也就是说如果通过正常的系统读写对 FAT1 做了更改，那么 FAT2 也同样被更新。根文件夹记录着根目录的信息，占有固定大小 32 个扇区。以上的区域称为系统区，由 MS-DOS 使用及维护磁盘上的内容。接下来是磁盘的最大区域——数据区，用来存储文件和数据。数据区是以簇为单位进行逻辑划分的，数据区之后还有一个保留扇区，下面详细介绍簇的概念。

图 4-2　FAT16 文件系统的文件组织形式

物理硬盘是由柱面、磁头、扇区组成的。按这种方式寻址属于物理寻址方式，是由硬件和 BIOS 决定。对于操作系统和应用程序来说，这种物理寻址方式是很麻烦的，这是因为磁盘的柱面、磁头、扇区数目随着不同类型的磁盘而不同。若在逻辑上认为磁盘是由许多磁盘块构成的，从而以块号形式的顺序地址方式组织磁盘，那么操作系统就能很方便地管理文件。

MS-DOS 就是这么做的，它在管理 FAT 格式的文件分区时把磁盘看作是一维数组，数组中的每个元素是一个扇区，其编号从 0 到 n–1。因此需要把逻辑扇区编号转化称为物理磁盘地址，即表示为（柱面、磁头、扇区）定位方式，也叫做 CHS 地址。MS-DOS 从 0 柱面 0 磁头的开始对所有扇区编号，然后是 0 柱面 1 磁头的所有扇区，依次进行下去，直到整个磁盘的最后一个柱面、磁头。

FAT 文件系统将磁盘空间按一定数目的扇区为单位进行划分，这样的单位称为簇。通常情况下，每扇区 512 字节的原则是不变的。簇的大小一般是 2 的 n 次幂（n 为整数）个扇区的大小，像 512B、1KB、2KB 等。实际中通常不超过 32KB。之所以以簇为单位而不以扇区为单位进行磁盘的分配，是因为当分区容量较大时，采用大小为 512B 的扇区管理会急剧增加 FAT 表的项数，对大文件存取增加消耗，使文件系统效率不高。分区的大小和簇的取值是有关系的，见表 4-2。

实验四 文件系统

表 4-2 分区大小与簇的关系表

分区空间大小	每个簇的扇区	分区空间大小	每个簇的扇区
0～32MB	1	256～511MB	16
33～64MB	2	512～1023MB	32
65～128MB	4	1024～2047MB	64
129～225MB	8	2048～4095MB	128

注意：在少于 8MB 的分区中，簇空间大小可最多达到每个簇 8 个扇区。对少于 16MB 的分区，系统通常会将其格式化成 12 位的 FAT 格式。FAT12 格式是 FAT 格式的初始实现形式，是针对小型介质的。FAT12 格式的文件分配表要比 FAT16 格式和 FAT32 格式的文件分配表小，因为它对每个条目使用的空间较少。1.44MB 的 3.5 英寸软盘就是由 FAT12 文件系统格式化的。除了 FAT 表中记录每簇链接的二进制位数与 FAT16 格式不同外，FAT12 格式其余原理与 FAT16 格式均相同，不再单独解释。

下面对 FAT16 文件系统的各个区域做详细介绍。

1．启动记录区

启动记录区（DOS boot record，DBR）位于柱面 0、磁头 1、扇区 1，即逻辑扇区 0。DBR 分为两部分：DOS 引导程序和 BPB（BIOS parameter block，BIOS 参数块）。其中 DOS 引导程序完成 DOS 系统文件（如 IO.SYS、MSDOS.SYS）的定位与装载，而 BPB 用来描述本 DOS 分区的磁盘信息，BPB 位于 DBR 偏移 0BH 处，共 13 字节。它包含逻辑格式化时使用的参数，可供 DOS 计算磁盘上的文件分配表，目录区和数据区的起始地址，BPB 之后三个字节提供物理格式化时采用的一些参数。引导程序或设备驱动程序根据这些信息将磁盘逻辑地址（DOS 扇区号）转换成物理地址（绝对扇区号）。DBR 各个偏移地址所表示的含义如表 4-3 所示。

表 4-3 DBR 的部分偏移地址

序号	偏移地址	意义	序号	偏移地址	意义
1	0x03～0x0a	OEM 号	10	0x18～0x19	每磁道扇区数
2	0x0b～0x0c	每扇区字节数	11	0x1a～0x1b	磁头数
3	0x0d	每簇扇区数	12	0x1c～0x1f	特殊隐含扇区数
4	0x0e～0x0f	保留扇区数	13	0x20～0x23	总扇区数
5	0x10	FAT 个数	14	0x24～0x25	物理驱动器数
6	0x11～0x12	根目录项数	15	0x26	扩展引导签证
7	0x13～0x14	磁盘总扇区数	16	0x27～0x2a	卷系列号
8	0x15	描述介质	17	0x2b～0x35	卷标号
9	0x16～0x17	每 FAT 扇区数	18	0x36～0x3d	文件系统

由表 4-3 可知，偏移 0x0b～0x0c 处记录了每个扇区的字节数；偏移 0x0d 处记录了每簇扇区数；偏移 0x10 记录了 FAT 表的个数；偏移 0x11～0x12 处记录了根目录的个数；偏移 0x16～0x17 记录了 FAT 表所占扇区的个数。系统在得到这几项参数以后，就可以确定各个区域的起始扇区偏移了。下面给出各个区域的起始的偏移地址的计算公式：

文件分配表区=引导扇区数×每个扇区的字节数
根目录区=（引导扇区数+FAT表的个数×每个FAT表的扇区数）×每个扇区的字节数
数据区=（引导扇区数+FAT表的个数×每个FAT表的扇区数）×每个扇区的字节数
　　　+根目录项的个数×根目录项大小

2. FAT 表

FAT 文件系统之所以有 FAT12 文件系统、FAT16 文件系统及 FAT32 文件系统不同版本之分，其根本在于 FAT 表用来记录任意一簇的二进制位数不同。以 FAT16 文件系统为例，每一簇在 FAT 表中占据 2 字节（二进制 16 位）。所以，FAT16 文件系统最大可以表示的簇号为 0xFFFF（十进制值为 65535），以 32KB 为簇的大小的话，FAT16 文件系统可以管理的最大磁盘空间为：32KB×65535=2GB，这就是为什么 FAT16 文件系统不支持超过 2GB 分区的原因。

FAT 表实际上是一个数据表，以 2 个字节为单位，我们暂将这个单位称为 FAT 记录项，通常情况其第一、二个记录项（前 4 个字节）用作介质描述。从第三个记录项开始记录除根目录外的其他文件及文件夹的簇链情况，以 FAT 记录项的序号来代表簇号。根据簇的使用情况 FAT 记录项用相应的取值来描述，如表 4-4 所示。

表 4-4　FAT16 记录项的取值含义

FAT16 记录项的取值	对应簇的使用情况	FAT16 记录项的取值	对应簇的使用情况
0000	未分配的簇	FFF7	坏簇
0002～FFEF	已分配的簇	FFF8～FFFF	文件结束簇
FFF0～FFF6	系统保留		

图 4-3 为一个 FAT 表中记录了两个文件的例子。FAT 表以最前面两项（簇 0 和簇 1）是保留的，第一个簇为介质描述单元，并不参与 FAT 表簇链关系。文件 File1.txt 较大，占用了五个簇，簇号分别是 0003、0007、0002、0004 和 0006；文件 File2 较小，可能是一个目录文件，只占用了一个簇，簇号为 0005。

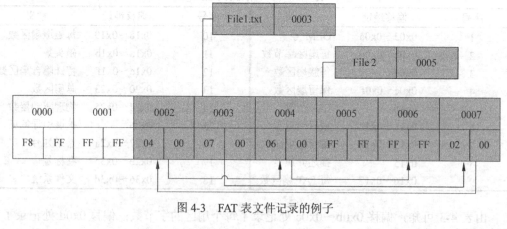

图 4-3　FAT 表文件记录的例子

3. 根目录区

FAT 文件系统的目录结构其实是一棵有向的从根到叶的树。这里提到的有向是指对于

FAT 文件系统分区内的任一文件（包括文件夹），均须从根目录寻址来找到。可以这样认为，目录存储结构的入口就是根目录。

FAT 文件系统根据根目录来寻址其他文件（包括文件夹），因此根目录的位置必须在磁盘存取数据之前得以确定。根目录的位置可以通过主引导记录（master boot record，MBR）的参数计算得到，大小通常为 32 个扇区。

FAT 文件系统的一个重要思想是把目录（文件夹）当作一个特殊的文件来处理，FAT32 文件系统甚至将根目录当作文件处理。在 FAT16 文件系统中，虽然根目录地位并不等同于普通的文件或是普通目录，但其组织形式和普通的目录（文件夹）并没有不同。FAT 区中所有的目录文件，实际上可以看作是一个存放其他文件入口参数的数据表。

FAT16 文件系统的一个目录项包含 32 个字节，各字节偏移值定义如表 4-5 所示。

表 4-5　目录项各字节偏移值

字节偏移(十六进制)	字节数	定　　义
0x0～0x7	8	文件名
0x8～0xA	3	扩展名
0xB	1	属性字节　00000000（读写） 00000001（只读） 00000010（隐藏） 00000100（系统） 00001000（卷标） 00010000（子目录） 00100000（归档）
0xC～0x15	10	系统保留
0x16～0x17	2	文件的最近修改时间
0x18～0x19	2	文件的最近修改日期
0x1A～0x1B	2	表示文件的首簇号
0x1C～0x1F	4	表示文件的长度

- 关于文件名：

对于短文件名，系统将文件名分成两部分进行存储，即主文件名和扩展名。0x0～0x7 字节记录文件的主文件名，0x8～0xA 记录文件的扩展名，取文件名中的 ASCII 码值。不记录主文件名与扩展名之间的圆点"."。主文件名不足 8 个字符时以空白符（20H）填充，扩展名不足 3 个字符时同样以空白符填充。0x0 偏移处的取值若为 00H，表明目录项为空；若为 E5H，表明目录项曾被使用，但对应的文件或文件夹已被删除（这也是误删除后恢复的理论依据）；若为 2EH（圆点字符"."），即子目录标志，每个子目录的前两项为特定目录项"."和".."，"."这个子目录包含本子目录的起始簇号，".."这个子目录包含父目录的起始簇号。

对于长文件名，如 filesystem.txt，Windows 为其建立了三个目录项，两个目录项保存长文件名，另一个目录项保存压缩文件名 filesys~1.txt。本实验中对长文件名只显示压缩文件名，对于其他两个保存长文件名的目录项没有进行读取。长文件名目录项的属性字节以 0x0f 标识，短文件名的属性字节为 0x20。

- 0xB 的属性字段：可以认为系统将 0xB 的一个字节分成 8 位，用其中的一位代表某种属性的有或无。本实验中用到了属性字节的第 4 位，判断这个文件是目录文件还是非目录文件（数据文件），用于删除文件和改变目录。然而只有短文件名目录项的属性字节才有意义。
- 0xC～0x15：在原 FAT16 文件系统的定义中是保留未用的。
- 0x16～0x17：时间=小时×2048+分钟×32+秒/2。把得出的结果换算成十六进制填入即可。其中：0x16 字节的 0～4 位是以 2 秒为单位的量值；0x16 字节的 5～7 位和 0x17 字节的 0～2 位是分钟；0x17 字节的 3～7 位是小时。
- 0x18～0x19：日期=(年份–1980)×512+月份×32+日。把得出的结果换算成十六进制填入即可。其中：0x18 字节 0～4 位是日期数；0x18 字节 5～7 位和 0x19 字节 0 位是月份；0x19 字节的 1～7 位为年号，原定义中 0～119 分别代表 1980～2099。
- 0x1A～0x1B：存放文件或目录所表示的文件的首簇号，系统根据掌握的首簇号在 FAT 表中找到入口，然后再跟踪簇链直至簇尾，同时用 0x1C～0x1F 字节，判定有效性。之后就可以完全无误地读取文件了。

4. 数据区及保留区

数据区主要用来存储文件和数据。FAT16 文件系统从根目录所占的 32 个扇区之后的第一个扇区开始以簇为单位进行数据处理，这之前仍以扇区为单位。对于根目录之后的第一个簇，系统并不编号为第 0 簇或第 1 簇，而是编号为第 2 簇，也就是说数据区顺序上的第 0 个簇也是编号上的第 2 簇。

对于整个 FAT 文件系统的分区而言，簇的分配并不完全总是分配干净的。如一个数据区为 45 个扇区的 FAT 文件系统，如果簇的大小设定为 2 扇区，就会有一个扇区无法分配给任何一个簇。这就是分区的剩余扇区，位于分区的末尾。有的系统用最后一个剩余扇区备份本分区的 DBR。

4.3.3 相关 API 函数说明

1. CreateFile 函数

功能说明

该函数用来创建或打开下列对象并返回一个用于读取该对象的句柄，对象可以是：
- Files　文件。
- Pipes　管道。
- Drections　目录。
- Mainslots　邮件插口。
- Consoles　控制台。
- Communications Resources　通信资源。
- Disk devices(Windows NT only)　磁盘设备。

调用失败时返回 INVALID_HANDLE_VALUE。

格式

```
HANDLE CreateFile(
    LPCTSTR lpFileName,
    DWORD dwDesireAccess,
    DWORD dwShareMode,
    LPSECURITY_ATTRIBUTES lpSecurityAttibutes,
    DWORD dwCreationDispositon,
    DWORD dwFlagsAttribute,
    HANDLE hTemplateFile
)
```

参数说明

lpFileName：指向一个以 NULL 结束的字符串的指针，该字符串用于创建或打开对象、指定对象名。如果 lpFileName 参数值是一个路径，则有一个 MAX_PATH 字符的默认字符串大小限制。

dwDesireAccess：指定对象的访问类型，可以是下列值的组合值。
- 0 指定对象的查询访问权限，一个应用程序可以不通过访问设备来查询设备属性。
- GENERIC_READ 指定对象的读访问。
- GENERIC_WRITE 指定对象的写访问。

dwShareMode：设置成 NULL 即可（详见 MSDN）。

lpSecurityAttributes：设置成 NULL 即可（详见 MSDN）。

dwCreationDispositon：指定文件采取哪种措施。此参数必须是下列值中的一个。
- CREAT_NEW 创建一个新文件。如果文件存在，则函数调用失败。
- CREAT_ALWAYS 创建一个新文件。如果文件存在，函数重写文件且清空现有属性。
- OPEN_EXISTING 打开文件；如果文件不存在，则函数调用失败。
- OPEN_ALWAYS 如果文件存在，则打开文件；如果文件不存在，则创建文件。
- TRUNCATE_EXISTING 打开文件。一旦文件打开，就被删除掉，从而使文件的大小为 0 字节，调用函数必须用 GENERIC_WRITE 访问来打开文件，如果文件不存在，则函数调用失败。

dwFlagsAttribute：设置成 0 即可（详见 MSDN）。

hTemplateFile：设置成 NULL 即可（详见 MSDN）。

2. SetFilePointer 函数

功能说明

用来设置读操作或写操作的位置，即设置读指针或写指针，然后可以对指定区域进行读写。如果这个函数调用成功，而且 pDistanceToMoveHigh 参数为空，函数返回文件指针的低端 DWORD 值。当 pDistanceToMoveHigh 参数为空，函数返回文件指针的低端 DWORD 值，并且输出文件指针的高端 DWORD 值，输出的值保存在一个由相应参数所指向的一个 long 类型的参数中。如果函数调用失败，则需调用 GetLastError() 函数获取错误信息。

格式

```
DWORD SetFilePointer(
HANDLE hFile,
LONG lDistanceToMove,
PLONG lpDistanceToMoveHigh,
DWORD dwMoveMethod
)
```

参数说明

hFile：移动指针所属的文件的句柄。创建的文件句柄必须具有 GENERIC_READ 或 GENERIC_WRITE 的存取权限。

lDistanceToMove：有符号值的低 32 位，用来指定移动文件指针的字节大小。如果 lpDistanceToMoveHigh 参数不空，lDistanceToMove 和 lpDistanceToMoveHigh 两个参数用来指定移动的位置。如果 lpDistanceToMoveHigh 参数为空，lDistanceToMove 是一个 32 位的有符号值。lDistanceToMove 如果是一个正值，则在文件中向前移动，负值则相反。

lpDistanceToMoveHigh：一个有符号值 64 位指定移动距离变量的高 32 位。如果不需要这个参数，则可以为空。当这个参数不空时，这个参数也接受文件指针新值的高 32 位的 DWORD 值。

dwMoveMethod：文件指针移动的开始地方，可以是以下值。

FILE_BEGIN　开始点为 0 或者在文件的开始部分。
FILE_CURRENT　开始点是文件指针的当前位置。
FILE_END　开始点是当前文件结尾的位置。

3. ReadFile 函数

功能说明

该函数在文件指针指示的位置开始从文件读数据，在读操作完成后，文件指针用实际读取的字节数来调整。

函数原型

```
BOOL ReadFile(
    HANDLE hFile,
    LPVOID lpBuffer,
    DWORD nNumberofBytesToRead,
    LPDWORD lpNumberofBytesRead,
    LPOVERLAPPED lpOverlapped
);
```

参数说明

hFile：指向要读文件的句柄。文件句柄一定要用 GENERIC_READ 对文件的访问来创建。

lpBuffer：指向一个从文件存取数据的缓冲区的指针。

nNumberofBytesToRead：从文件读的字节数目。

lpNumberofBytesRead：指向一个读字节数的指针，初始为 0。

lpOverlapped：设置成 NULL 即可（详见 MSDN）。

4．WriteFile 函数

功能说明

该函数把数据写入文件。函数在文件指针所指的位置将数据写入文件，在写操作完成后，文件指针用实际写入的字节数来调整。

函数原型

```
BOOL WriteFile(
    HANDLE hFile,
    LPVOID lpBuffer,
    DWORD nNumberofBytesToWrite,
    LPDWORD lpNumberofBytesWritten,
    LPOVERLAPPED lpOverlapped
);
```

参数说明

hFile：指向要写入的文件的句柄。文件句柄一定要用 GENERIC_WRITE 对文件的访问来创建。

lpBuffer：指向含有被写入文件的数据缓冲区的指针。

nNumberofBytesToWrite：写入文件的字节数目。

lpNumberofBytesWritten：指向一个写入字节数的指针，在做任何工作或检测之前，此值被设置为 0。

lpOverlapped：设置成 NULL 即可（详见 MSDN）。

4.4 实验设计

4.4.1 重要的数据结构

1．启动记录

```
struct BootDescriptor
{
    char Oem_name[9];              //0x03 ～ 0x0a
    int BytesPerSector;            //0x0b ～ 0x0c
    int SectorPerCluster;          //0x0d
    int ReservedSectors;           //0x0e ～ 0x0f
    int FATS;                      //0x10
```

```
        int RootDirEntries;            //0x11 ～ 0x12
        int LogicSectors;               //0x13 ～ 0x14
        int MediaType;                  //0x15
        int SectorsPerFAT;              //0x16 ～ 0x17
        int SectorsPerTrack;            //0x18 ～ 0x19
        int Heads;                      //0x1a ～ 0x1b
        int HiddenSectors;              //0x1c ～ 0x1d
        char FileType[9];               //0x36 ～ 0x3d
    };
```

这个数据结构定义了启动扇区中的内容，通过获取启动扇区的信息设置头文件中的常量，在 4.3.2 节中有详细说明。

2. 目录项

```
struct DirItem
{
    unsigned char short_name[12];   //11 个字节,第 12 位为'\0',防止输出乱码
    unsigned short FirstCluster;    //第一簇的簇号
    int attr;                       //attr==0 为数据文件，attr==1 为目录文件
    int long_mark;                  //是否为长文件名
    unsigned int size;
    unsigned short year,month,day;
    unsigned short hour,min,sec;
};
```

这个数据结构定义了根目录区和非根目录区目录项的内容，在 4.3.2 小节中有详细说明。

3. 全局变量

```
HANDLE hDevice;         //磁盘句柄，本实验中指向某个盘符
HANDLE fDevice;         //文件句柄，主要用于 rd_comd(),wr_comd()
char filename[50];      //通过此文件名指向文件句柄，主要用于 rd_comd(),wr_comd()
struct DirItem* curdir = new struct DirItem;    //指向当前目录
int root_or = 0;        //root_or==0 为根目录，root_or==1 为非根目录
```

4. 常量

```
/*以实验用某一个 U 盘为例设置常量，不同的 U 盘常量的设置不同*/
#define DEVICE \\\\.\\j:       //要打开的磁盘设备
#define SECTOR_SIZE 512        //扇区大小 512 个字节，由 bdptor.BytesPerSector 得到
#define SECTOR_PER_CLUSTER 4   //每簇的扇区数，由 bdptor.SectorPerCluster 得到
#define FAT_SECTOR 250         //FAT 表占 250 个扇区，由 bdptor.SectorsPerFAT 得到
#define DIR_ITEM_SIZE 32       //每个目录项占 32 个字节
#define DIR_ITEM_NUMBER 512
/* 根目录区目录项的个数由 bdptor.RootDirEntries 得到*/
#define FAT_OFFSET 512         //各个区的偏移值，计算得到
```

```
#define ROOT_OFFSET 512+250*512+250*512
#define DATA_OFFSET 512+250*512+250*512+512*32
#define BUFFER_SIZE 1024     //自定义的缓冲区的大小
```

4.4.2 程序实现

1. 程序的总体框架

程序的函数调用关系如图 4-4 所示。

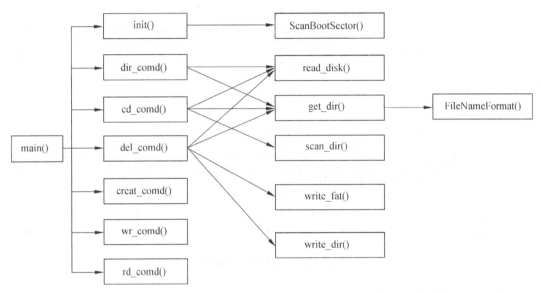

图 4-4 函数调用关系图

各函数功能如下：
- main()   主函数。
- init()   初始化，获得启动区信息。
- dir_comd()   显示目录。
- cd_comd()   改变目录。
- del_comd()   删除文件。
- creat_comd()   创建文件。
- wr_comd()   写文件。
- rd_comd()   读文件。
- ScanBootSector()   获得启动区信息。
- read_disk()   将磁盘的数据以逻辑扇区的整数倍读到内存的缓冲区。
- get_dir()   获取根目录或数据区的目录信息。
- scan_dir()   扫描目录数组，查找指定的目录项。
- write_fat()   写回 FAT 表。

- write_dir()　目录写回磁盘。
- FileNameFormat()　文件名/目录名格式化。

2．main 函数的实现

程序的入口点，通过输入命令来调用相关函数，函数结构如图 4-5 所示。

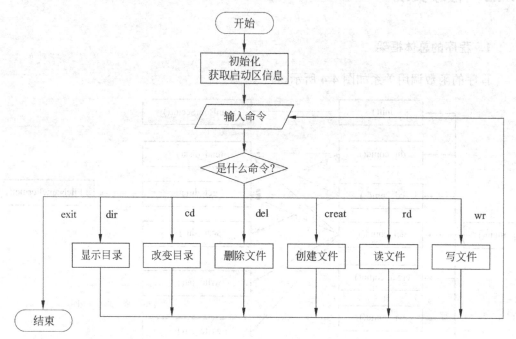

图 4-5　main()函数流程图

3．dir_comd 函数的实现

该函数列出当前目录下的文件信息。如果当前目录是根目录，我们就可以从根目录区获得目录项的信息。如果当前目录不是根目录，则还需要根据当前目录 curdir 中保存的起始簇号 FirstCluster 计算出存储在数据区的这个扇区的地址，然后读出一个扇区，从而获得非根目录下的目录项信息。

目录信息并不都存储在磁盘的根目录区，只有根目录的信息才存储在根目录区，其他目录的信息都存储在磁盘的数据区，这就是为什么要判断当前目录是否为根目录的原因。本实验中对非根目录只显示一个逻辑扇区的信息，如果非根目录信息超过一个扇区，则需要通过查找 FAT 表读取下一个逻辑扇区以获得整个目录信息。所以，在本实验中如果非根目录信息很大超过一个扇区，则可能会有文件名或目录名没能显示，此时需要读 FAT 表找到其他簇号读取相应磁盘的目录信息，此处留给学生完成。因为磁盘驱动器只能以逻辑扇区的整数倍从磁盘中读取数据，所以本实验中首先将磁盘目录信息读到内存缓冲区 buf[]，接着将 buf[]赋给内存的数据结构——目录数组，然后打印目录信息，如图 4-6 所示。

4．cd_comd 函数的实现

该函数实现了切换当前目录至上一层目录或者子目录。函数的参数是目录的名称，这里不支持全路径名，对于全路径名只需编写一个目录名解析函数，对磁盘的操作与本实验相同，此处留给同学完成。

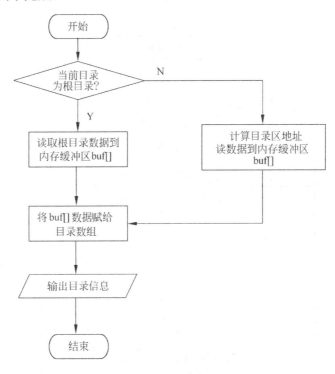

图 4-6　dir_comd()函数流程图

切换到上层目录".."与切换到下一层目录"subdir"的算法相同，因为两者都作为当前目录的目录项信息显示。要注意切换到".."时，需要判断".."此时是否为根目录，条件为"root_or==0"，原因是获取根目录信息与获取非根目录信息的算法不同。

本函数首先判断了一些不必要处理的情况：如果当前目录是根目录且要求切换上层目录，则直接返回；如果切换到当前目录，则什么也不做直接返回。否则如果切换到上一层或下一层，则在当前目录下查找与参数相匹配的目录项，如果找到，则 curdir 指向此目录项并释放原来的 curdir。由于磁盘上存储的文件名都是以大写字符存储的，所以需要在进行字符串比较前将文件名转换为大写。函数流程如图 4-7 所示。

5．del_comd 函数的实现

此函数功能为删除当前目录下的文件（不包括目录）。首先查找当前目录下是否存在要删除的文件，若存在，则通过当前目录的 FirstCluster 在 FAT 表中找到起始簇号，然后依次找到该文件占用的簇号，把簇号对应的 FAT 表项的内容标为未使用，同时还得将目录项删除，最后将 FAT 表和目录项的信息写回磁盘就达到了删除文件的目的。

注意：在删除文件时要给待删文件名加上后缀。

本实验中只处理名字长度为 8 加 3 的文件，对于长文件名不做特殊处理，例如一个长文件名 programe.txt 在存储时系统可能存为 PROGRA～1.TXT。我们要删除此文件时可以输入 progra～1.txt 就可以删除 programe.txt。函数流程如图 4-8 所示。

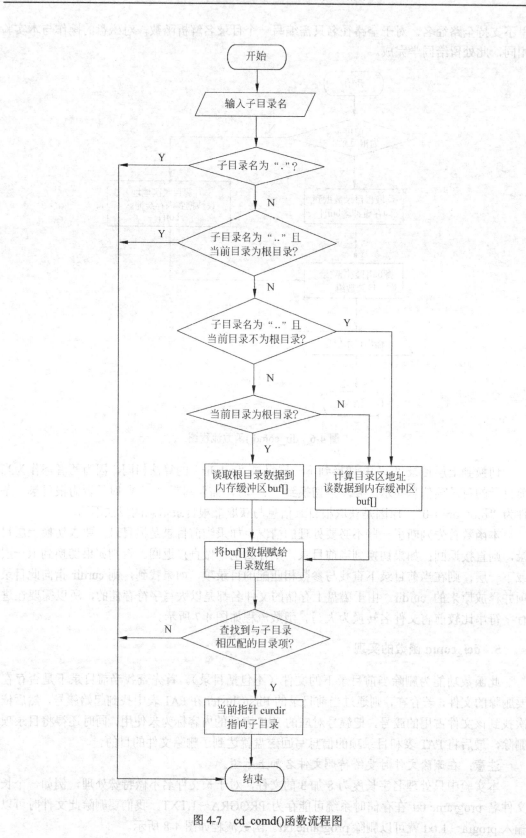

图 4-7 cd_comd()函数流程图

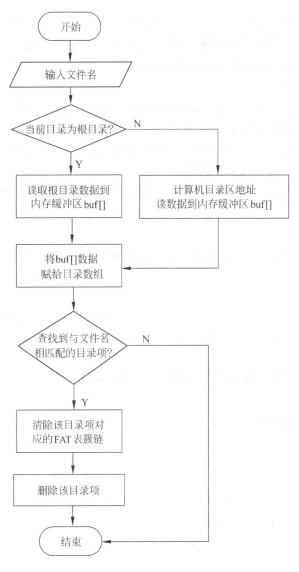

图 4-8 del_comd()函数流程图

6. 其他相关函数的实现

- ScanBootSector 函数

此函数的主要功能是扫描启动记录区，获取启动记录区的参数信息，初始化一些常量。

函数首先将启动记录区的数据读入内存缓存区，然后将内容缓存区的数据赋给内存的数据结构 BootDescriptor。在 BootDescriptor 中定义了一些变量：BytesPerSector（每扇区字节数）、SectorPerCluster（每簇的扇区数）、RootDirEntries（根目录区目录项的个数）、SectorsPerFAT（FAT 表占用的扇区数）等。获得这些变量值后便可设置常量信息：如 SECTOR_SIZE（每扇区字节数）、SECTOR_PER_CLUSTER（每簇的扇区数）、DIR_ITEM_NUMBER（根目录区目录项的个数）、FAT_SECTOR（FAT 表占用的扇区数）

等。通过上述常量和 4.3.2 小节中"启动记录区"介绍的公式便可计算下述常量：FAT_OFFSET（FAT 区的起始的偏移地址）、ROOT_OFFSET（根目录区的起始的偏移地址）和 DATA_OFFSET（数据区的起始的偏移地址）。

- creat_comd 函数

此函数用来创建文件，与 del_comd()函数不同，它是通过调用系统函数实现，对目录的修改和 FAT 表的填写均由系统负责，没有涉及对磁盘信息的读取。通过输入文件名，如 j:\usr\bin\faye.txt 作为 CreateFile()的第一个参数建立文件并获得文件句柄。

- wr_comd 函数与 rd_comd 函数

通过调用 SetFilePointer()、ReadFile()、WriteFile() 函数实现对 creat_comd()建立的文件进行读写。

- read_disk 函数

调用 SetFilePointer()、ReadFile()函数读取磁盘逻辑扇区的数据并放入内存缓冲区 buf[]中。

- get_dir 函数

这是一个比较重要的函数，它负责获取目录项的信息。它通过循环语句将 buf[]中的数据赋给内存的数据结构——目录数组。

- scan_dir 函数

在目录数组中查找与指定目录名相匹配的目录项。

4.4.3 编译及运行

1. 编译环境

实验基于 Windows 平台，程序为.cpp 文件，使用的函数均为标准 C 的库函数和 Windows API 函数，可以在 VC++ 6.0 中编译运行。

2. 运行方法

首先设置 DEVICE，例如 "#define DEVICE"\\\\.\\j:""。单击 Execute 后运行程序，获得磁盘参数信息，设置 fileSys.h 中的数据，如 DATA_OFFSET、ROOT_OFFSET、SECTOR_SIZE 等等。单击 exit 退出。设置完这些之后再运行程序就不用再重新设置，除非更换磁盘。

设置完参数信息后就可以直接运行了，可输入 dir、cd、del、creat、wr、rd、exit 中的一个命令：

- dir

当输入 dir 回车后，不用输入其他参数，即可显示当前目录下的目录信息。当前目录可以为根目录，也可以为非根目录，当前目录通过 cd 命令改变。

- cd

当输入 cd 回车后，输入子目录名，如子目录名、"."、"..", 回车。当子目录名不是目录时，如输入 faye.txt, 则会报错并保持在当前目录下等待下一次命令。如果目录名不存在时也会报错，并保持在当前目录下等待下一次命令。

- del

当输入 del 回车后，输入待删的文件名，回车。当输入的文件名为目录名时会报错，并保持在当前目录下等待下一次命令。如果文件名不存在时会报错，并保持在当前目录下等待下一次命令。注意输入文件名时要加上后缀。

- creat

当输入 creat 回车后，输入文件路径，如 "j:\usr\lib\faye.doc"，回车。如果路径名不正确时会报错，并保持在当前目录下等待下一次命令。注意仅仅输入文件名时不会报错，如 faye.doc，但文件不会建立在当前目录下，会建立在当前工程文件下，这与 del 命令是不同的。

- wr

当输入 wr 回车后，输入要写入的数据，回车。数据会输入到 creat 命令创建的文件尾部。

- rd

当输入 rd 回车后，输入要读出的字节数，回车。会从 creat 命令创建的文件的头部读取输入字节数的数据并打印出来。

- exit

当输入 exit 回车后，退出。

4.5 实验总结

本次实验介绍了文件管理系统的相关概念，并介绍了 FAT16 文件系统的开发方法。实验给出了一个简单的 FAT16 文件管理程序的设计思路，并在 4.6 节"源程序与运行结果"中给出了参考代码。程序中很多复杂的功能并未实现，希望学生对此进行改进。

4.6 源程序与运行结果

4.6.1 程序源代码

1. fileSys.h 文件

```
#define DEVICE \\\\.\\j:    //"\\\\.\\"="\\.\"，其中一个'\'是转义符
                            //"\\.\"是 Win32 为本机定义的别名
                            //j:是磁盘设备名，与 U 盘所在的盘符一致
#define SECTOR_SIZE 512     //扇区大小 512 个字节由 bdptor.BytesPerSector 得到
#define SECTOR_PER_CLUSTER 4  //每簇的扇区数由 bdptor.SectorPerCluster 得到
#define FAT_SECTOR 250      //FAT 表占 250 个扇区 bdptor.SectorsPerFAT 得到
#define DIR_ITEM_SIZE 32    //每个目录项占 32 个字节
#define DIR_ITEM_NUMBER 512 //根目录区目录项的个数由 bdptor.RootDirEntries 得到
```

```c
#define FAT_OFFSET 512            //各个区的偏移值，计算得到
#define ROOT_OFFSET 512+250*512+250*512
#define DATA_OFFSET 512+250*512+250*512+512*32
#define BUFFER_SIZE 1024          //自定义的缓冲区的大小

#define RevByte(low,high)((high) <<8 | (low))
#define  RevWord(lowest,lower,higher,highest)   ((highest)<<  24|(higher)
<<16|(lower)<<8|lowest)

/*时间掩码*/
#define MASK_HOUR 0xf800
#define MASK_MIN 0x07e0
#define MASK_SEC 0x001f

/*日期掩码*/
#define MASK_YEAR 0xfe00
#define MASK_MONTH 0x01e0
#define MASK_DAY 0x001f

/*启动记录的数据结构，获得磁盘信息，设置常量*/
struct BootDescriptor
{
    char Oem_name[9];
    int BytesPerSector;
    int SectorPerCluster;
    int ReservedSectors;
    int FATS;
    int RootDirEntries;
    int LogicSectors;
    int MediaType;
    int SectorsPerFAT;
    int SectorsPerTrack;
    int Heads;
    int HiddenSectors;
    char FileType[9];
};

/*目录结构*/
struct DirItem
{
    unsigned char short_name[12];    //11个字节,第12位为'\0',防止输出乱码
    unsigned short FirstCluster;     //第一簇的簇号
    int attr;                        //attr==0 为数据文件, attr==1 为目录文件
    int long_mark;                   //是否为长文件名
    unsigned int size;
    unsigned short year,month,day;
    unsigned short hour,min,sec;
```

};

```
void init();
void ScanBootSector();
void dir_comd();
void cd_comd(char * subdir);
void del_comd(char *file_name);
void creat_comd(char * filename);
void wr_comd(char *rw_buf);
void rd_comd(char *rw_buf,int n);
void read_disk(unsigned char buf[],int offset,int n);
void get_dir(unsigned char buf[],DirItem dir_item[],int n);
int scan_dir(char* subdir,struct DirItem dir_item[],int n,struct DirItem
*p_dir,int mode);
void set_fat(unsigned char fat_buf[],unsigned short fat_table[],int n);
void write_fat(unsigned char fat_buf[],int offset,int n);
void write_dir(unsigned char buf[],int offset,int n);
void FileNameFormat(unsigned char short_name[],int attr);
void findDate(unsigned short *year,
              unsigned short *month,
              unsigned short *day,
              unsigned char info[2]);
void findTime(unsigned short *hour,
              unsigned short *min,
              unsigned short *sec,
              unsigned char info[2]);
```

2. fileSys.cpp 文件

```
#include <windows.h>
#include <stdio.h>
#include <iostream.h>
#include <ctype.h>
#include "fileSys.h"

HANDLE hDevice;      //磁盘句柄，本实验中指向某个盘符
HANDLE fDevice;      //文件句柄，主要用于rd_comd(),wr_comd()
char filename[50];   //通过此文件名指向文件句柄,主要用于rd_comd(),wr_comd()
struct DirItem* curdir = new struct DirItem;    //指向当前目录
int root_or = 0;     /* root_or==0 为根目录，root_or==1 为非根目录
                       由curdir==NULL 只能在程序开始时区分根目录与非根目录*/

int main()
{
    char comd_name[6];      //输入的命令名，只有7种选择
    char f_name[12];        //文件名最长为12个字节，可自定义，
```

```cpp
                            //主要用于cd_comd(),del_comd()
    char rw_buf[BUFFER_SIZE];        //用于 rd_comd(),wr_comd()的缓冲区

    init();
    while(1)
    {
        cout<<"please input command(dir, cd, del, creat, wr,rd,exit):";
        cin>>comd_name;
        if(strcmp(comd_name,"dir")==0)
        dir_comd();
        else if(strcmp(comd_name,"cd")==0)
        {
            cout<<"please input filename:";
            cin>>f_name;
            cd_comd(f_name);
        }
        else if(strcmp(comd_name,"del")==0)
        {
            cout<<"please input filename:";
            cin>>f_name;
            del_comd(f_name);
        }
        else if(strcmp(comd_name,"creat")==0)
        {
            cout<<"please input filename:(例 J:\\usr\\user\\yahooo.txt)";
            cin>>filename;
            creat_comd(filename);
        }
        else if(strcmp(comd_name,"wr")==0)
        {
            printf("please input write data:\n");
            char *p = rw_buf;
            char c;
            while((c=getchar())!='\n')
            {
                *p = c;
                p++;
            }
            *p = '\0';
            wr_comd(rw_buf);            //写入数据
        }
        else if(strcmp(comd_name,"rd")==0)
        {
            int n;
            cout<<"please input read bytes number"<<endl;
            cin>>n;
            rd_comd(rw_buf,n);          //读出数据
```

```cpp
        }
        else if(strcmp(comd_name,"exit")==0)
        {
            free(curdir);
            CloseHandle(hDevice);      //关掉磁盘句柄
            CloseHandle(fDevice);      //关掉文件句柄
            return 1;
            exit(0);
        }
        else
            cout<<"input error !";
    }
}

/*调用ScanBootSector()得到磁盘信息*/
void init()
{
    curdir = NULL;
    hDevice = CreateFile(DEVICE,         // 打开磁盘驱动器,获得句柄
            GENERIC_READ | GENERIC_WRITE,  // 如果不设置此值,会出现磁盘读写
                                           // 失败
            FILE_SHARE_READ | FILE_SHARE_WRITE,
            NULL,
            OPEN_EXISTING,
            0,
            NULL);

    if (hDevice == INVALID_HANDLE_VALUE)    // 打开驱动失败
    {
        cout<<GetLastError()<<endl;         //错误返回值,详见MSDN
        return ;
    }
    ScanBootSector();
}

/*获取磁盘数据设置fileSys.h中的常量*/
void ScanBootSector()
{
    BootDescriptor bdptor;
    unsigned char buf[SECTOR_SIZE];

    /*以下两个系统调用用来从磁盘读扇区大小的整数倍,读到缓冲区*/
    DWORD numberOfBytesRead ;
    DWORD sDresult;                         //DWORD实际为unsigned long
    BOOL result;
    sDresult = SetFilePointer(hDevice,
                00,                          //定位,指针指向地址0x00
```

```cpp
                    NULL,
                    FILE_BEGIN);

    result = ReadFile(hDevice,
                buf,            //从 0x00 处读 SECTOR_SIZE 个字节的数据到 buf 中
                SECTOR_SIZE,    //要读的字节数
                &numberOfBytesRead, //实际读的字节数
                NULL);
    if (result == FALSE) cout<<GetLastError();

    /*将缓冲区的内容赋给内存的数据结构 BootDescriptor*/
    for(int i=0; i < 8; i++)
        bdptor.Oem_name[i] = buf[i+0x03];
    bdptor.Oem_name[i] = '\0';
    bdptor.BytesPerSector = RevByte(buf[0x0b],buf[0x0c]);
                        //低地址存低位,高地址存高位
    bdptor.SectorPerCluster = buf[0x0d];
    bdptor.ReservedSectors = RevByte(buf[0x0e],buf[0x0f]);
    bdptor.FATS = buf[0x10];
    bdptor.RootDirEntries = RevByte(buf[0x11],buf[0x12]);
    bdptor.LogicSectors = RevByte(buf[0x13],buf[0x14]);
    bdptor.MediaType = buf[0x15];
    bdptor.SectorsPerFAT = RevByte(buf[0x16],buf[0x17]);
    bdptor.SectorsPerTrack = RevByte(buf[0x18],buf[0x19]);
    bdptor.Heads = RevByte(buf[0x1a],buf[0x1b]);
    bdptor.HiddenSectors = RevByte(buf[0x1c],buf[0x1d]);
    for(int j=0; j<8; j++)
        bdptor.FileType[j] = buf[j+0x36];
    bdptor.FileType[j] = '\0';

    cout<<"Oem_name          :"<<bdptor.Oem_name<<endl;
    cout<<"BytesPerSector    :"<<bdptor.BytesPerSector<<endl;
    cout<<"SectorPerCluster  :"<<bdptor.SectorPerCluster<<endl;
    cout<<"ReservedSectors   :"<<bdptor.ReservedSectors<<endl;
    cout<<"FATS              :"<<bdptor.FATS<<endl;
    cout<<"RootDirEntries    :"<<bdptor.RootDirEntries<<endl;
    cout<<"LogicSectors      :"<<bdptor.LogicSectors<<endl;
    cout<<"MediaType         :"<<bdptor.MediaType<<endl;
    cout<<"SectorsPerFAT     :"<<bdptor.SectorsPerFAT<<endl;
    cout<<"SectorsPerTrack   :"<<bdptor.SectorsPerTrack<<endl;
    cout<<"Heads             :"<<bdptor.Heads<<endl;
    cout<<"HiddenSectors     :"<<bdptor.HiddenSectors<<endl;
    cout<<"FileType          :"<<bdptor.FileType<<endl;
}

/*显示当前目录信息*/
void dir_comd()
```

```cpp
{
    struct DirItem dir_item[DIR_ITEM_NUMBER];                    //根目录数组
    struct DirItem n_dir_item[SECTOR_SIZE/DIR_ITEM_SIZE];        //非目录数组
    unsigned char root_buf[DIR_ITEM_NUMBER*DIR_ITEM_SIZE];       //根目录的缓冲区
    unsigned char n_root_buf[SECTOR_SIZE];                       //非根目录的缓冲区
    int cluster_addr;
    if(curdir==NULL || root_or==0 )  /*root_or 用来表示当前目录是否为根目录,
                            curdir==NULL 只能标识初始时是否为根目录*/
    {
        /*将根目录信息读到内存缓冲区*/
        read_disk(root_buf,ROOT_OFFSET,DIR_ITEM_NUMBER*DIR_ITEM_SIZE);
        /*将缓冲区的内容赋给内存的数据结构——目录数组 */
        get_dir(root_buf,dir_item,DIR_ITEM_NUMBER);

        for(int i=0; i<DIR_ITEM_NUMBER; i++)              //输出目录信息
        {
            if((dir_item[i].short_name[0]!=0x00) && (dir_item[i].short_
            name[0]!=0xe5) )
            {
                cout<<dir_item[i].short_name<<"     ";
                if(dir_item[i].attr==1) cout<<"<DIR>"<<"     ";
                else cout<<"<N_DIR>"<<"     ";
                cout<<dir_item[i].size<<"B"<<"     ";
                cout<<dir_item[i].hour<<":"<<dir_item[i].min<<":"
                    <<dir_item[i].sec<<"  ";      //最后修改时间
                cout<<dir_item[i].year<<"-"<<dir_item[i].month<<"-"
                    <<dir_item[i].day<<endl;      //最后修改日期
            }
        }
    }
    else if(curdir->attr==1)                    //如果是目录
    {
        cluster_add= DATA_OFFSET +
            (curdir->FirstCluster-2)*SECTOR_SIZE*SECTOR_PER_CLUSTER;
        read_disk(n_root_buf,cluster_addr,SECTOR_SIZE);
        get_dir(n_root_buf,n_dir_item,SECTOR_SIZE/DIR_ITEM_SIZE);

        for (int i=0; i<SECTOR_SIZE/DIR_ITEM_SIZE; i++)    //输出目录信息
        {
            if(n_dir_item[i].short_name[0]!=0x00 &&
                n_dir_item[i].short_name[0]!=0xe5 )
            {
                cout<<n_dir_item[i].short_name<<"     ";
                if(n_dir_item[i].attr==1) cout<<"<DIR>"<<"     ";
                else cout<<"<N_DIR>"<<"     ";
                cout<<n_dir_item[i].size<<"B"<<"     ";
```

```cpp
                    cout<<n_dir_item[i].hour<<":"<<n_dir_item[i].min<<":"
                        <<n_dir_item[i].sec<<" ";    //最后修改时间
                    cout<<n_dir_item[i].year<<"-"<<n_dir_item[i].month
                        <<"-"<<n_dir_item[i].day<<endl; //最后修改日期
                }
            }
        }
        else
            cout<<"dir fail"<<endl;
    }

    /*切换目录*/
    void cd_comd(char * subdir)
    {
        int ret;
        struct DirItem dir_item[DIR_ITEM_NUMBER];                   //根目录数组
        struct DirItem n_dir_item[SECTOR_SIZE/DIR_ITEM_SIZE];       //非根目录数组
        struct DirItem *p_dir = new struct DirItem;                 //当前目录指针
        unsigned char root_buf[DIR_ITEM_NUMBER*DIR_ITEM_SIZE];      //根目录的缓冲区
        unsigned char n_root_buf[SECTOR_SIZE];                      //非根目录的缓冲区
        int cluster_addr;

        if(!strcmp(subdir,"."))
            return;
        if(!strcmp(subdir,"..") && curdir ==NULL)
        {
            cout<< "root dir does not has father!"<<endl;
            return;
        }
        if(!strcmp(subdir,"..") && curdir !=NULL)
        {
            cluster_addr = DATA_OFFSET +
                (curdir->FirstCluster-2)*SECTOR_SIZE*SECTOR_PER_CLUSTER;
            read_disk(n_root_buf,cluster_addr,SECTOR_SIZE);//只读一个扇区的内容
            get_dir(n_root_buf,n_dir_item,SECTOR_SIZE/DIR_ITEM_SIZE);
            ret = scan_dir(subdir,n_dir_item,SECTOR_SIZE/DIR_ITEM_SIZE,p_dir,1);
            if(ret==1)
            {
                free(curdir);
                curdir = p_dir;
                root_or--;                                  //返回父目录 root_or减1
                return;
            }
            else cout<<"find dir fail"<<endl;
        }
        if(curdir==NULL || root_or==0)                      //当前目录为根目录，也可以用
```

```cpp
                                        //if(root_or==0)
    {
        read_disk(root_buf,ROOT_OFFSET,DIR_ITEM_NUMBER*DIR_ITEM_SIZE);
        get_dir(root_buf,dir_item,DIR_ITEM_NUMBER);
        ret = scan_dir(subdir,dir_item,DIR_ITEM_NUMBER,p_dir,1);
        if(ret==1)
        {
            free(curdir);
            curdir = p_dir;
        }
        else cout<<"find directory fail";
        root_or++;                    //进入子目录，root_or 加 1
    }
    else
    {
        cluster_addr = DATA_OFFSET +
            (curdir->FirstCluster-2)*SECTOR_SIZE*SECTOR_PER_CLUSTER;
        read_disk(n_root_buf,cluster_addr,SECTOR_SIZE);
        get_dir(n_root_buf,n_dir_item,SECTOR_SIZE/DIR_ITEM_SIZE);
        ret = scan_dir(subdir,n_dir_item,SECTOR_SIZE/DIR_ITEM_SIZE,
        p_dir,1);
        if(ret==1)
        {
            free(curdir);
            curdir = p_dir;
        }
        else cout<<"find dir fail";
        root_or++;                    //进入子目录，root_or 加 1
    }
}

/*删除数据文件*/
void del_comd(char *file_name)
{
    struct DirItem dir_item[DIR_ITEM_NUMBER];
    struct DirItem n_dir_item[SECTOR_SIZE/DIR_ITEM_SIZE];
    unsigned char root_buf[DIR_ITEM_NUMBER*DIR_ITEM_SIZE]; //根目录的缓冲区
    unsigned char n_root_buf[SECTOR_SIZE];                  //非根目录的缓冲区
    unsigned char fat_buf[FAT_SECTOR*SECTOR_SIZE];
    unsigned short cur_cluster,next_cluster;
    int cluster_addr;

    char up_subdir[12]; /*尽量不用 char * up_subdir = new char，容易越界引起
    内存不能读写*/
    for(int j=0; j<strlen(file_name);j++)
    {
        up_subdir[j] =toupper(file_name[j]);
```

```
        }
    up_subdir[j] = '\0';        //'\0'要及时加

    read_disk(fat_buf,FAT_OFFSET,FAT_SECTOR*SECTOR_SIZE);

    if (root_or==0)
    {
        read_disk(root_buf,ROOT_OFFSET,DIR_ITEM_NUMBER*DIR_ITEM_SIZE);
        get_dir(root_buf,dir_item,DIR_ITEM_NUMBER);
        int i = 0;
        while((strcmp(up_subdir,(char *)dir_item[i].short_name) || dir_
        item[i].attr!=0) &&
               i<DIR_ITEM_NUMBER)
        i++;
        /* 找到要清除的文件的目录项 */
        if(!strcmp(up_subdir,(char *)dir_item[i].short_name) && dir_item
        [i].attr==0)
        {
            cur_cluster = dir_item[i].FirstCluster;       //清除FAT表
            while (next_cluster=RevByte(fat_buf[cur_cluster*2],
                   fat_buf[cur_cluster*2+1]) != 0xffff)
            {
                fat_buf[cur_cluster*2] = 0xff;
                fat_buf[cur_cluster*2+1] = 0xff;
                cur_cluster = next_cluster;
            }
            root_buf[i*32] = 0xe5;                         //删除目录
            write_fat(fat_buf,FAT_OFFSET,FAT_SECTOR*SECTOR_SIZE);
            write_fat (fat_buf,FAT_OFFSET+FAT_SECTOR*SECTOR_SIZE,
                   FAT_SECTOR*SECTOR_SIZE);
            write_dir(root_buf,ROOT_OFFSET,DIR_ITEM_NUMBER*DIR_ITEM_
            SIZE);
            cout<<"delete succeed!"<<endl;
        }
        else if(!strcmp(up_subdir,(char *)dir_item[i].short_name) && dir_
        item[i].attr==1)
            cout<<"cannot delete directory ,please input filename!"<<endl;
        else cout<<"not find filename"<<endl;
    }
    else
    {
        cluster_addr = DATA_OFFSET+(curdir->FirstCluster-2)*SECTOR_SIZE*
        SECTOR_PER_CLUSTER;
        read_disk(n_root_buf,cluster_addr,SECTOR_SIZE);
        get_dir(n_root_buf,n_dir_item,SECTOR_SIZE/DIR_ITEM_SIZE);
        int i = 0;
        while((strcmp(up_subdir,(char *)n_dir_item[i].short_name) || n_
```

```cpp
            dir_item[i].attr!=0) && i<SECTOR_SIZE/DIR_ITEM_SIZE)
            i++;
        if(!strcmp(up_subdir,(char *)n_dir_item[i].short_name) && n_dir_
            item[i].attr==0)
        {
            cur_cluster = n_dir_item[i].FirstCluster;    //清除FAT表
            while(next_cluster=RevByte(fat_buf[cur_cluster*2],
                    fat_buf[cur_cluster*2+1])!=0xffff)
            {
                fat_buf[cur_cluster*2] = 0xff;
                fat_buf[cur_cluster*2+1] = 0xff;
                cur_cluster = next_cluster;
            }
            n_root_buf[i*32] = 0xe5;                     //删除目录
            write_fat(fat_buf,FAT_OFFSET,FAT_SECTOR*SECTOR_SIZE);
            write_fat(fat_buf,FAT_OFFSET+FAT_SECTOR*SECTOR_SIZE,
                    FAT_SECTOR*SECTOR_SIZE);
            write_dir(n_root_buf,cluster_addr,SECTOR_SIZE);
            cout<<"delete succeed!"<<endl;
        }
        else if(!strcmp(up_subdir,(char *)n_dir_item[i].short_name) && n_
            dir_item[i].attr==1)
                cout<<"cannot delete directory ,please input filename!"<<endl;
        else cout<<"not find filename"<<endl;
    }
}

/*创建数据文件,与del_comd()不同,
*它不自行编写程序对磁盘数据进行修改,如设置目录和修改FAT表,
*它仅仅调用系统程序,目录和FAT表的设置都是通过文件系统自动完成,
*它不会感知curdir的存在,
*当file_name仅仅为一个文件名时,del命令会删除curdir指针下的文件,
*而creat_comd函数只能在当前的工程文件夹下创建文件,
*所以输入creat命令后,必须输入绝对路径名,如j:\usr\faye.txt,
*文件创建后返回文件句柄fDevice,从而可以调用wr_comd()和rd_comd()对文件进行读
写*/
void creat_comd(char * filename)
{
    fDevice = CreateFile(filename,
                GENERIC_READ | GENERIC_WRITE,
                FILE_SHARE_READ | FILE_SHARE_WRITE,
                NULL,
                OPEN_ALWAYS,
                0,
                NULL);

    if (fDevice == INVALID_HANDLE_VALUE)
```

```cpp
    {
        cout<<"error code :"<<GetLastError()<<endl;
        return ;
    }
    cout <<"create succeed!"<<endl;
}

/*写文件*/
void wr_comd(char *rw_buf)
{
    cout<<"write to file:"<<filename<<endl;
    DWORD sDresult;
    BOOL result;
    DWORD numberOfBytesRead ;
    int i = 0;
    while(rw_buf[i]!='\0')
        i++;
    sDresult = SetFilePointer(fDevice,
                    00,
                    NULL,
                    FILE_END);
    result = WriteFile(fDevice,           //通过 creat 命令创建的文件句柄
            rw_buf,
            i,                            //或者用 strlen(rw_buf)获得
            &numberOfBytesRead,
            NULL);
}

/*读文件*/
void rd_comd(char *rw_buf,int n)
{
    cout<<"read from file:"<<filename<<endl;
    DWORD sDresult;
    BOOL result;
    DWORD numberOfBytesRead ;
    sDresult = SetFilePointer(fDevice,
                    00,
                    NULL,
                    FILE_BEGIN);
    result = ReadFile(fDevice,            //通过 creat 命令创建的文件句柄
            rw_buf,
            n,
            &numberOfBytesRead,
            NULL);
    rw_buf[n] = '\0';                     //如果不加'\0'会出现乱码
    cout<<"the read data:"<<endl;
    cout<<rw_buf<<endl;
```

```c
    }

/*读磁盘，将磁盘数据读到内存缓冲区*/
void read_disk(unsigned char buf[],int offset,int n)
{
    DWORD sDresult;
    BOOL result;
    DWORD numberOfBytesRead ;
    sDresult = SetFilePointer(hDevice,
                    offset,          //定位
                    NULL,
                    FILE_BEGIN);
    result = ReadFile(hDevice,
            buf,                     //读n个字节的数据到buf中
            n,                       //要读的字节数
            &numberOfBytesRead,      //实际读的字节个数
            NULL);
}

/*将从缓冲区的目录信息赋给目录数组*/
void get_dir(unsigned char buf[],DirItem dir_item[],int n)
{
    for(int i=0; i<n; i++)
    {
        unsigned char info[2];
        dir_item[i].FirstCluster = RevByte(buf[i*DIR_ITEM_SIZE+26],buf[i*DIR_ITEM_SIZE+27]);
        dir_item[i].size =
                RevWord(buf[i*DIR_ITEM_SIZE+28],buf[i*DIR_ITEM_SIZE+29],
                buf[i*DIR_ITEM_SIZE+30],buf[i*DIR_ITEM_SIZE+31]);
        dir_item[i].attr = (buf[i*DIR_ITEM_SIZE+11]&0x10)>>4;//1 为目录文件
                                                             //0 为文本文件
        dir_item[i].long_mark = buf[i*DIR_ITEM_SIZE+11];

        /*得到文件或目录名*/
        for(int j=0; j<11; j++)
        {
            dir_item[i].short_name[j] = buf[i*DIR_ITEM_SIZE+j];
        }
        dir_item[i].short_name[j] = '\0';
        FileNameFormat(dir_item[i].short_name,dir_item[i].attr);
                                                             //文件名格式化

        info[0]=buf[i*DIR_ITEM_SIZE+22];
        info[1]=buf[i*DIR_ITEM_SIZE+23];

findTime(&(dir_item[i].hour),&(dir_item[i].min),&(dir_item[i].sec),info);
```

```cpp
                info[0]=buf[i*DIR_ITEM_SIZE+24];
                info[1]=buf[i*DIR_ITEM_SIZE+25];

findDate(&(dir_item[i].year),&(dir_item[i].month),&(dir_item[i].day),
info); }
}

/*扫描目录,当前目录指针 p_dir 指向名字为 subdir 的目录*/
int scan_dir(char* subdir,struct DirItem dir_item[],int n,struct DirItem
*p_dir,int mode)
{
    char up_subdir[12];
    for(int j=0; j<strlen(subdir);j++)
    {
        up_subdir[j] =toupper(subdir[j]);
    }
    up_subdir[j] = '\0';          //'\0'要及时加

    for(int i=0; i<n; i++)
    {
        if(!strcmp(up_subdir,(char *)dir_item[i].short_name) && dir_item
        [i].attr==mode)
        {
            strcpy((char *)p_dir->short_name,(char *)dir_item[i].short_
            name);
            p_dir->FirstCluster = dir_item[i].FirstCluster;
            p_dir->attr = dir_item[i].attr;
            cout <<"suceed find!"<<endl;
            return 1;
        }
    }
    return 0;
}

/*文件名格式化,方便查找*/
void FileNameFormat(unsigned char short_name[],int attr)
{
    if(attr==1)                   //目录
    {
        unsigned char name[9];    //比实际多出一个字节用来存'\0'
        int i = 7;
        while(short_name[i]==' ' && i>0)
            i--;
        for(int j=0; j<=i; j++)
            name[j] = short_name[j];
        name[j] = '\0';
        strcpy((char*) short_name , (char*) name);
```

```c
        }
        else if(attr==0 &&strlen((char*)short_name)>0)    //数据文件
        {
            unsigned char name1[13];
            unsigned char name2[4];
            int i =0;
            while(short_name[i]!='\0' && i<7)
                i++;
            while(short_name[i]==' '&& i>0)
                i--;
            for(int j=0; j<=i; j++)
                name1[j] = short_name[j];
            name1[j] = '\0';                              //文件名
            strcat((char*) name1 , ".");
            i = 10;
            while(short_name[i]==' '&& i>8)
                i--;
            for(int k=8; k<=i; k++)
                name2[k-8] = short_name[k];
            name2[k-8] = '\0';                            //文件名后缀
            strcat((char*) name1 , (char*) name2);
            strcpy((char*) short_name , (char*) name1);
        }
    }
}
/*获取日期*/
void findDate(unsigned short *year,
              unsigned short *month,
              unsigned short *day,
              unsigned char info[2])
{
    int date;
    date = RevByte(info[0],info[1]);

    *year = ((date & MASK_YEAR)>> 9 )+1980;
    *month = ((date & MASK_MONTH)>> 5);
    *day = (date & MASK_DAY);
}
/*获取时间*/
void findTime(unsigned short *hour,
              unsigned short *min,
              unsigned short *sec,
              unsigned char info[2])
{
    int time;
    time = RevByte(info[0],info[1]);

    *hour = ((time & MASK_HOUR )>>11);
```

```c
    *min = (time & MASK_MIN)>> 5;
    *sec = (time & MASK_SEC) * 2;
}

/*建立 FAT 表，用于测试 FAT 区读写是否正确*/
void set_fat(unsigned char fat_buf[],unsigned short fat_table[],int n)
{
    for(int i=0; i<n; i++)
    {
        fat_table[i] = RevByte(fat_buf[2*i],fat_buf[2*i+1]);
    }
}

/*将 FAT 表写回磁盘*/
void write_fat(unsigned char fat_buf[],int offset,int n)
{
    DWORD sDresult;
    BOOL result;
    DWORD numberOfBytesRead ;
    sDresult = SetFilePointer(hDevice,
                    offset,                 //定位
                    NULL,
                    FILE_BEGIN);
    result = WriteFile(hDevice,             //设备句柄
                    fat_buf,
                    n,                      //要写的字节数
                    &numberOfBytesRead,     //实际写的字节个数
                    NULL);
}

/*将目录写回磁盘*/
void write_dir(unsigned char buf[],int offset,int n)
{
    DWORD sDresult;
    BOOL result;
    DWORD numberOfBytesRead ;
    sDresult = SetFilePointer(hDevice,      //设备句柄
                    offset,
                    NULL,
                    FILE_BEGIN);
    result = WriteFile(hDevice,
                    buf,
                    n,
                    &numberOfBytesRead,
                    NULL);
}
```

4.6.2 程序运行结果

编译程序代码，得到文件管理程序的可执行文件。这里需要注意在 fileSys.h 文件中定义的磁盘设备名要与 U 盘实际所在的盘符相一致，例如本参考程序中 U 盘的盘符为"J:"，因此进行如下定义：

```
#define DEVICE \\\\.\\j:
```

运行程序，可对 U 盘上的文件进行操作。程序运行结果样例如图 4-9 所示。

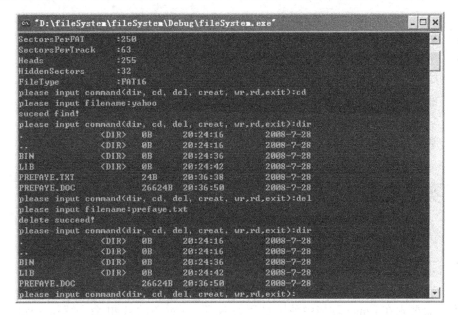

图 4-9　程序运行结果样例

实验五 shell 程 序

5.1 实验目的

- 学习 Linux 相关软件工具的使用，如 gcc、gdb 和 make。
- 熟悉使用 Linux 中 YACC 工具进行语法分析的基本方法。
- 运用 man 帮助手册查询相关命令。
- 理解并发程序的同步问题。
- 学习 POSIX/UNIX 系统调用的使用。
- 掌握进程控制和进程间通信的方法。

5.2 实验要求

5.2.1 基本要求

本实验要求在 Linux 环境中使用 C 语言编写一个简单的 shell 命令解释器程序，我们称之为 user-sh。其设计类似于目前流行的 shell 解释程序，如 bash、csh、tcsh。user-sh 程序应当具有如下一些重要的特征：

- 能够执行 fg、bg、cd、history、exit 等内部命令。
- 能够执行外部程序命令，命令可以带参数。
- 使用 I/O 重定向和管道（管道功能可选）。
- 支持前后台作业，提供作业控制功能，包括打印作业的清单，改变当前运行作业的前台/后台状态，以及控制作业的挂起、中止和继续运行。

除此之外，在整个实验过程中，还须做到以下几点：

- 使用 make 工具建立工程。
- 使用 gdb 或者 ddd 等调试工具来调试程序。
- 提供清晰、详细的设计文档和解决方案。
- 锻炼团队成员之间的协作开发能力。

shell 程序的具体要求如下：

（1）本实验的 user-sh 程序设计不包括对配置文件和命令行参数的支持。user-sh 应提供一个命令提示符，如"user-sh>"，表示等待用户的输入，执行命令输出必要信息，然后再打印下一个命令提示符。当用户没有输入时，user-sh 需要一直处于随时等待输入状态，同时在屏幕上显示一些基本提示信息。

（2）实现以下内部命令。

- exit

结束所有的子进程并退出 user-sh。

- jobs

打印当前正在后台执行的作业和被挂起的作业信息。输出信息应采用便于用户理解的格式。jobs 自身是一条内部命令，所以不需要显示在输出上。

- history

列出用户最近输入过的 N 条命令，不论这个命令是否正确执行过。

- fg %<int>

把<int>所标识的作业放到前台运行。若这个作业原来已经挂起则让其继续运行。user-sh 应当在打印新的命令提示符之前等待前台运行的子进程结束。

- bg %<int>

把<int>所标识的已挂起的进程放在后台运行。

（3）进行前台和后台作业的切换。

user-sh 应当能够执行前台和后台作业。前台作业和后台作业的区别是：shell 在前台作业执行完之前要一直处于等待状态。而在开始执行后台作业时要立刻打印出提示符，让用户继续输入下一条命令。

执行前台作业即在提示符后输入一个可执行文件的路径（绝对路径）即可，执行后台作业则需在可执行文件路径后加上一个"&"符号。

前台作业的执行总是优先于一个后台作业的执行，user-sh 不需要在打印下一个提示符前等待后台作业的完成，无论是否有后台作业的执行，只要完成一个前台作业，便立即输出提示符。一个后台作业结束时，user-sh 应当在作业执行结束后立刻打印出一条提示信息，后面会在命令语法分析程序中介绍相应的语法来支持后台作业。

user-sh 通过处理组合键实现前/后台作业切换：

- Ctrl+Z

产生 SIGTSTP 信号，这个信号不是挂起 user-sh，而是让 user-sh 挂起在前台运行的作业，如果没有任何前台作业，则该特殊键无效。

- Ctrl+C

产生 SIGINT 信号，这个信号不终止 user-sh，而是通过 user-sh 发出信号杀死前台作业中的进程。如果没有任何前台作业，则该特殊键无效。

（4）实现对 I/O 重定向的支持。

一个命令后面可能还跟有元字符"<"或">"，它们是重定向符号，而在重定向符号后面还跟着一个文件名。

- <

程序的输入被重定向到一个指定的文件中。

- >

程序的输出被重定向到一个指定的文件中。如果输出文件不存在，需要创建一个输出文件。如果输入文件不存在，则认为命令出现错误。

（5）使用 YACC 工具实现 user-sh 的语法分析功能。

分析用户输入的语法分析器应具有下面的功能：它能够检查用户的输入错误，如果用户输入的某些地方出错，user-sh 应提供相应的出错信息。这里定义空格符为分隔符，user-sh 应能处理命令行中间和前后出现的重复空格符。同时，还要求学生能够使用 YACC 语法分析工具完成 user-sh 中语法分析部分的开发。关于 YACC 工具的使用将在后面介绍。

5.2.2 进一步要求

（1）尝试对 YACC 语法分析的文法进行进一步的修改与完善。
（2）尝试在 Linux 下将 Lex 和 YACC 结合起来使用进行词法和语法分析。
（3）对其他常用的内部命令进行实现，并可以尝试考虑对通配符的支持与实现。
（4）实现对管道的支持。

当若干个命令被元字符"|"分隔开时，它们可以放在一条命令行当中，这个元字符代表管道符号。在这种情况下，user-sh 为每一个子命令都创建一个进程，并把它们的 I/O 用管道连接起来。例如下面这条命令行：

```
progA argA1 argA2 < infile | progB argB1 > outfile
```

应生成 progA 和 progB 两个进程，progA 的输入来自文件 infile，progA 的输出是 progB 的输入，并且 progB 的输出是文件 outfile。这种命令行可以通过负责进程间通信的管道来实现。由管道连接的多个进程所组成的作业只有当其所有的子进程都执行完毕时才算结束。

（5）参照组合键 Ctrl+Z 命令的实现方法，考虑并实现组合键 Ctrl+C 命令。
（6）其他自行提出的改进。

5.2.3 实验步骤建议

（1）阅读关于 fork、exec、wait 和 exit 系统调用的 man 帮助手册。
（2）编写小程序练习使用这些系统调用。
（3）阅读关于 tcsetpgrp 和 setpgid 的 man 帮助手册。
（4）练习编写控制进程组的小程序，要注意信号 SIGTTIN 和 SIGTTOU。
（5）使用 YACC 设计命令行分析器。
（6）实现命令行分析器。
（7）使用分析器，写一个简单的 shell，它能执行简单的命令。
（8）增加对程序在后台运行的支持，增加 jobs 命令。
（9）增加 I/O 重定向功能。
（10）添加代码支持在后台进程结束时打印出一条信息。
（11）添加作业控制特征，主要实现对 Ctrl+C、Ctrl+Z 的响应，实现 fg 和 bg 命令功能。
（12）增加对管道的支持。
（13）实现上面所有部分并完成集成。
（14）测试程序，解决存在的问题。
（15）撰写相应的文档和报告。
（16）结束。

5.3 相关基础知识

5.3.1 shell 与内核的关系

shell 是用户和 Linux 内核之间的接口程序，如果把 Linux 内核想象成一个球体的中心，shell 就是包围内核的外壳，如图 5-1 所示。当从 shell 或其他程序向 Linux 传递命令时，内核会做出相应的反应。shell 是一个命令语言解释器，它拥有自己内建的 shell 命令集，shell 也能被系统中其他应用程序所调用。用户在提示符"user-sh>"下输入的命令都是由 shell 先解释然后传给 Linux 内核的。

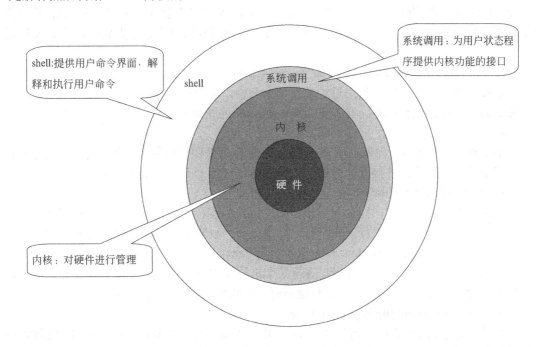

图 5-1　硬件、内核、系统调用及 shell 之间的层次关系

5.3.2 系统调用

系统调用是一个"函数调用"，它是控制状态的改变，系统调用区别于普通函数过程的地方在于系统调用的执行会引起特权级的切换，因为被调用的函数处于操作系统内核中，是内核的一部分。

操作系统定义了一个系统调用集合。为了安全起见，调用操作系统内部的函数必须谨慎地控制，这种控制是由硬件通过陷阱向量执行的。只有那些在操作系统启动时填入陷阱向量的地址才是正当且有效的系统调用地址。因此，系统调用就是一种在受约束的行为下进入保护核心的"函数调用"。

因为操作系统负责进程控制和调度，user-sh 就需要调用操作系统内部的函数来控制它的子进程。这些函数叫做系统调用。在 Linux 中，我们可以区分系统调用和用户应用层次的库函数，因为系统调用函数手册在帮助手册的第二部分，而库函数在手册的第三部分。在 Linux 中可以在联机方式通过 man 命令查询帮助手册。例如，man fork 会给出手册第二部分关于 fork 系统调用的描述，而 man 2 exec 会给出 exec 系统调用系列描述（2 表示手册的第二部分）。man 命令是很有用的查阅参考手册的命令，还有很多其他的系统调用都可以通过 man 查阅。

1. 实验中用到的重要的 Linux 系统调用

- pid_t fork(void)

创建一个新的进程，它是原来进程的副本。在 fork 成功返回后，父进程和子进程都要继续执行 fork 后的指令。这两个进程通过 fork 的返回值进行区分。对父进程 fork 的返回值是子进程的进程号，对子进程的返回值是 0。当父进程创建子进程失败时，其 fork 的返回值为–1。

- int execvp(const char *file,char * const argv[])

加载一个可执行程序到调用进程的地址空间中，然后执行这个程序。如果成功，它就会覆盖当前运行的进程内容。有若干个类似的 exec 系统调用。

- void exit(int status)

退出程序，使调用进程退出结束。它把 status 作为返回值返回父进程，父进程通过 wait 系统调用获得返回值。链接器会为每一个程序结尾链接一个 exit 系统调用。

- int wait(int *stat_loc)

如果有退出的子进程，则返回退出的子进程的状态。如果没有任何子进程在运行，则返回错误。如果当前有子进程正在运行，则函数会一直阻塞直到有一个子进程退出。

- pid_t waitpid(pid_t pid,int *stat_loc,int options)

类似于函数 wait()，但允许用户等待某个进程组的特定进程，并可以设置等待选项，例如 WNOHANG，指定在没有子进程退出时，父进程不阻塞等待。

- int tcsetpgrp(int fildes,pid_t pgid_id)

将前台进程组 ID 设置为 pgid_id，fildes 是与控制终端相联系的文件描述符。终端是指标准输入、标准输出和标准错误输出（文件描述符分别为 0、1、2）。

- int setpgid(pid_t pid,pid_t pgid)

设置 pid 进程的进程组 ID 为 pgid。

- int dup2(int fildes,int fildes2)

把 fildes 文件描述符复制给 fildes2。如果 fildes2 已经打开，则先将其关闭，然后进行复制，使 fildes 和 fildes2 指向同一文件。

- int pipe(int fildes[2])

创建一个管道，把管道的读和写文件描述符放到数组 fildes 中。

2. 进程创建

我们使用 fork 系统调用创建新的进程。fork 克隆了调用进程，两者之间只有很少的差别。新的子进程的标识 pid 和父进程标识 pid 是不同的,fork()的返回值是不同的。其他不同之处通过可查看 man 手册得到。

fork()的返回值是程序中唯一能够区别父进程和子进程的地方。父进程中的 fork(),返回的是子进程的进程号(或进程标识),子进程中的 fork()则返回 0。利用这个细小的区别可以使两个进程执行不同程序段。

wait 函数族允许父进程等待子进程执行结束。在 user-sh 创建一个前台进程时会用到它。

需要特别注意的是,wait 函数族会在子进程状态改变时返回,而不仅仅是在子进程运行结束或者退出时才有返回,其中有些状态的变化可以被忽略。在 man 手册页中有关于函数 waitpid()的参数说明,其中有 WNOHANG 和其他一些有用的参数。

下面的例子介绍创建进程和等待子进程运行结束。

```c
int main(int argc, char *argv[])
{
    int status;
    int pid;
    char *prog_arv[4];
    /* 建立参数表 */
    prog_argv[0] = "/bin/ls";
    prog_argv[1] = "-l";
    prog_argv[2] = "/";
    prog_argv[3] = NULL;
    /* 为程序 ls 创建进程 */
    if ((pid=fork()) < 0)    //进程创建失败?
    {
        perror ("Fork failed");
        exit(errno);
    }
    if (!pid)                //子进程吗?
    {
        /* 这是子进程,执行程序 ls */
        execvp (prog_argv[0], prog_argv);
    }
    if (pid)                 //父进程吗?
    {
        /* 这是父进程,等待子进程执行结束 */
        waitpid (pid, NULL, 0);
    }
}
```

shell 程序等待子进程执行结束是很重要的。对一个作业等待子进程发出信号进行处理可以采用阻塞等待的方式,或者是采用非阻塞的方式。尽管在进程死亡时它的许多资源都会被释放,但是进程控制块和其他的一些信息还没有释放,这种状态称为僵死 defunct。进程控制块包含了退出的状态信息,它可以通过 wait()获得。在 wait 调用完之后,进程控制块就被释放了。如果父进程在子进程之前结束,那么子进程就会成为 init 进程的孩子,init 进程会等待任何子进程的结束,释放进程控制块。那些已经终止但父进程尚未对其进行状态搜集的进程,被称为僵尸进程。

3. exec 系统调用

exec 函数族允许当前进程执行另外一个程序。典型的应用是一个程序调用 fork 生成自身的一个副本,然后子进程调用 exec 执行另外一个程序。

exec 有许多不同形式,它们最终都是调用内核中的同一个函数,只是它们给用户提供了更多的调用形式。

调用 exec 的进程会用第一个参数指定的程序刷新当前进程,刷新之后,进程仍保持原进程的标识、组标识和信号掩码,但不包括信号处理程序。详细信息可以查看 man 手册。

如果调用 exec 没有产生错误,则 exec()函数不会再返回(从此时开始执行新的程序代码)。如果 exec 有返回,则说明 exec 的执行出错了。上面的例子介绍了函数 execvp()被系统调用的使用方法。

4. I/O 重定向

为了实现 I/O 重定向。需要使用函数 dup2():

int dup2(int fildes,int fildes2);

每个进程都有一张它所打开的文件描述符表,每个表项包含了文件描述符标识和指向系统文件表中相对应表项的指针。这个系统文件表是由内核维护,它记录了系统当前打开的所有文件的信息,其中包括打开这个文件的进程数目、文件状态标志(读/写等)、当前文件指针、指向该文件 inode 结点表项的指针。

还应当认识到许多非文件类的机制也使用文件接口,只是它们的操作被包装了。举例来说,很多场合终端也被当作文件来操作。默认情况下,进程的文件列表中的前三个入口都指向终端:标准输入(0)、标准输出(1)和标准错误输出(2)。

为实现 I/O 重定向,需要打开一个文件,并把它的文件描述符入口复制给标准输入或者标准输出(或者标准错误输出)。如果需要在后面恢复原来的入口项,我们可以事先把它保存在文件列表中别的地方。

5. 信号

信号是最简单的进程间通信(IPC)原语。信号允许一个进程在某一事件发生时与另一个进程通信。信号的值表明发生了哪种事件。

信号对本实验来说是很重要的,它们指出了后台运行的子进程状态发生的变化,如子进程的终止。当一个进程接受到一个信号,它将会采取某些动作。许多信号都有默认的动作。如某些信号默认产生 core dumps,或者进程自身挂起。

还可以声明让进程处理某个信号,通过声明一个信号处理程序完成对信号接收后的处理。Linux 主要有两个函数实现对信号的处理,即 signal()和 sigaction()。其中 signal()是库函数,在可靠信号系统调用的基础上实现,它只有两个参数,不支持信号传递信息;而

sigaction()是较新的函数,有三个参数,支持信号传递信息,同样支持非实时信号的安装。sigaction()函数优于 signal,主要体现在支持信号带有参数。

- signal 函数

功能说明

如果 signal()函数调用成功,返回最后一次为安装信号 signum 而调用 signal()时的 handler 值;失败则返回 SIG_ERR。

格式

```
#include <signal.h>
typedef void (*sighandler_t)(int);
sighandler_t signal(int signum, sighandler_t hander);
```

参数说明

signum:指定信号的值。

hander:指定针对前面信号值的处理,可以忽略该信号(参数设置为 SIG_IGN);可以采用系统默认方式处理信号(参数设置为 SIG_DFL);也可以自己实现处理方式(参数指定一个函数地址)。

- sigaction 函数

功能说明

用于改变进程接收到特定信号后的行为。

格式

```
#include <signal.h>
int sigaction(int signum, const struct sigaction *act, struct sigaction *oldact));
```

参数说明

signum:为信号的值,可以为除 SIGKILL 及 SIGSTOP 外的任何一个特定有效的信号(为这两个信号定义自己的处理函数,将导致错误)。

act:指向结构 sigaction 的一个实例的指针,在结构 sigaction 的实例中,指定了对特定信号的处理,可以为空,进程会以默认方式对信号处理。这个参数最为重要,其中包含了对指定信号的处理、信号所传递的信息、信号处理函数执行过程中应屏蔽哪些函数等等。

oldact:指向的对象用来保存原来对相应信号的处理,可指定 oldact 为 NULL。如果把 act 和 oldact 都设置为 NULL,那么该函数可用于检查信号的有效性。

sigaction 原始结构:

```
struct sigaction {
    void (*sa_handler)(int);
    void (*sa_sigaction)(int,siginfo_t *, void *);
    sigset_t sa_mask;
    unsigned long sa_flags;
    void (*sa_restorer)(void);
};
```

数据结构中的两个元素 sa_handler 以及 sa_sigaction 指定信号关联函数，即用户指定的信号处理函数。除了可以是用户自定义的处理函数外，还可以为 SIG_DFL（采用默认的处理方式），也可以为 SIG_IGN（忽略信号）。

参数说明

sa_handler：由它指定的处理函数只有一个参数，即信号值，所以信号不能传递除信号值之外的任何信息。

sa_sigaction：由它指定的信号处理函数带有三个参数，是为实时信号而设的（当然同样支持非实时信号），这个信号处理函数的第一个参数（int）为信号值，第三个参数(void*)没有使用（POSIX 标准中没有规范使用该参数的标准），第二个参数(siginfo_t*)是指向 siginfo_t 结构的指针，结构中包含信号携带的数据值，参数所指向的结构如下：

```
siginfo_t {
    int si_signo;          /* 信号值 */
    int si_errno;
    int si_code;
    pid_t si_pid;          /* 发送信号的进程 ID */
    uid_t si_uid;
    int si_status;
    clock_t si_utime;
    clock_t si_stime;
    sigval_t si_value;
    int si_int;
    void *si_ptr;
    void *si_addr;
    int si_band;
    int si_fd;
}
```

sa_mask：指定在信号处理程序执行过程中哪些信号应当被屏蔽。如果不指定 SA_NODEFER 或者 SA_NOMASK 标志位，默认情况下则屏蔽当前信号，防止信号的嵌套发送。

sa_flags：其中包含了许多标志位，包括 SA_NODEFER 及 SA_NOMASK 标志位。另一个比较重要的标志位是 SA_SIGINFO，当设定了该标志位时，表示信号附带的参数可以被传递到信号处理函数中，因此，应该为 sigaction 结构中的 sa_sigaction 指定处理函数，而不是为 sa_handler 指定信号处理函数，否则，设置该标志无意义。即使为 sa_sigaction 指定了信号处理函数，如果不设置 SA_SIGINFO，信号处理函数同样不能得到信号传递过来的数据，在信号处理函数中对这些信息的访问都将导致段错误（segmentation fault）。

sa_restorer：现在已经不再使用了，POSIX 标准中并未定义它。

下面是一个信号处理程序的例子：

```
void ChildHandler (int sig, siginfo_t *sip, void *notused)
{
    int status;
```

```c
    printf ("The process generating the signal is PID: %d\n",sip->si_pid);
    fflush (stdout);    /*刷新标准输出缓冲区,把输出缓冲区里的内容
                          打印到标准输出(显示器)*/
    status = 0;
    /* WNOHANG 标识如果没有子进程退出,就不等待*/
    if (sip->si_pid == waitpid (sip->si_pid, &status, WNOHANG))
    {
        /* 当进程正常退出或子进程因信号而终止时,提示子进程执行结束 */
        if (WIFEXITED(status) || WTERMSIG(status))
            printf ("The child is gone\n");      /* 进程终止 */
        else
            printf ("Uninteresting\n");          /* 进程继续执行 */
    }
    else
    {
        printf ("Uninteresting\n");
    }
}

int main()
{
    struct sigaction action;

    action.sa_sigaction = ChildHandler;      /* 注册信号处理函数 */
    sigfillset (&action.sa_mask);
    action.sa_flags = SA_SIGINFO;            /* 向处理函数传递信息*/
    sigaction (SIGCHLD, &action, NULL);
    fork();
    while (1)
    {
        printf ("PID: %d\n", getpid());
        sleep(1);
    }
}
```

6. 管道

将一个程序或命令的输出作为另一个程序或命令的输入,有两种方法,一种是通过一个临时文件将两个命令或程序结合在一起,这种方法由于需要临时文件而显得很笨重;另一种是 Linux 所提供的管道功能,这种方法比前一种方法更好。管道是更加复杂的 IPC(进程间通信)工具。它允许数据从一个进程向另一个进程单向的流动。

管道实际上是利用文件系统中的循环缓冲区。若以生产者-消费者模式来使用它,写进程相当于生产者,而读进程相当于消费者。一个进程向管道写东西,如果缓冲区写满了,

则阻塞写进程。另一个进程从管道中读东西,如果管道为空,则读进程阻塞。当生产者进程(写进程)关闭了管道或者该进程死掉时,读管道就会失败。如果消费者进程(读进程)关闭管道或者该进程死掉时,写进程就会失败。

下面说明管道如何工作。在父进程中使用 pipe 系统调用创建一个管道,系统调用的参数是包含两个文件描述符数组 pfd[0]和 pfd[1]。

(1)和文件描述符一样,这里使用 pfd[0]作为管道输入描述符,使用 pfd[1]作为管道输出描述符。

(2)fork 产生子进程。

(3)现在父进程和子进程都共享了管道文件描述符。每个进程都关闭管道的一端(至于哪一端取决于谁作为读进程,谁作为写进程)。

(4)每个进程使用 dup2 把打开的管道描述符副本给标准输入或者标准输出,然后关闭管道描述符(如果后面还要恢复标准输入或者标准输出,则要把它们事先保留起来)。

(5)现在两个进程可以使用管道通过标准输入和标准输出进行通信了。

如果我们在 fork 和 exec 之间完成这些动作,那么可以将进程通过管道连接起来。

下面是一个管道的例子:

```c
int main(int argc, char *argv[])
{
    int status;
    int pid[2];
    int pipe_fd[2];

    char *prog1_argv[4];
    char *prog2_argv[2];

    /* 建立参数表 */
    prog1_argv[0] = "/usr/local/bin/ls";
    prog1_argv[1] = "-l";
    prog1_argv[2] = "/";
    prog1_argv[3] = NULL;

    prog2_argv[0] = "/usr/bin/more";
    prog2_argv[1] = NULL;

    /* 创建管道 */
    if (pipe(pipe_fd) < 0)
    {
        perror ("pipe failed");
        exit (errno);
    }

    /* 为 ls 命令创建进程 */
    if ((pid[0]=fork()) < 0)
```

```c
    {
        perror ("Fork failed");
        exit(errno);
    }
    if (!pid[0])
    {
        /* 将管道的写描述符复制给标准输出，然后关闭 */
        close (pipe_fd[0]);
        dup2 (pipe_fd[1], 1);
        close (pipe_fd[1]);
        /* 执行 ls 命令 */
        execvp (prog1_argv[0], prog1_argv);
    }
    if (pid[0])
    {
        /* 父进程 */
        /* 为命令 more 创建子进程 */
        if ((pid[1]=fork()) < 0)
        {
            perror ("Fork failed");
            exit(errno);
        }
        if (!pid[1])
        {
            /* 在子进程 */
            /* 将管道的读描述符复制给标准输入 */
            close (pipe_fd[1]);
            dup2 (pipe_fd[0], 0);
            close (pipe_fd[0]);

            /* 执行 more 命令 */
            execvp (prog2_argv[0], prog2_argv);
        }
        /* 父进程 */
        close(pipe_fd[0]);
        close(pipe_fd[1]);
        waitpid (pid[1], &status, 0);
        printf ("Done waiting for more.\n");
    }
}
```

7. 进程组、会晤和作业控制

当用户登录操作系统后，操作系统为其会晤（session）分配一个终端。会晤是指进程运行的环境，即与进程相关的控制终端。shell 被分配到会晤的前台进程组当中。进程组是指若干个相关进程的集合——它们通常是通过管道连接的。一个终端至多能与一个进程组相关联。前台进程组是会晤中能够访问控制终端的进程组。因为每个会晤只有一个控制终端，所以只存在一个前台进程组。

前台进程组中的进程可以访问标准输入和标准输出。这也意味着组合键会使控制终端把产生的信号发送给前台进程组中的所有进程。在 Ctrl+C 的操作下，信号 SIGINT 会发送给前台的每一个进程；在 Ctrl+Z 的操作下，信号 SIGTSTP 会发送给前台的每一个进程。这些组合键不会显示在终端上。

同时还存在着后台进程组，它们是不能访问会晤中控制终端的进程组。因为它们不能访问控制终端，所以不能进行终端的 I/O 操作。如果一个后台进程组试图与控制终端交互，则产生 SIGTTOU 或者 SIGTTIN 信号。默认情况下，这些信号像 SIGTSTP 一样会挂起进程。user-sh 必须处理其子进程中发生的这些变化。

进程可以使用函数 setpgid()，使其加入到某一进程组中。进程组 ID 是以组长的进程 ID 命名的。进程组长是创建该组的第一个进程，用它的进程号作为进程组的组号。进程组长死后进程组仍然可以存在。

一个进程组可以使用函数 tcsetpgrp()成为前台进程组。这个函数调用使指定的进程组成为前台进程组，这不仅会影响到组本身也会影响到该组的任何一个子进程。

如果进程调用函数 setsid()创建了一个新的会晤，那么它就成为会晤组长和进程组组长。对于一个要与终端交互的新会晤来说，必须为它分配一个新的终端，由于是在系统 shell（csh、sh、bash 等）下执行 user-sh，这会使 user-sh 代替原来的 shell，成为前台进程组中的唯一进程。

让某个进程组成为前台进程组，不仅会保证它能够与控制终端保持联系，还保证了前台进程组中的每一个进程都能从终端接受到控制信号，如 SIGTSTP。简单的方法是，把所有的子进程放在同一个进程组中，在创建它们时屏蔽 SIGTSTP 信号，这样只有 shell 能接收到这个信号，然后 shell 发出与 SIGTSTP 作用相同的（但没有屏蔽的）SIGSTOP 信号给某个子进程。这种办法在某些时候会使程序运行失败，比如在自己的 user-sh 中再次运行 user-sh，但这种办法对于本实验来说是不涉及的。

下面是一个进程组的例子：

```c
#include <stdio.h>
#include <signal.h>
#include <stddef.h>
#include <sys/wait.h>
#include <sys/ioctl.h>
#include <sys/termios.h>

/* 本程序体现了 tcsetgrp() 和 setpgrp()的用法，但没处理 SIGTTIN、SIGTTOU 信号 */
int main()
{
    int status;
    int cpid;
    int ppid;
```

```c
    char buf[256];
    sigset_t blocked;

    ppid = getpid();
    if (!(cpid=fork()))
    {
        setpgid(0, 0);
        tcsetpgrp (0, getpid());
        execl ("/bin/vi", "vi", NULL);
        exit (-1);
    }
    if (cpid < 0)
        exit(-1);
    setpgid(cpid, cpid);          /* 设置进程组 */
    tcsetpgrp (0, cpid);          /* 设置控制终端为子进程拥有 */
    waitpid (cpid, NULL, 0);
    tcsetpgrp (0, ppid);

    while (1)
    {
        memset (buf, 0, 256);
        fgets (buf, 256, stdin);
        puts ("ECHO: ");
        puts (buf);
        puts ("\n");
    }
}
```

5.3.3 Lex 和 YACC 介绍

Lex（lexical analyzar，词法分析生成器）和 YACC（yet another compiler compiler，编译器代码生成器）是 UNIX 和 Linux 下十分重要的词法分析、语法分析的工具。有了这两个工具，便可以制作自己想要的编译器，也可以重新制作已有程序语言的解析器。

1. Lex

Lex 是一种生成扫描器的工具。扫描器是一种识别文本中的词汇模式的程序。这些词汇模式（或者常规表达式）在一种特殊的句子结构中定义。

一种匹配的常规表达式可能会包含相关的动作。这一动作可能还包括返回一个标记。当 Lex 接收到文件或文本形式的输入时，它会试着将文本与常规表达式进行匹配。每次读入一个输入字符，直到找到一个匹配的模式。如果能够找到一个匹配的模式，Lex 就执行相关的动作（可能包括返回一个标记）。另一方面，如果没有可以匹配的常规表达式，Lex 会停止进一步的处理，并且显示一个错误消息。

Lex 和 C 是强耦合的。一个 .lex 文件（Lex 文件具有 .lex 的扩展名）通过 Lex 公用程序来传递，并生成 C 的输出文件。这些文件被编译为词法分析器的可执行版本。一般来说，.lex 文件的格式分三段：① 全局变量声明部分；② 词法规则部分；③ 函数定义部分。

Lex 编程可以分为三步：

（1）以 Lex 可以理解的格式指定模式相关的动作。

（2）在这一文件上运行 Lex，生成扫描器的 C 代码。

（3）编译和链接 C 代码，生成可执行的扫描器。

注意：如果扫描器是用 YACC 开发的解析器的一部分，则只需要进行第（1）步和第（2）步即可。具体可以阅读有关 YACC 和 Lex 结合起来使用的方法。

2．YACC

YACC 是一种工具，也称为实用程序，它将任何一种编程语言的所有语法翻译成针对此种语言的 YACC 语法解析器。它用巴科斯范式（backus naur form, BNF）来书写。

按照惯例，YACC 文件有 .y 后缀。实际上，YACC 才是真正分析语法的核心。.y 文件格式和.lex 文件一样分为三段，但每一段的意义有所不同：① 全局变量声明、终结符号（终端符号）声明；② 语法定义；③ 函数定义。

YACC 的 GNU 版叫做 Bison。Bison 跟其他的 YACC 实现一样，基本功能都是根据用户以 LALR(1)文法描述的语法规则生成遵循该文法的语法分析器。有关于 LALR（1）文法的详细介绍请参考文献[19]、[20]。

用 YACC 来创建一个编译器包括以下四个步骤：

（1）通过在语法文件上运行 YACC 生成一个解析器。

（2）说明语法。

编写一个 .y 的语法文件（同时说明 C 在这里要进行的动作）。

编写一个词法分析器来处理输入并将标记传递给解析器。这可以使用 Lex 来完成或者自行编写完成。

编写一个函数，通过调用 yyparse()来开始解析。

编写错误处理例程，如 yyerror()。

（3）编译 YACC 生成的代码以及其他相关的源文件。

（4）将目标文件链接到适当的可执行解析器库。

5.4 实验设计

本实验的参考程序是在 Linux 系统 OpenSUSE 11.0 下使用 C 语言编写，使用 makefile 文件编译整个工程，生成一个名为 user-sh 可执行程序，在终端输入"./user-sh"即可执行。实验环境中需要安装 gcc、gdb、bison（YACC 在 Linux 下的实现）等开发工具。

makefile 文件的内容如下：

```
user-sh : bison.tab.o execute.o
```

```
        cc -o user-sh bison.tab.o execute.o
bison.tab.o : bison.tab.c global.h
        cc -c bison.tab.c
execute.o : execute.c global.h
        cc -c execute.c
clean :
        rm user-sh bison.tab.o execute.o
```

5.4.1 重要的数据结构

1．历史命令循环数组

在 history 命令中，用数组来存放我们输入过的历史命令。假设我们设定一个能够记录 12 条历史记录的数组如图 5-2 所示。数组的定义如下：

```
typedef struct History {
    int start; //首位置
    int end; //末位置
    char cmds[HISTORY_LEN][100]; //历史命令
} History;
History history;
```

可以看到，每个 his_cmd[i]对应图中一块圆环，一共 12 块，能存放 12 条命令。当用户输入一命令时，只需执行如下语句即可将输入存放到相应数组中：

```
history.end = history.end + 1;
strcpy(history.cmds[history.end], cmd);
```

但是，还需要考虑如图 5-3 所示的情况。

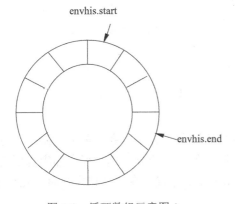

图 5-2　循环数组示意图 1

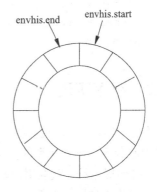

图 5-3　循环数组示意图 2

在这种情况下。end=12。当我们在输入一条命令时，如果还是用上面两条命令进行处理"end=end+1"，则 end=13 就会出错，所以对应程序应进一步修改：

```
history.end=( history.end+1)%12;
if (history.end== history.start){
    history.start=( history.start+1)%12;
    }
strcpy(history.his_cmd[history.end],cmd);
```

经过这样的处理后，就可以达到循环的目的了。

2. 作业链表

由于我们把作业以链表的形式保存起来，所以在处理 jobs 命令时，实际上就是对链表的操作。

链表的结点定义如下：

```
typedef struct Job {
    int pid;                  //进程号
    char cmd[100];            //命令名
    char state[10];           //作业状态
    struct Job *next;         //下一结点指针
} Job;
Job *head = NULL;             //作业链表的头指针
```

head 是指向链表表头的指针。

3. 输入命令结构体

对于每一条输入的命令，我们专门定义了一个结构体，用于存储该命令的信息。具体定义如下：

```
typedef struct SimpleCmd {
    int isBack;        // 是否后台运行
    char **args;       // 命令及参数
    char *input;       // 输入重定向
    char *output;      // 输出重定向
} SimpleCmd;
```

5.4.2 程序实现

在 shell 命令中，我们将 user-sh 中的命令分成四种：普通命令、重定向命令、内部命令和管道命令。每种命令的分析和执行各有不同，但它们的分析执行程序都应包括初始化环境、打印提示符、获取用户输入的命令、解析命令、寻找命令文件和执行命令几个步骤。具体程序流程如图 5-4 所示。

在这里，将普通命令、重定向命令、内部命令三种命令定义为简单命令；而将管道命令定义为复杂命令，它由多个简单命令组成。在程序中，我们仅给出了普通命令、重定向命令和内部命令三种简单命令的实现代码。

实验五 shell 程序

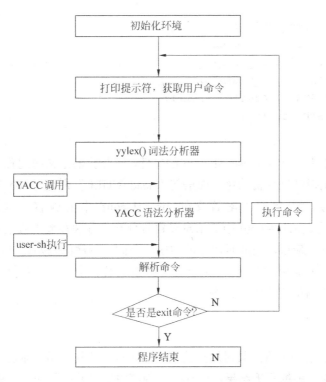

图 5-4 程序设计流程图

1. 初始化环境

程序开始时，要对一些环境变量进行初始化。如将查找路径放入数组 envpath[]中，初始化 history 和 Job 头指针等。这部分工作在程序中由函数 init()来完成。

```
void init() {
    int fd, n, len;
    char c, buf[80];
    if((fd = open("user-sh.conf", O_RDONLY, 660)) == -1){//打开查找路径文件
        perror("init environment failed\n");
        exit(1);
    }
    //初始化 history 链表
    history.end = -1;
    history.start = 0;
    head = NULL;
    len = 0;
    while(read(fd, &c, 1) != 0){ //依次读入路径文件的内容
        buf[len++] = c;
    }
    buf[len] = '\0';
    getEnvPath(len, buf); //将环境路径存入数组 envPath[]
    //注册信号
```

```
        struct sigaction action;
        action.sa_sigaction = rmJob;
        sigfillset(&action.sa_mask);
        action.sa_flags = SA_SIGINFO;
        sigaction(SIGCHLD, &action, NULL);
        signal(SIGTSTP, ctrl_Z);
}
```

在以上程序中，打开一个名为 user-sh.conf 的文件，它是我们定义的配置文件。然后对 history 命令链表的头尾指针进行初始化，而语句 "head=NULL" 则是对 Job 命令链表的头指针进行初始化。接下来是读入配置文件 user-sh.conf 中的内容，通过调用函数 getEnvPath(len, buf)，将之前读到 buf 中的信息以冒号分开，分别存放于数组 envpath[]中，为后面查找命令做准备。最后，完成对信号的注册。至此，程序的初始化工作基本完成。

接下来程序进入一个 while 主循环，和一般的 shell 一样，当一个命令执行完成或放到后台后，shell 就可获取新的用户输入命令。

2．解析命令

程序中使用 YACC 语法分析工具对用户输入的命令进行语法分析，通过自定义的语法完成对命令的解析过程，根据解析结果，引导执行程序中定义的函数动作，进而完成命令的执行。其中要自定义词法分析函数和错误处理函数。

（1）词法分析函数

一个由 YACC 生成的解析器调用 yylex()函数来获得标记。yylex()可以由 Lex 生成或完全由自己来编写。这里我们自己编写该函数，实现对定义的标识符 "<"、">"、"&"、"STRING" 的识别。

yylex()函数完成词法分析过程，将输入的各种符号转化成相应的标识符，转化后的标识符很容易被后续阶段处理。该函数的具体实现如下：

```
int yylex() {
    int flag;
    char c;
    //跳过空格等无用信息
    while(offset < len && (inputBuff[offset] == ' ' || inputBuff[offset] == '\t')){
        offset++;
    }
    flag = 0;
    while(offset < len){                //循环进行词法分析，返回终结符
        c = inputBuff[offset];
        if(c == ' ' || c == '\t'){
            offset++;
            return STRING;
        }
```

```
            if(c == '<' || c == '>' || c == '&'){
                if(flag == 1){
                    flag = 0;
                    return STRING;
                }
                offset++;
                return c;
            }
            flag = 1;
            offset++;
        }
        if(flag == 1){
            return STRING;
        }else{
            return 0;
        }
    }
```

(2) 错误处理函数

一般来说，YACC 最好提供函数 yyerror()的代码。当解析器遇到错误时调用该函数。程序中的 yyerror()函数比较简单，仅是提示命令有误，具体如下：

```
void yyerror()
{
    printf("你输入的命令不正确，请重新输入！\n");
}
```

(3) 查找外部程序

对于普通命令（即外部命令）的处理，我们需要首先查找命令的可执行文件。具体实现如下：

```
if (exists(cmd->args[0])) { //命令存在
    //执行命令的操作
} else { //命令不存在
    printf("找不到命令 15%s\n", inputBuff);
}
```

这里，主要是通过调用一个查找命令文件的函数 exists()来判断所输入的命令是否存在。该函数的具体实现过程如下：

```
int exists(char *cmdFile) {
    int i = 0;
    if((cmdFile[0] == '/' || cmdFile[0] == '.')
        && access(cmdFile, F_OK) == 0){     //命令在当前目录
        strcpy(cmdBuff, cmdFile);
        return 1;
```

```
    }
    else {           //查找 user-sh.conf 文件中指定的目录,确定命令是否存在
        while(envPath[i] != NULL){    //查找路径已在初始化时设置在 envPath[i]中
            strcpy(cmdBuff, envPath[i]);
            strcat(cmdBuff, cmdFile);
            if(access(cmdBuff, F_OK) == 0){        //命令文件被找到
                return 1;
            }
            i++;
        }
    }
    return 0;
}
```

回顾前面有关程序初始化部分的介绍,已经将命令可能存在的路径置于数组 envpath[] 中,函数 exists()所做的工作就是在这些路径下查找、判断命令是否存在。如果找到则返回 1,没有找到则返回 0。在判断的过程中用到了系统调用函数 access()。

格式

```
#include <unistd.h>
int access(const char *pathname, int mode);
```

参数说明

pathname:文件名称。

mode:要判断的属性。可以取以下值或者它们的组合,其中 R_OK 表示文件可以读,W_OK 表示文件可以写,X_OK 表示文件可以执行,F_OK 表示文件存在。当测试成功时,函数返回 0;否则,如果有一个条件不符时,返回–1。

如果命令找到了,就在函数 exists()中把路径和命令一起拼接起来存放在 cmdBuff 字符数组中。接下来就可以开始执行相关命令。

(4)执行命令

当命令文件在指定的路径下查找成功时,就可以执行命令了。通过调用 fork()创建一个子进程,在子进程中执行命令。函数 fork()创建一个新的子进程,其子进程会复制父进程的数据与堆栈空间并继承父进程的用户 ID、组 ID、环境变量,以及打开的文件、工作目录和资源限制等。

Linux 使用 COW(copy on write)技术,只有当其中一个进程试图修改欲复制的空间时才会做真正的复制动作。由于这些继承的信息是复制而来的,并非指向相同的内存空间,因此应该注意:子进程中对变量的修改,在父进程中不能与其同步!也就是说,即使子进程中修改了一个变量的值,在父进程中,这个变量的值仍为修改前的值!

如果函数 fork()创建成功,则父进程返回新建子进程的 ID(pid)。值得注意的是:pid 在子进程中为 0,而在父进程中 pid 则为子进程真实的 ID,如果失败则返回–1。

这一段的代码如下:

```
if ((pid=fork())==0)              //子进程
    execv(cmdBuff, cmd->args);
else                              //父进程
    if (!cmd ->isBack)            //非后台执行命令
waitpid(pid, NULL, 0);
```

上面的几行语句就可以执行 shell 的普通命令了。这里用到了两个系统调用函数 execv() 和 waitpid()。

函数 waitpid()的格式为：

pid_t waitpid(pid_t pid, int *status, int options);

如果是前台执行的命令，则父进程必须执行函数 waitpid()，等待子进程完成后才继续执行。而后台执行的命令，父进程不用执行函数 waitpid()，不用等待子进程的完成就可以继续执行。这就是前后台命令的差别。而函数 waitpid()等待哪个子进程执行完毕呢？这由它的第一个参数 pid 决定。pid 就是该父进程 fork 的子进程的进程号。只有当进程号 pid 的子进程执行完后，父进程才能继续。关于这两个参数的更多信息，可查阅相关手册获取详细资料。

至此，一个简单的 shell 程序已经完成了，不过它还只能分析普通的外部程序命令。为了使 user-sh 支持其他功能，还需要做很多工作。

（5）重定向过程

对于存在重定向的命令，需要对 I/O 重定向做进一步的处理。为此，需要首先打开重定向的文件，然后把它的文件描述符入口复制给标准输入或者标准输出。具体实现如下：

```
if (cmd->input != NULL) {       //存在输入重定向
    if ((pipeIn = open(cmd->input, O_RDONLY, S_IRUSR|S_IWUSR)) == -1) {
        printf("不能打开文件 %s!\n", cmd->input);
        return;
    }
    if (dup2(pipeIn, 0) == -1) {
        printf("重定向标准输入错误!\n");
        return;
    }
}
if (cmd->output != NULL) {      //存在输出重定向
    if((pipeOut = open(cmd->output, O_WRONLY|O_CREAT|
        O_TRUNC, S_IRUSR|S_IWUSR)) == -1) {
        printf("不能打开文件 %s!\n", cmd->output);
        return ;
    }
    if (dup2(pipeOut, 1) == -1) {
        printf("重定向标准输出错误!\n");
```

```
        return;
    }
}
```

(6) 作业控制命令

作业控制命令主要包括 jobs、fg 和 bg 等。

- jobs

jobs 的实现，要用到前面介绍的链表。每一个后台运行的作业或者被挂起的作业，在链表中都有一个结点与其相对应。所以，在用户输入命令后运行一个在后台执行的作业时，作业控制要做的工作是：在链表尾部增加一个结点，将该作业的信息保存在新加的结点中。而在一个前台的作业被挂起时，作业控制要做的工作是检索链表，如果链表已有该作业对应的结点，则将其状态改为 stopped，如果没有该作业对应的结点，则在链表尾新增一个结点，将该作业的信息保存在新加的结点中。当用户输入 jobs 命令时，要做的工作就是：遍历链表，将链表中的每个作业信息（作业号、运行状态和命令名）显示出来。了解了链表的操作，jobs 命令的实现程序就不难完成了。具体实现请参看源程序，在此不再详述。

- bg 和 fg

下面主要介绍 bg 和 fg 命令，还有它们与组合键 Ctrl+Z 的相互关系。

首先，介绍它们的作用。组合键 Ctrl+Z 用来挂起一项正在前台运行的作业。bg 命令可以将已挂起的作业发到后台运行。而 fg 命令则可以将被挂起的或在后台运行的作业放到前台来运行。

我们在程序的初始化时设置了信号处理函数：

```
signal(SIGTSTP, ctrl_Z);
```

其中，SIGTSTP 是交互停止信号。当用户在终端上按下组合键 Ctrl+Z 时，终端驱动程序会向 shell 发送此信号。而信号处理函数 signal()可以捕捉到这个 SIGTSTP 信号。可以看到函数 signal()的设置：当收到 SIGTSTP 信号时，执行函数 ctrl_Z。在 user-sh 程序中，ctrl_Z 函数所做的动作是增加作业结点，将其状态设置为 stopped，并用系统调用函数 kill()向前台运行的命令发送一个 SIGSTOP 信号。SIGSTOP 信号的作用是停止一个进程。前台运行的作业在收到这个 SIGSTOP 信号后，将被挂起。

前台运行的作业被挂起后，shell 就会打印出提示符"user-sh>"，等待用户输入下一条命令。这时就可以使用 bg 和 fg 命令进行前后台切换。

如果我们希望使一项被挂起的作业在后台运行，执行"bg %<作业号>"这条命令就能实现。用户输入 bg 命令后，程序首先根据命令，获取用户输入的作业号。得到作业号后，执行函数 bg_exec()。该函数要做的工作是：根据作业号，在 Job 链表中查找到相应结点，通过结点信息得到该作业对应的进程号 pid。再用系统调用函数 kill()向进程号为 pid 的进程发送一个 SIGCONT 信号。SIGCONT 信号的作用是使进程继续运行。进程号为 pid 的进程在接收到这个信号后，就会重新开始运行了。由于我们没有使用函数 waitpid()让父进程等待该进程的完成，所以刚才重新开始运行的进程是在后台运行的。

当要把一项作业放到前台来运行，执行"fg %<作业号>"这条命令就能实现。用户输入 fg 命令后，程序首先根据命令获取用户输入的作业号。得到作业号后，执行函数 fg_exec()。该函数要做的工作是：根据作业号，在 Job 链表中查找到相应结点，通过结点信息得到该作业对应的进程号 pid。再用系统调用函数 kill()向进程号为 pid 的进程发送一个 SIGCONT 信号。进程号为 pid 的进程在接收到这个信号后，就会重新开始运行了。与 bg 命令不同的是，要在前台运行该作业。所以，在函数 fg_exec()中还要用系统调用函数 waitpid()，让父进程等待刚才重新开始运行的进程，这样才能达到在前台运行作业的目的。

5.5 实验总结

通过本次实验，学生可以熟悉 Linux 系统下的基本编程环境和开发工具的使用，明确 shell 程序的实现机制以及 shell 与系统内核的相互关系，初步了解 Linux 系统调用的使用方法。

实验要求设计实现的 user-sh 能对大多数 shell 命令进行解释，并且实现作业控制和前后台切换等作业控制命令。通过开发该 shell 程序，学生可以对前后台命令、管理进程、信号和进程间通信等概念及其实现机制有比较深刻的理解，深化课堂所学内容，同时在编写程序过程中，也进一步锻炼了独立思考和分析问题、解决问题的能力。

5.6 源程序与运行结果

5.6.1 程序源代码

1. user-sh.conf 文件

```
/bin:/usr/bin:/usr/local/bin:/sbin:
```

2. global.h 文件

```
#ifndef _global_H
#define _global_H

#ifdef __cplusplus
extern "C" {
#endif

    #define HISTORY_LEN 10

    #define STOPPED "stopped"
    #define RUNNING "running"
```

```
#define DONE    "done"

#include <stdio.h>
#include <stdlib.h>

typedef struct SimpleCmd {
    int isBack;                          // 是否后台运行
    char **args;                         // 命令及参数
    char *input;                         // 输入重定向
    char *output;                        // 输出重定向
} SimpleCmd;

typedef struct History {
    int start;                           //首位置
    int end;                             //末位置
    char cmds[HISTORY_LEN][100];         //历史命令
} History;

typedef struct Job {
    int pid;                             //进程号
    char cmd[100];                       //命令名
    char state[10];                      //作业状态
    struct Job *next;                    //下一结点指针
} Job;

char inputBuff[100];                     //存放输入的命令

void init();
void addHistory(char *history);
void execute();

#ifdef __cplusplus
}
#endif

#endif   /* _global_H */
```

3. bison.y 文件

```
%{
    #include "global.h"
    int yylex ();
    void yyerror ();
    int offset, len, commandDone;
%}
%token STRING
```

```
%%
line            :   /* empty */
                    |command        {   execute(); commandDone = 1;    };
command         :   fgCommand
                    |fgCommand '&';
fgCommand       :   simpleCmd;
simpleCmd       :   progInvocation inputRedirect outputRedirect;
progInvocation  :   STRING args;
inputRedirect   :   /* empty */
                    |'<' STRING;
outputRedirect  :   /* empty */
                    |'>' STRING;
args            :   /* empty */
                    |args STRING;
%%
/***********************************************************
                    词法分析函数
***********************************************************/
int yylex(){
    int flag;
    char c;
    //跳过空格等无用信息
    while(offset < len && (inputBuff[offset] == ' ' || inputBuff[offset]
    == '\t')){
        offset++;
    }

    flag = 0;
    while(offset < len){            //循环进行词法分析,返回终结符
        c = inputBuff[offset];

        if(c == ' ' || c == '\t'){
            offset++;
            return STRING;
        }

        if(c == '<' || c == '>' || c == '&'){
            if(flag == 1){
                flag = 0;
                return STRING;
            }
            offset++;
            return c;
        }
```

```c
            flag = 1;
            offset++;
        }
    }

    if(flag == 1){
        return STRING;
    }else{
        return 0;
    }
}

/*****************************************************************
                    错误信息执行函数
*****************************************************************/
void yyerror()
{
    printf("你输入的命令不正确,请重新输入!\n");
}

/*****************************************************************
                    main 主函数
*****************************************************************/
int main(int argc, char** argv) {
    int i;
    char c;

    init();  //初始化环境
    commandDone = 0;

    printf("user-sh@%s>", get_current_dir_name());        //打印提示符信息

    while(1){
        i = 0;
        while((c = getchar()) != '\n'){                   //读入一行命令
            inputBuff[i++] = c;
        }
        inputBuff[i] = '\0';

        len = i;
        offset = 0;

        yyparse();  //调用语法分析函数,该函数由 yylex()提供当前输入的单词符号

        if(commandDone == 1){  //命令已经执行完成后,添加历史记录信息
            commandDone = 0;
```

```c
            addHistory(inputBuff);
        }

            printf("user-sh@%s>", get_current_dir_name());  //打印提示符信息
        }

    return (EXIT_SUCCESS);
}
```

4. execute.c 文件

```c
#include <string.h>
#include <ctype.h>
#include <unistd.h>
#include <fcntl.h>
#include <math.h>
#include <errno.h>
#include <signal.h>
#include <stddef.h>
#include <sys/types.h>
#include <sys/stat.h>
#include <sys/wait.h>
#include <sys/ioctl.h>
#include <sys/termios.h>

#include "global.h"

int goon = 0, ingnore = 0;        //用于设置 signal 信号量
char *envPath[10], cmdBuff[40];   //外部命令的存放路径及读取外部命令的缓冲空间
History history;                  //历史命令
Job *head = NULL;                 //作业头指针
pid_t fgPid;                      //当前前台作业的进程号


/******************************************************
                    辅助函数
******************************************************/
/*判断命令是否存在*/
int exists(char *cmdFile){
    int i = 0;
    if((cmdFile[0] == '/' || cmdFile[0] == '.') && access(cmdFile, F_OK) == 0){                           //命令在当前目录
        strcpy(cmdBuff, cmdFile);
        return 1;
    }else{   //查找user-sh.conf 文件中指定的目录，确定命令是否存在
        while(envPath[i] != NULL){  //查找路径已在初始化时设置在 envPath[i]中
            strcpy(cmdBuff, envPath[i]);
```

```c
            strcat(cmdBuff, cmdFile);

            if(access(cmdBuff, F_OK) == 0){    //命令文件被找到
                return 1;
            }

            i++;
        }
    }

    return 0;
}

/*将字符串转换为整型的Pid*/
int str2Pid(char *str, int start, int end){
    int i, j;
    char chs[20];

    for(i = start, j= 0; i < end; i++, j++){
        if(str[i] < '0' || str[i] > '9'){
            return -1;
        }else{
            chs[j] = str[i];
        }
    }
    chs[j] = '\0';

    return atoi(chs);
}

/*调整部分外部命令的格式*/
void justArgs(char *str){
    int i, j, len;
    len = strlen(str);

    for(i = 0, j = -1; i < len; i++){
        if(str[i] == '/'){
            j = i;
        }
    }

    if(j != -1){      //找到符号'/'
        for(i = 0, j++; j < len; i++, j++){
            str[i] = str[j];
        }
```

```c
        str[i] = '\0';
    }
}

/*设置goon*/
void setGoon(){
    goon = 1;
}

/*释放环境变量空间*/
void release(){
    int i;
    for(i = 0; strlen(envPath[i]) > 0; i++){
        free(envPath[i]);
    }
}

/*******************************************
                信号以及jobs相关
*******************************************/
/*添加新的作业*/
Job* addJob(pid_t pid){
    Job *now = NULL, *last = NULL, *job = (Job*)malloc(sizeof(Job));

//初始化新的job
    job->pid = pid;
    strcpy(job->cmd, inputBuff);
    strcpy(job->state, RUNNING);
    job->next = NULL;

    if(head == NULL){          //若是第一个job，则设置为头指针
        head = job;
    }else{         //否则，根据pid将新的job插入到链表的合适位置
    now = head;
    while(now != NULL && now->pid < pid){
        last = now;
    now = now->next;
    }
        last->next = job;
        job->next = now;
    }

    return job;
}
```

```c
/*移除一个作业*/
void rmJob(int sig, siginfo_t *sip, void* noused){
    pid_t pid;
    Job *now = NULL, *last = NULL;

    if(ingnore == 1){
        ingnore = 0;
        return;
    }

    pid = sip->si_pid;

    now = head;
    while(now != NULL && now->pid < pid){
        last = now;
        now = now->next;
    }

    if(now == NULL){         //作业不存在，则不进行处理直接返回
        return;
    }

//开始移除该作业
    if(now == head){
        head = now->next;
    }else{
        last->next = now->next;
    }

    free(now);
}

/*组合键命令 ctrl+z*/
void ctrl_Z(){
    Job *now = NULL;

    if(fgPid == 0){          //前台没有作业则直接返回
        return;
    }

    //SIGCHLD 信号产生自 ctrl+z
    ingnore = 1;

    now = head;
    while(now != NULL && now->pid != fgPid)
```

```c
    now = now->next;

    if(now == NULL){        //未找到前台作业，则根据fgPid添加前台作业
        now = addJob(fgPid);
    }

//修改前台作业的状态及相应的命令格式，并打印提示信息
    strcpy(now->state, STOPPED);
    now->cmd[strlen(now->cmd)] = '&';
    now->cmd[strlen(now->cmd) + 1] = '\0';
    printf("[%d]\t%s\t\t%s\n", now->pid, now->state, now->cmd);

//发送SIGSTOP信号给正在前台运行的作业，将其停止
    kill(fgPid, SIGSTOP);
    fgPid = 0;
}

/*fg命令*/
void fg_exec(int pid){
Job *now = NULL;
int i;

    //SIGCHLD信号产生自此函数
    ingnore = 1;

//根据pid查找作业
    now = head;
while(now != NULL && now->pid != pid)
    now = now->next;

    if(now == NULL){    //未找到作业
        printf("pid为7%d 的作业不存在！\n", pid);
        return;
    }

    //记录前台作业的pid，修改对应作业状态
    fgPid = now->pid;
    strcpy(now->state, RUNNING);

    signal(SIGTSTP, ctrl_Z); //设置signal信号，为下一次按下组合键Ctrl+Z做准备
    i = strlen(now->cmd) - 1;
    while(i >= 0 && now->cmd[i] != '&')
    i--;
    now->cmd[i] = '\0';
```

```c
        printf("%s\n", now->cmd);
        kill(now->pid, SIGCONT);    //向对象作业发送 SIGCONT 信号,使其运行
        waitpid(fgPid, NULL, 0);    //父进程等待前台进程的运行
}

/*bg 命令*/
void bg_exec(int pid){
    Job *now = NULL;

    //SIGCHLD 信号产生自此函数
    ingnore = 1;

//根据 pid 查找作业
now = head;
    while(now != NULL && now->pid != pid)
    now = now->next;

    if(now == NULL){        //未找到作业
        printf("pid 为 7%d 的作业不存在!\n", pid);
        return;
    }

    strcpy(now->state, RUNNING);        //修改对象作业的状态
    printf("[%d]\t%s\t\t%s\n", now->pid, now->state, now->cmd);

    kill(now->pid, SIGCONT);            //向对象作业发送 SIGCONT 信号,使其运行
}

/********************************************************
                    命令历史记录
********************************************************/
void addHistory(char *cmd){
    if(history.end == -1){              //第一次使用 history 命令
        history.end = 0;
        strcpy(history.cmds[history.end], cmd);
        return;
    }

    history.end = (history.end + 1)%HISTORY_LEN;   //end 前移一位
    strcpy(history.cmds[history.end], cmd);   //将命令副本到 end 指向的数组中

    if(history.end == history.start){           //end 和 start 指向同一位置
        history.start = (history.start + 1)%HISTORY_LEN;    //start 前移一位
    }
}
```

```c
/********************************************
                初始化环境
********************************************/
/*通过路径文件获取环境路径*/
void getEnvPath(int len, char *buf){
    int i, j, last = 0, pathIndex = 0, temp;
    char path[40];

    for(i = 0, j = 0; i < len; i++){
        if(buf[i] == ':'){  //将以冒号(:)分隔的查找路径分别设置到envPath[]中
            if(path[j-1] != '/'){
                path[j++] = '/';
            }
            path[j] = '\0';
            j = 0;

            temp = strlen(path);
            envPath[pathIndex] = (char*)malloc(sizeof(char) * (temp + 1));
            strcpy(envPath[pathIndex], path);

            pathIndex++;
        }else{
            path[j++] = buf[i];
        }
    }

    envPath[pathIndex] = NULL;
}

/*初始化操作*/
void init(){
    int fd, n, len;
    char c, buf[80];

//打开查找路径文件user-sh.conf
    if((fd = open("user-sh.conf", O_RDONLY, 660)) == -1){
        perror("init environment failed\n");
        exit(1);
    }

//初始化history链表
    history.end = -1;
    history.start = 0;
```

```c
        len = 0;
//将路径文件内容依次读入到 buf[]中
        while(read(fd, &c, 1) != 0){
            buf[len++] = c;
        }
        buf[len] = '\0';

        //将环境路径存入 envPath[]
        getEnvPath(len, buf);

        //注册信号
        struct sigaction action;
        action.sa_sigaction = rmJob;
        sigfillset(&action.sa_mask);
        action.sa_flags = SA_SIGINFO;
        sigaction(SIGCHLD, &action, NULL);
        signal(SIGTSTP, ctrl_Z);
}

/********************************************************
                     命令解析
********************************************************/
SimpleCmd* handleSimpleCmdStr(int begin, int end){
        int i, j, k;
        int fileFinished;            //记录命令是否解析完毕
        char c, buff[10][40], inputFile[30], outputFile[30], *temp = NULL;
        SimpleCmd *cmd = (SimpleCmd*)malloc(sizeof(SimpleCmd));

//默认为非后台命令，I/O 重定向为 NULL
        cmd->isBack = 0;
        cmd->input = cmd->output = NULL;

        //初始化相应变量
        for(i = begin; i<10; i++){
            buff[i][0] = '\0';
        }
        inputFile[0] = '\0';
        outputFile[0] = '\0';

        i = begin;
//跳过空格等无用信息
        while(i < end && (inputBuff[i] == ' ' || inputBuff[i] == '\t')){
            i++;
        }
```

```c
        k = 0;
        j = 0;
        fileFinished = 0;
        temp = buff[k]; //以下通过 temp 指针的移动实现对 buff[i]的顺次赋值过程
while(i < end){
/*根据命令字符的不同情况进行不同的处理*/
        switch(inputBuff[i]){
            case ' ':
            case '\t': //命令名及参数的结束标志
                temp[j] = '\0';
                j = 0;
                if(!fileFinished){
                    k++;
                    temp = buff[k];
                }
                break;

            case '<': //输入重定向标志
                if(j != 0){
                    temp[j] = '\0';
                    j = 0;
                    if(!fileFinished){
                        k++;
                        temp = buff[k];
                    }
                }
                temp = inputFile;
                fileFinished = 1;
                i++;
                break;

            case '>': //输出重定向标志
                if(j != 0){
                    temp[j] = '\0';
                    j = 0;
                    if(!fileFinished){
                        k++;
                        temp = buff[k];
                    }
                }
                temp = outputFile;
                fileFinished = 1;
                i++;
                break;
```

```c
                    case '&': //后台运行标志
                        if(j != 0){
                            temp[j] = '\0';
                            j = 0;
                            if(!fileFinished){
                                k++;
                                temp = buff[k];
                            }
                        }
                        cmd->isBack = 1;
                        fileFinished = 1;
                        i++;
                        break;

                    default: //默认则读入到 temp 指定的空间
                        temp[j++] = inputBuff[i++];
                        continue;
                }

//跳过空格等无用信息
                while(i < end && (inputBuff[i] == ' ' || inputBuff[i] == '\t')){
                    i++;
                }
            }

            if(inputBuff[end-1] != ' ' && inputBuff[end-1] != '\t' && inputBuff[end-1] != '&'){
                temp[j] = '\0';
                if(!fileFinished){
                    k++;
                }
            }

//依次为命令名及其各个参数赋值
            cmd->args = (char**)malloc(sizeof(char*) * (k + 1));
            cmd->args[k] = NULL;
            for(i = 0; i<k; i++){
                j = strlen(buff[i]);
                cmd->args[i] = (char*)malloc(sizeof(char) * (j + 1));
                strcpy(cmd->args[i], buff[i]);
            }

//如果有输入重定向文件,则为命令的输入重定向变量赋值
            if(strlen(inputFile) != 0){
                j = strlen(inputFile);
```

```c
        cmd->input = (char*)malloc(sizeof(char) * (j + 1));
        strcpy(cmd->input, inputFile);
    }

    //如果有输出重定向文件，则为命令的输出重定向变量赋值
    if(strlen(outputFile) != 0){
        j = strlen(outputFile);
        cmd->output = (char*)malloc(sizeof(char) * (j + 1));
        strcpy(cmd->output, outputFile);
    }

    return cmd;
}


/******************************************************
                    命令执行
******************************************************/
/*执行外部命令*/
void execOuterCmd(SimpleCmd *cmd){
    pid_t pid;
    int pipeIn, pipeOut;

    if(exists(cmd->args[0])){    //命令存在

        if((pid = fork()) < 0){
            perror("fork failed");
            return;
        }

        if(pid == 0){    //子进程
            if(cmd->input != NULL){    //存在输入重定向
                if((pipeIn = open(cmd->input, O_RDONLY, S_IRUSR|S_IWUSR)) ==
                -1){
                    printf("不能打开文件 %s!\n", cmd->input);
                    return;
                }
                if(dup2(pipeIn, 0) == -1){
                    printf("重定向标准输入错误!\n");
                    return;
                }
            }

            if(cmd->output != NULL){    //存在输出重定向
                if((pipeOut = open(cmd->output, O_WRONLY|O_CREAT|O_TRUNC,
                S_IRUSR|S_IWUSR)) == -1){
```

```
                    printf("不能打开文件 %s!\n", cmd->output);
                    return ;
                }
                if(dup2(pipeOut, 1) == -1){
                    printf("重定向标准输出错误!\n");
                    return;
                }
            }

            if(cmd->isBack){        //若是后台运行命令，等待父进程增加作业
                signal(SIGUSR1, setGoon);  //收到信号，setGoon 函数将 goon 置 1,
                                           //以跳出下面的循环
                while(goon == 0) ;  //等待父进程 SIGUSR1 信号，表示作业已加到链表中
                goon = 0;           //置 0，为下一命令做准备

                printf("[%d]\t%s\t\t%s\n", getpid(), RUNNING, inputBuff);
                kill(getppid(), SIGUSR1);
            }

            justArgs(cmd->args[0]);
            if(execv(cmdBuff, cmd->args) < 0){ //执行命令
                printf("execv failed!\n");
                return;
            }
        }
        else{       //父进程
            if(cmd ->isBack){           //后台命令
                fgPid = 0;              //pid 置 0，为下一命令做准备
                addJob(pid);            //增加新的作业
                kill(pid, SIGUSR1);     //子进程发信号，表示作业已加入

                //等待子进程输出
                signal(SIGUSR1, setGoon);
                while(goon == 0) ;
                goon = 0;
            }else{      //非后台命令
                fgPid = pid;
                waitpid(pid, NULL, 0);
            }
        }
    }else{ //命令不存在
        printf("找不到命令 15%s\n", inputBuff);
    }
}
```

```c
/*执行命令*/
void execSimpleCmd(SimpleCmd *cmd){
    int i, pid;
    char *temp;
    Job *now = NULL;

    if(strcmp(cmd->args[0], "exit") == 0) {    //exit 命令
        exit(0);
    } else if (strcmp(cmd->args[0], "history") == 0) {    //history 命令
        if(history.end == -1){
            printf("尚未执行任何命令\n");
            return;
        }
        i = history.start;
        do {
            printf("%s\n", history.cmds[i]);
            i = (i + 1)%HISTORY_LEN;
        } while(i != (history.end + 1)%HISTORY_LEN);
    } else if (strcmp(cmd->args[0], "jobs") == 0) {    //jobs 命令
        if(head == NULL){
            printf("尚无任何作业\n");
        } else {
            printf("index\tpid\tstate\t\tcommand\n");
            for(i = 1, now = head; now != NULL; now = now->next, i++){
                printf("%d\t%d\t%s\t\t%s\n", i, now->pid, now->state, now->
                cmd);
            }
        }
    } else if (strcmp(cmd->args[0], "cd") == 0) {    //cd 命令
        temp = cmd->args[1];
        if(temp != NULL){
            if(chdir(temp) < 0){
                printf("cd: %s 错误的文件名或文件夹名！\n", temp);
            }
        }
    } else if (strcmp(cmd->args[0], "fg") == 0) {    //fg 命令
        temp = cmd->args[1];
        if(temp != NULL && temp[0] == '%'){
            pid = str2Pid(temp, 1, strlen(temp));
            if(pid != -1){
                fg_exec(pid);
            }
        }else{
            printf("fg: 参数不合法，正确格式为：fg %<int>\n");
        }
```

```
        } else if (strcmp(cmd->args[0], "bg") == 0) {     //bg命令
            temp = cmd->args[1];
            if(temp != NULL && temp[0] == '%'){
                pid = str2Pid(temp, 1, strlen(temp));

                if(pid != -1){
                    bg_exec(pid);
                }
            }
            else{
                printf("bg; 参数不合法，正确格式为：bg %<int>\n");
            }
        } else{        //外部命令
            execOuterCmd(cmd);
        }

        //释放结构体空间
        for(i = 0; cmd->args[i] != NULL; i++){
            free(cmd->args[i]);
            free(cmd->input);
            free(cmd->output);
        }
    }

/*******************************************************
                    命令执行接口
*******************************************************/
void execute(){
    SimpleCmd *cmd = handleSimpleCmdStr(0, strlen(inputBuff));
    execSimpleCmd(cmd);
}
```

5.6.2 程序运行结果

首先确保系统中安装有 gcc、gdb、bison 等开发工具。在源代码文件所在目录中建立 makefile 文件，内容如下：

```
user-sh : bison.tab.o execute.o
    cc -o user-sh bison.tab.o execute.o
bison.tab.o : bison.tab.c global.h
    cc -c bison.tab.c
execute.o : execute.c global.h
    cc -c execute.c
clean :
```

```
rm user-sh bison.tab.o execute.o
```

运行 make 命令编译程序代码，可得到名为 user-sh 的可执行文件。在程序目录下运行 "./user-sh" 命令即可运行该程序，程序运行结果样例如图 5-5 所示。

图 5-5　程序运行结果样例

实验六　虚存管理（Linux）

6.1　实验目的

- 了解 Linux 的内存管理机制。
- 掌握页式虚拟存储技术，理解虚地址到实地址的定位过程。
- 掌握"最不频繁使用淘汰算法"，即 LFU 页面淘汰算法。

6.2　实验要求

6.2.1　基本要求

通过本实验，要求学生能够了解 Linux 系统下页式存储管理机制，并实现一个简单的虚存管理模拟程序。具体要求如下：

（1）设计并实现一个虚存管理模拟程序，模拟一个单道程序的页式存储管理，用一个一维数组模拟实存空间，用一个文本文件模拟辅存空间。

（2）建立一张一级页表。

（3）程序中使用函数 do_request()随机产生访存请求，访存操作包括读取、写入、执行三种类型。

（4）实现函数 do_response()响应访存请求，完成虚地址到实地址的定位及读/写执行操作，同时判断并处理缺页中断。

（5）实现 LFU 页面淘汰算法。

6.2.2　进一步要求

要求学生在完成上述基本要求基础上对程序的功能和性能进行改进。改进建议如下：

（1）实现多道程序的存储控制。

（2）建立一张多级页表或快表。

（3）将 do_request()和 do_response()函数实现在不同进程中，通过进程间通信（如 FIFO）完成访存控制的模拟。

（4）实现其他页面淘汰算法，如页面老化算法（可参考 6.3.5 节内容）。

学生还可自己提出更多改进需求并实现。

6.3 相关基础知识

6.3.1 存储管理

存储管理子系统是操作系统最重要的组成部分之一，是对内存硬件的抽象，并负责内存资源的统一调度，包括内存的分配和回收、存储保护、地址变换、存储共享以及存储扩充。存储管理技术可划分为两大类，即早期的实存管理和现在普遍采用的虚存管理。虚存管理采用虚拟存储器模型，提供主辅存之间的信息交换、程序的重定位、地址转换的自动进行，从而提供比实际内存大得多的存储空间。

6.3.2 虚拟存储的功能

虚存管理可以分为页式管理、段式管理和段页式管理三类。Linux 的虚拟存储机制是基于分页技术基础之上的，因此对存储的管理实际上就是对物理内存、虚拟内存、虚页和页帧的管理。所有内存分配都体现在页的分配、交换和回收过程上。虚拟存储技术提供了下列功能。

- 大地址空间：系统的虚拟内存可以比系统的实际内存大很多倍。
- 进程的保护：系统中的每一个进程都有自己的虚拟地址空间，即逻辑地址空间。这些虚拟地址空间是完全分开的，这样一个进程的运行不会影响其他进程。
- 内存映射：内存映射用来把文件映射到进程的地址空间。在内存映射中，文件的内容直接链接到进程的虚拟地址空间内。
- 共享内存：虽然虚拟内存允许进程拥有自己单独的虚拟地址空间，但有时可能会希望进程共享内存。

6.3.3 虚拟存储的抽象模型

在讨论 Linux 系统虚存管理的实现方法之前，让我们先看看虚拟存储的抽象模型。当处理器执行一个程序时，它从内存中读取指令并解码执行。当执行这条指令时，处理器还需要在内存的某一个位置读取或存储数据。在一个虚拟存储系统中，所有程序涉及的内存地址均为虚拟内存地址而不是机器的物理地址，处理器根据操作系统保存的一些信息将虚拟内存地址转换为物理地址。

为了让这种转换更为容易进行，虚拟内存和物理内存都分为大小固定的块，叫做页面。每一个页面有一个唯一的页帧号，叫做 PFN（page frame number），在这种分页方式下，一个虚拟内存地址由两部分组成：一部分是页内偏移地址，另一部分是页面号 PFN。每当处理器遇到一个虚拟内存地址时，它都会分离出页内偏移地址和 PFN，然后再将 PFN 翻译成物理地址，以便正确地读取其中的偏移地址。处理器利用页表来完成上述的工作。

如图 6-1 所示为进程 X 和进程 Y 的虚拟内存示意图。

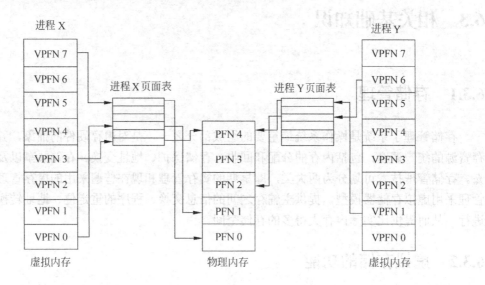

图 6-1　虚拟内存示意图

两个进程分别有自己的页表。这些页表用来将进程的虚拟内存页映射到物理内存页中。可以看出进程 X 的虚拟内存 0 号页面映射到了物理内存页帧 1，进程 Y 的虚拟内存 1 号页映射到了物理内存页帧 4。页表的每个入口（页表项）一般都包括以下的内容：

- 有效标志　此标志用于表明页表入口是否可以使用。
- 物理页面号　页表入口描述的物理页面号。
- 存取控制信息　用来描述页面如何使用，例如是否可写、是否包括可执行代码等。

处理器读取页表时，使用虚拟内存页号作为页表的偏移，例如，虚拟内存页 5 是页表的第 6 个元素。

在将虚拟内存地址转换成物理内存地址时，处理器首先将虚拟内存地址分解为 PFN 和页内偏移值。如在图 6-1 中，一个页面的大小是 0x2000 字节（十进制的 8192），那么进程 Y 的一个虚拟内存地址 0x2194 将被分解成虚拟内存页号 PFN 为 1 和偏移 0x194。然后处理器使用 PFN 作为进程页表的位移值来查找页表的入口。如果该入口是有效入口，处理器则从中取出物理内存的页面号。如果入口是无效入口，处理器则产生一个页面错误给操作系统，并将控制权交给操作系统。

假定此处是一个有效入口，则处理器取出物理页面号，并乘以物理页面的大小以便得到此物理页面在内存中的地址，最后加上页内偏移值。

再看上面的例子：进程 Y 的 PFN 为 1，映射到物理内存页帧号为 4，则此页从 0x8000（4×0x2000）开始，再加上偏移 0x194，得到最终的物理地址为 0x8194。

6.3.4　按需装入页面

由于物理内存要比虚拟内存小很多，所以操作系统需要有效地利用系统的物理内存。

一种节约物理内存的方法是，只将执行程序时正在使用到的虚拟内存页面装入系统的物理内存中。当一个进程试着存取一个不在物理内存中的虚拟内存页面时，处理器将产生一个页面错误报告给操作系统。如果发生页面错误的虚拟内存地址为无效的地址，说明处理器正在访问一个非法地址。这时，有可能是应用程序出现了某一方面的错误，例如写入内存中的一个随机地址。在这种情况下，操作系统会中止进程的运行，以防止系统中的其他进程受到破坏，出现程序错误中断。

如果发生页面错误的虚拟内存地址为有效地址，但此页面当前并不在物理内存中，则操作系统必须从硬盘中将正确的页面读入到系统内存。相对来说，读取硬盘要花费较长的时间，所以处理器必须等待直到页面读取完毕。如果此时有另外的进程等待运行，则操作系统会选择其他进程运行，而将当前缺页的进程挂起。当从硬盘中读取的页面被写入一个空的物理内存页中后，便在被挂起的进程页表中加入一个虚拟内存页面号入口。此时被挂起的进程就可以重新运行了，重新执行刚才产生缺页中断的指令，完成新调入的程序的执行。

Linux 系统使用按需装入技术将可执行代码装入到进程的虚拟内存中。每当一个命令执行时，包括此命令的文件将被打开并映射到进程的虚拟内存中。此过程是通过修改描述进程内存映射的数据结构来实现的，通常叫做内存映射。但此时只有文件镜像的第一部分被装入到了系统的物理内存中，而镜像的其他部分还保留在硬盘中。当此镜像执行时，处理器将产生页面错误，Linux 使用进程的内存映射表决定应该把文件镜像的哪一部分装入内存中执行。

6.3.5 页面交换

当一个进程需要把一个虚拟内存页面装入物理内存而又没有空闲的物理内存时，操作系统必须将一个现在不用的页面从物理内存中淘汰，以便为将要装入的虚拟内存页腾出空间。如果被淘汰的物理内存页一直没有被改写过，则操作系统将不保存此内存页，而只是简单地将它淘汰（即直接用新装入页覆盖它）。如果将来再需该页时，再从文件镜像中装入。但是，如果此页面已经被修改过，操作系统就需要把页面的内容保存起来。这些页面称为"脏页面（dirty page）"。当它们从内存中移走时，将被保存到一个特殊的交换文件中。

Linux 系统使用页面老化算法（LRU 的一种近似算法）来决定把哪一个页面从物理内存中移出。

下面以一个例子说明老化算法的基本原理。首先为每个页面设置一个访问位 R，表示一段时间内该页面是否被访问过，被访问过则值为 1，未被访问过则值为 0；还要为每个页面设置一个计数器（本例采用 8 位计数器），初值为 0。假设内存中共有 6 个物理页，如图 6-2 所示，图中最上面的一排说明了各页的 R 位的值，下面各列显示了各页的计数器的值。图 6-2（a）上半部分所代表的是时钟 0～时钟 1 之间各个页的 R 位的值，其中，第 0、2、4、5 页被访问到了，它们的 R 位都是 1，而其他页的 R 位都是 0。当时钟 1 到来时，需要更新各个计数器的值，从每个计数器最左边插入和它对应的 R 值，并将计数器中的各个数字位向右移动一位，最右边的一位被移出计数器不再使用；其结果如（a）图下半部分所示。同样，(b)、(c)、(d)、(e) 图则说明了其余四个时钟的情况。

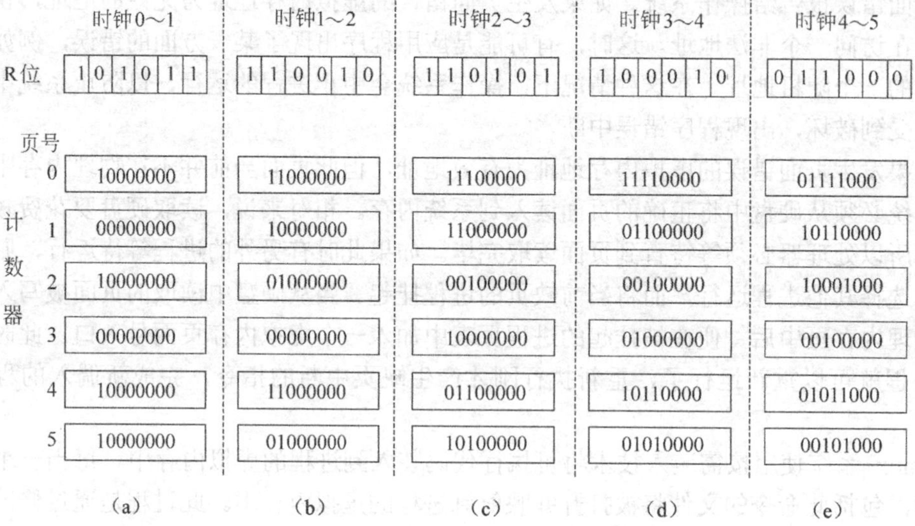

	时钟0~1	时钟1~2	时钟2~3	时钟3~4	时钟4~5
R位	101011	110010	110101	100010	011000
页号					
0	10000000	11000000	11100000	11110000	01111000
1	00000000	10000000	11000000	01100000	10110000
2	10000000	01000000	00100000	00100000	10001000
3	00000000	00000000	10000000	01000000	00100000
4	10000000	11000000	01100000	10110000	01011000
5	10000000	01000000	10100000	01010000	00101000
	(a)	(b)	(c)	(d)	(e)

图 6-2　页面老化算法示意图

当需要页面交换时，计数器值最小的页面将被淘汰掉。如果一个页在前面四个周期中都没有被访问过，它的计数器最前面应该有四个连续的 0，因此它的值肯定要比在前面四个周期中有被访问过的页面的计数器小。这样，就保证了将被淘汰的计数器值最小的页面是最近最少访问到的页面。不过，由于计数器是有限位的，随着时间推移，计数器中原来的数值会不断被清除，当有若干计数器的值相等时，我们无法从中判断哪个页面的是真正最少被访问到的，这时唯一的办法就是从中随机淘汰一个。

6.3.6　共享内存

由于使用了虚拟内存，则几个进程之间的内存共享变得很容易。每个内存的存取都要通过页表，而且每个内存都有自己的单独的页表。如果希望两个进程共享一张物理内存页，只需将它们页表入口中的物理内存号设置为相同的物理页面号即可。

6.3.7　存取控制

在页表中包含有存取控制信息，这样，在处理器使用页表把进程的虚拟内存地址转换为物理内存地址时，可以方便地使用存取控制信息来检查进程是否存取了它不该存取的信息。

使用存取控制信息是完全必要的。例如，一些内存中包括可执行代码，而这些可执行代码通常为只读，操作系统则不允许向一段只读代码中写入数据。同样，数据区的内存通常为可读可写，但不可执行的。所以，若要执行此内存中的数据，则会产生错误。大多数的处理器有内核和用户两种可执行方式。用户不能执行内核的代码，也无法存取内核的数据。

6.3.8 系统页表

Linux 系统为了适合 36 位地址场的处理器结构,以提高存储管理效率,从而采用了三级页表,如图 6-3 所示,其内核源代码利用 C 语言的宏,屏蔽了处理器结构对页表的影响。例如,对 i386 的 32 位地址场的处理器结构,存储管理将三级的页表转换成只有两级页表起作用。该页表在 Linux 的存储管理数据结构中的具体应用如图 6-4 所示,图中的 pgd、pte 和 page frame 数据结构代表了内存物理页面的供应,mm_struct 和 vm_area_struct 说明了对页面的需求。

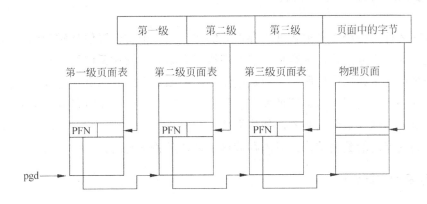

图 6-3 三级页表示意图

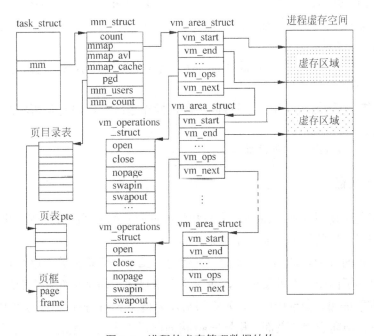

图 6-4 进程的虚存管理数据结构

在三级页表中，上一级页表的 PFN 指向下一级页表的入口。一个虚拟内存地址分成了几个字段，每个字段提供一个相应的页表偏移值。要把一个虚拟内存地址翻译成物理内存地址，处理器必须读取每一个字段的内容，把其转化成包含页表的物理页的偏移值，再取出其中指向下一个页表的 PFN。这个过程重复三次，直到找到包含物理页面号的虚拟内存地址。

Linux 运行的所有平台都提供地址翻译的宏函数，以便内核为某一个进程转化页表。这样，内核只要调用这些与具体平台相关的宏，就能够完成从虚拟地址到物理地址的转换，由这些宏专门识别页表入口的格式并按其安排进行处理。

6.3.9 页面的分配和释放

系统在运行时会经常需要物理内存页。例如，当一个文件镜像从磁盘调入到内存时，操作系统需要为它分配物理内存页；当程序执行完毕时，操作系统需要释放内存页。物理页的另一个用途是存储内核所需要的数据结构，例如页表。只有真正将程序和页表装入物理内存，程序才能运行，内存管理才有实际意义；同时，必须及时释放不再使用的物理内存页，以保证其他虚页可以装入，使按需装入页面成为可能。由此可见，页面的分配和释放机制及其所涉及的数据结构，对内存管理来说是至关重要的。

1．涉及的数据结构

系统中所有的物理内存页都包括在 mem_map 数据结构中，而 mem_map 是由 mem_map_t 结构组成的链表。在系统启动时，需要对 mem_map_t 进行初始化。每个 mem_map_t 结构都描述了系统中的一个物理页，其定义可在 usr/include/linux/mm.h 中找到，其中与存储管理相关的重要域如下：

- count 用于记录使用此页面的用户数。当几个进程共享此物理内存页时，count 的值将大于 1。
- age 描述了页面的年龄，通过此字段，操作系统可以决定是否将此页面淘汰或交换出去。
- map_nr 为页面的物理页面号。

2．页面分配程序

页面分配程序使用 free_area 向量查找和释放页面。对于页面分配程序来说，页面本身的大小与处理器使用的物理页面机制是无关的。

free_area 中的每个元素都包括页面块的信息。第一个元素描述了单个页面的页面块，第二个元素描述了两个页面的页面块，第三个元素描述了四个页面的页面块，以此类推，以 2 的幂次方数增加。向量中的 list 元素用来作为指向 mem_map 数据结构中 page 结构的队列的头指针，指向空闲的页面。指针 map 指向同样大小页面组的一个位图。如果第 n 个页面块是空闲的，那么该位图的第 n 位置 1。

free_area 结构如图 6-5 所示。元素 0 有一个空闲页块（页号 0），元素 2 有两个空闲页块，一个从页号 4 开始，另一个从页号 56 开始。

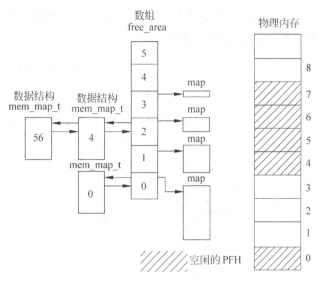

图 6-5 空闲内存示意图

Linux 系统使用 Buddy 算法来分配和释放页面块。如果系统对于请求的分配有足够的空闲页面（nr_free_pages > min_free_pages，其中 nr_free_pages 为全局变量，记录了系统中的空闲物理内存页面的总数，其值等于 free_area 数组中空闲页面的总数；min_free_pages 是系统允许的空闲页面的最小值），页面分配程序会查找 free_area 以便找到一个和请求的页面块大小相同的页面块。根据 free_area 中 list 元素指向的空闲页面队列依次进行查找，如果没有同样大小的空闲页面块，则继续查找下一个空闲页面块（其大小为上一个页面块的 2 倍）。如果有空闲的页面块，则把页面块分割成所请求的大小，返回到调用者。剩下的空闲页面块则插入到相应的空闲页面块队列中。

以上页面块的分配策略会造成将一个个大的内存块分割成小块的结果。而内存页面释放程序却总是试图将一个个比较小的页面块合并为大的页面块。

每当一个页面块释放时，页面释放程序就会检查其周围的页面块是否空闲。如果存在空闲的页面块，则空闲的页面块就会和释放的页面块合并在一起组成更大的页面块。

6.3.10 内存映射

当执行一个文件镜像时，可执行镜像的内容必须装入进程的虚拟地址空间。可执行镜像链接的共享库也是一样要装入虚拟内存空间。可执行文件并不是全部装入物理内存空间，它只是简单地链接到进程的虚拟内存。然后，随着应用程序运行时的需要，可执行镜像才逐渐地装入到物理内存。这种将一个文件的镜像和一个进程的虚拟内存地址空间连接起来的方法叫做内存映射。

数据结构 mm_struct 代表每个进程的虚拟内存空间，如图 6-4 所示。它包含了正在执行的镜像的信息和一些指向 vm_area_struct 结构的指针，如图 6-6 所示。

图 6-4 中 mm_struct 是比 vm_area_struct 更高一层的数据结构，每一个进程只有一个 mm_struct，但每个 mm_struct 可以被多个进程所共享，mm_struct 所设立的 mm_users 和 mm_count 就是用来记录与此相关的信息的。

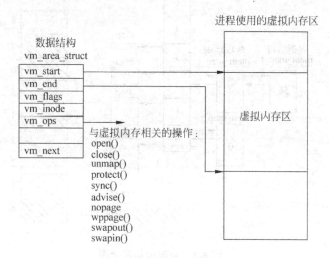

图 6-6　虚拟内存数据结构示意图

mm_struct 的头三个指针都是关于虚存空间的。第一个 mmap 用来建立一个虚存空间结构的单链性队列。第二个 mmap_avl 用来建立一个虚存空间结构的 AVL 树，第三个指针 mmap_cache 用来指向最近一次用到的虚存空间，这是因为程序中的地址常常带有局部性。另外还有一个成分 map_count，用来说明队列中或 AVL 树中到底有几个虚存空间结构，也就是说该进程有几个虚存空间。

指针 pgd 是指向该进程的页面目录的，当内核调度一个进程进入运行时，就将这个指针转换成物理地址，并写入 CPU 内部的控制寄存器 CR3 中。

mm_struct 和 vm_area_struct 只是表明了对页面的要求，一个虚拟地址有相应的虚存空间存在，并不能保证该地址所在的页面已经映射到某个物理页面。当访问失败时，会因为"page fault"异常导致一个服务程序来处理这个问题。

每个 vm_area_struct 结构都描述了进程的虚拟内存的起始和结束位置、进程的存取权限以及一系列与内存相关的操作，这些操作是 Linux 系统在处理虚拟内存时将要用到的。

当一个可执行镜像映射到一个进程的虚拟内存地址时，操作系统将创建一系列的数据结构 vm_area_struct，每一个 vm_area_struct 代表可执行镜像的一部分。Linux 系统支持多种标准虚拟内存操作，创建 vm_area_struct 时，相应的虚拟内存操作就会和 vm_area_struct 链接起来。

6.3.11　缺页中断

一旦一个可执行镜像映射到了一个进程的虚拟地址空间中，它就可以开始执行了。因为开始时只有镜像开头的一小部分装入了系统的物理内存中,所以不久进程就会存取一些不在物理内存中的虚拟内存页,这时处理器会通知 Linux 发生了缺页中断。内核中断处理机制将检测到页面中断,执行标准的操作,然后调用缺页处理程序 do_page_fault()。这个处理程序负责检测虚拟地址空间引用是否在虚拟地址空间中,如果是,就通过页面交换获得所缺的页面。

装载页面时要求缺页处理程序在主存中找到一个位置,把所缺的页交换到主存中,然后更新页目录、页中间目录以及页表。在该页被装载后,则完成了缺页中断。随着进程的继续执行,还会引用不同的页,这些页不但包含了程序,还包含了程序执行所使用的数据。当进程引用一个当前尚未装载到主存的页中的虚拟地址时,就又会产生缺页中断。

这里只简单介绍了 Linux 系统的虚存管理所涉及的内容,关于其具体实现可以参考 /usr/include/linux/mm/ 下的内核源代码及相关技术手册。

6.4 实验设计

6.4.1 重要的数据结构

1. 页表

```
typedef struct
{
    unsigned int blockNum;      //物理块号
    BOOL filled;                //页面装入特征位
    BYTE proType;               //页面保护类型
    BOOL edited;                //页面修改标识
    unsigned long auxAddr;      //外存地址
    unsigned long count;        //页面使用次数
} PageTableItem, *Ptr_PageTableItem;
```

该数据结构描述了一张一级页表的页表项的全部属性。包括物理块号、页面装入特征位、页面保护类型、页面修改标识、页面对应外存地址以及页面使用的次数。其中没有定义页号属性,因为页号可由该页表项在页表中的位置进行标识。现在定义以下页表 pageTable:

```
PageTableItem pageTable[PAGE_SUM];
```

其中 PAGE_SUM 为页表项个数,即虚存空间包含的虚页的个数。于是 pageTable 的第 i 个页表项对应的页号则为 i。

2. 访存请求

```
typedef struct
```

```
{
    MemoryAccessRequestType reqType;      //访存请求类型
    unsigned long virAddr;                //虚地址
    BYTE value;                           //写请求的值
} MemoryAccessRequest, *Ptr_MemoryAccessRequest;
```

该数据结构定义了访存请求的格式，由 do_request()函数填充内容并提交给 do_response()函数进行处理。访存请求类型包括三种：READ、WRITE、EXECUTE。

- READ：请求读取 virAddr 虚地址处的内容。
- WRITE：请求在 virAddr 虚地址处写入 value 表示的值。
- EXECUTE：请求执行 virAddr 虚地址处的代码。

3．若干常量和数据类型

- 页面保护类型

```
#define READABLE 0x01       //可读标识
#define WRITABLE 0x02       //可写标识
#define EXECUTABLE 0x04     //可执行标识
```

以上三个常量定义了页面的保护类型标识。在页表中可以使用例如"pageTable[i].proType = READABLE|WRITABLE"的方式表示第 i 个页面的保护类型是"可读写"的。若要判断一个页面是否可读，只需判断"proType & READABLE"的值，若为 0 即该页不可读，不为 0 即该页可读。

- 字节数据类型

```
#define BYTE unsigned char    //定义字节类型
```

本程序假定所有访存操作的数据粒度为 1 字节，用该常量 BYTE 表示字节类型数据。

- BOOL 类型

```
typedef enum {
 TRUE = 1, FALSE = 0
} BOOL;            //定义 BOOL 类型
```

该结构定义了 BOOL 类型，主要是使程序代码更易读。

6.4.2 虚存管理程序的实现

本实验设计的虚存管理程序旨在模拟通用的虚存管理机制，包括地址转换、页面装入、页面交换、存取控制等机制的简单模拟，不涉及页面分配和释放以及内存共享等较为复杂的操作。同时，本实验没有涉及使用 Linux 系统调用来进行底层的内存操作，而是使用普通文本文件模拟辅存、使用一维字节类型数组模拟实存、使用自定义的结构体数组模拟页面，从而在逻辑功能上演示存储管理程序的设计原理。程序的整体流程如图 6-7 所示。

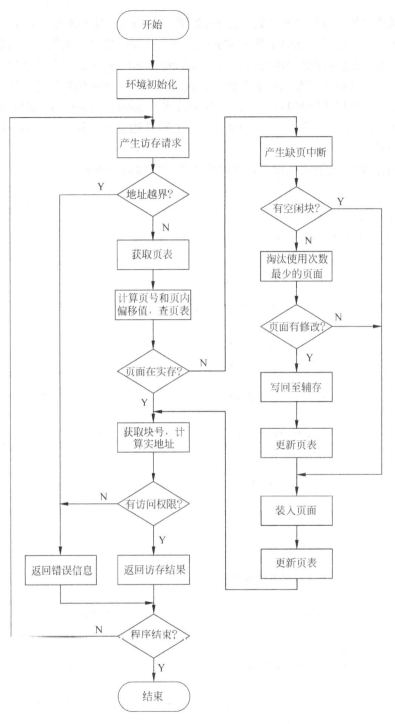

图 6-7 程序流程图

1．初始化环境

do_init()函数负责将页表、实存和外存内容进行初始化，通过随机方式设置页面的装入情况和保护类型。可通过库函数中的 rand()或 random()函数来获得一个 0~RAND_MAX 之间的随机数。不论是 rand()还是 random()，都是使用递推序列来生成随机数的，在使用 rand()或 random()之前需要先调用对应的 srand()或 srandom()函数设置用于生成随机序列的"种子"，若不设置种子则默认种子值为 1。以这种方式生成的随机数是一种伪随机数，相同的种子会产生相同的随机数序列。通常种子可选用 time()或 getpid()的返回值，其中 time()函数返回 1970 年 1 月 1 日 UTC 时间 0 时 0 分 0 秒开始至今的秒数，getpid()函数返回当前进程的进程号。

do_init()函数中关于随机设置页面保护类型部分的例子如下：

```c
#include <stdlib.h>
#include <time.h>
void do_init()
{
    int i;
    srandom(time(NULL));
    for (i = 0; i < PAGE_SUM; i++)
    {
        …            /*随机将页面保护类型设置为以下七种情况中的一种*/
        switch (random() % 7)
        {
            case 0: /*只可读取*/
            {
                pageTable[i].proType = READABLE;
                break;
            }
            case 1: /*只可写入*/
            {
                pageTable[i].proType = WRITABLE;
                break;
            }
            case 2: /*只可执行*/
            {
                pageTable[i].proType = EXECUTABLE;
                break;
            }
            case 3: /*可读取或写入*/
            {
                pageTable[i].proType = READABLE | WRITABLE;
                break;
            }
            case 4: /*可读取或执行*/
            {
                pageTable[i].proType = READABLE | EXECUTABLE;
                break;
```

```
            }
            case 5: /*可写入或执行*/
            {
                pageTable[i].proType = WRITABLE | EXECUTABLE;
                break;
            }
            case 6: /*可读取、写入或执行*/
            {
                pageTable[i].proType = READABLE | WRITABLE | EXECUTABLE;
                break;
            }
            default:
                break;
        }
    }
    ...
}
```

2. 产生访存请求

do_request()函数通过随机数方式产生访存请求的类型和虚地址，若访存类型为 WRITE，则还需产生一个待写入的值，并将所有内容填入一个 MemoryAccessRequest 结构体中，交给 do_response()函数进行访存操作。

3. 缺页中断和页面替换

do_page_fault()函数完成缺页中断处理。这里使用一个全局 BOOL 型数组 blockStatus [BLOCK_SUM]标识物理块是否被占用，其中 BLOCK_SUM 为物理块的总数。遍历 blockStatus 数组，选择一个未使用的块进行调页，若没有空的块则调用 do_LFU()函数进行页面替换。

do_LFU()函数使用 LFU（最近最不频繁使用）策略完成页面替换。根据页表项的 count 属性即可选出使用次数最少的页面进行淘汰，从而从外存中调入所需页面。在淘汰页面时，须先判断页面是否已被修改，这一信息可通过页表项的 edited 属性获得，若页面已被修改，则须将该页面内容写回至外存。如下：

```
void do_LFU(Ptr_PageTableItem ptr_pageTabIt)
{
    unsigned int i, min, page;
    for (i = 0, min = 0xFFFFFFFF, page = 0; i < PAGE_SUM; i++)
    {
        if (pageTable[i].count < min)
        {
            min = pageTable[i].count;
            page = i;
```

```
        }
    }
    printf("选择页面%u进行替换\n", page);
    if (pageTable[page].edited)
    {
        /* 页面内容有修改，需要写回至辅存 */
        printf("该页内容有修改,写回至辅存\n");
        do_page_out(&pageTable[page]);
    }
    pageTable[page].filled = FALSE;
    pageTable[page].count = 0;

    /* 读辅存内容，写入到实存 */
    do_page_in(ptr_pageTabIt, page);

    /* 更新页表内容 */
    ptr_pageTabIt->blockNum = page;
    ptr_pageTabIt->filled = TRUE;
    ptr_pageTabIt->edited = FALSE;
    ptr_pageTabIt->count = 1;
    printf("页面替换成功\n");
}
```

4. 页面调入和写回

do_page_in()和 do_page_out()函数负责进行页面调入和写回。这里的外存是用一个文本文件来模拟的，通过对文件的读/写来完成页面调入/写回。涉及的库函数有以下三个。

- int ftell(FILE *stream, long offset, int whence)

移动文件流的读写位置，调用成功时返回 0，失败则返回–1，错误代码保存于 errno 中。参数 stream 为已打开的文件指针，参数 offset 为根据参数 whence 来移动读写位置的偏移量。参数 whence 为下述三者之一：

SEEK_SET　　从文件开头往后 offset 个偏移量的位置为新的读写位置。
SEEK_CUR　　以当前的读写位置往后增加 offset 个偏移量。
SEEK_END　　将读写位置指向文件尾后再增加 offset 个偏移量。

当 whence 值为 SEEK_CUR 或 SEEK_END 时，参数 offset 允许负值出现，即向前移动读写位置。

- size_t fread(void *ptr, size_t size, size_t nmemb, FILE *stream)

从文件流读取数据，返回实际读取到的 nmemb 数。参数 stream 为已打开的文件指针，参数 ptr 指向欲存放读取进来的数据的空间，读取的字符数以参数 size×nmemb 来决定。若返回值比参数 nmemb 小，则表示可能读到了文件尾或有错误发生，需要用 feof()或 ferror()函数来了解发生了什么情况。

- size_t fwrite(const void *ptr, size_t size, size_t nmemb, FILE *stream)

将数据写入文件流，返回实际写入的 nmemb 数。参数 stream 为已打开的文件指针，参数 ptr 指向欲写入文件流的数据的位置，总共写入的字符数以参数 size×nmemb 来决定。

下面是程序中页面调入和写回函数的实现的例子。

```c
#include <stdio.h>
/* 页面调入，将辅存内容写入实存 */
void do_page_in(Ptr_PageTableItem ptr_pageTabIt, unsigned int blockNum)
{
    unsigned int readNum;
    if (fseek(ptr_auxMem, ptr_pageTabIt->auxAddr, SEEK_SET) < 0)
    {
        do_error(ERROR_FILE_SEEK_FAILED);
        exit(1);
    }
    if ((readNum = fread(actMem + blockNum * PAGE_SIZE,
        sizeof(BYTE), PAGE_SIZE, ptr_auxMem)) < PAGE_SIZE)
    {
        do_error(ERROR_FILE_READ_FAILED);
        exit(1);
    }
    printf("调页成功：辅存地址%u-->>物理块%u\n",
        ptr_pageTabIt->auxAddr, blockNum);
}

/* 将被替换页面的内容写回辅存 */
void do_page_out(Ptr_PageTableItem ptr_pageTabIt)
{
    unsigned int writeNum;
    if (fseek(ptr_auxMem, ptr_pageTabIt->auxAddr, SEEK_SET) < 0)
    {
        do_error(ERROR_FILE_SEEK_FAILED);
        exit(1);
    }
    if ((writeNum = fwrite(actMem + ptr_pageTabIt->blockNum * PAGE_SIZE,
        sizeof(BYTE), PAGE_SIZE, ptr_auxMem)) < PAGE_SIZE)
    {
        do_error(ERROR_FILE_WRITE_FAILED);
        exit(1);
    }
    printf("写回成功：物理块%u-->>辅存地址%u\n",
        ptr_pageTabIt->auxAddr, ptr_pageTabIt->blockNum);
}
```

6.5 实验总结

本次实验并不困难，主要是要求学生掌握页式存储的原理。实验中模拟了使用一级页表对单道程序进行访存管理，实现了 LFU 页面替换算法。学生可以尝试实现使用多级页表，并完成多道程序的访存管理。本实验的思路采用了 Linux 中页表的设计思想，在具体实现上仅是一种模拟算法，所以也可以在其他操作系统平台上进行此实验的设计。

6.6 源程序与运行结果

6.6.1 程序源代码

1. vmm.h 文件

```c
#ifndef VMM_H
#define VMM_H

#ifndef DEBUG
#define DEBUG
#endif
#undef DEBUG


/* 模拟辅存的文件路径 */
#define AUXILIARY_MEMORY "vmm_auxMem"

/* 页面大小（字节）*/
#define PAGE_SIZE 4
/* 虚存空间大小（字节）*/
#define VIRTUAL_MEMORY_SIZE (64 * 4)
/* 实存空间大小（字节）*/
#define ACTUAL_MEMORY_SIZE (32 * 4)
/* 总虚页数 */
#define PAGE_SUM (VIRTUAL_MEMORY_SIZE / PAGE_SIZE)
/* 总物理块数 */
#define BLOCK_SUM (ACTUAL_MEMORY_SIZE / PAGE_SIZE)

/* 可读标识位 */
#define READABLE 0x01u
```

```c
/* 可写标识位 */
#define WRITABLE 0x02u
/* 可执行标识位 */
#define EXECUTABLE 0x04u

/* 定义字节类型 */
#define BYTE unsigned char

typedef enum {
    TRUE = 1, FALSE = 0
} BOOL;

/* 页表项 */
typedef struct
{
    unsigned int pageNum;
    unsigned int blockNum;   //物理块号
    BOOL filled;             //页面装入特征位
    BYTE proType;            //页面保护类型
    BOOL edited;             //页面修改标识
    unsigned long auxAddr;   //外存地址
    unsigned long count;     //页面使用计数器
} PageTableItem, *Ptr_PageTableItem;

/* 访存请求类型 */
typedef enum {
    REQUEST_READ,
    REQUEST_WRITE,
    REQUEST_EXECUTE
} MemoryAccessRequestType;

/* 访存请求 */
typedef struct
{
    MemoryAccessRequestType reqType; //访存请求类型
    unsigned long virAddr; //虚地址
    BYTE value; //写请求的值
} MemoryAccessRequest, *Ptr_MemoryAccessRequest;

/* 访存错误代码 */
typedef enum {
    ERROR_READ_DENY, //该页不可读
    ERROR_WRITE_DENY, //该页不可写
    ERROR_EXECUTE_DENY, //该页不可执行
    ERROR_INVALID_REQUEST, //非法请求类型
```

```c
        ERROR_OVER_BOUNDARY,    //地址越界
        ERROR_FILE_OPEN_FAILED, //文件打开失败
        ERROR_FILE_CLOSE_FAILED, //文件关闭失败
        ERROR_FILE_SEEK_FAILED, //文件指针定位失败
        ERROR_FILE_READ_FAILED, //文件读取失败
        ERROR_FILE_WRITE_FAILED //文件写入失败
} ERROR_CODE;

/* 产生访存请求 */
void do_request();
/* 响应访存请求 */
void do_response();
/* 处理缺页中断 */
void do_page_fault(Ptr_PageTableItem);

/* LFU 页面替换 */
void do_LFU(Ptr_PageTableItem);
/* 装入页面 */
void do_page_in(Ptr_PageTableItem, unsigned in);
/* 写回页面 */
void do_page_out(Ptr_PageTableItem);
/* 错误处理 */
void do_error(ERROR_CODE);
/* 打印页表相关信息 */
void do_print_info();
/* 获取页面保护类型字符串 */
char *get_proType_str(char *, BYTE);

#endif
```

2. vmm.c 文件

```c
#include <stdio.h>
#include <stdlib.h>
#include <time.h>
#include "vmm.h"

/* 页表 */
PageTableItem pageTable[PAGE_SUM];
/* 实存空间 */
BYTE actMem[ACTUAL_MEMORY_SIZE];
/* 用文件模拟辅存空间 */
FILE *ptr_auxMem;
/* 物理块使用标识 */
BOOL blockStatus[BLOCK_SUM];
/* 访存请求 */
```

```c
Ptr_MemoryAccessRequest ptr_memAccReq;

/* 初始化环境 */
void do_init()
{
    int i, j;
    srandom(time(NULL));
    for (i = 0; i < PAGE_SUM; i++)
    {
        pageTable[i].pageNum = i;
        pageTable[i].filled = FALSE;
        pageTable[i].edited = FALSE;
        pageTable[i].count = 0;
        /* 使用随机数设置该页的保护类型 */
        switch (random() % 7)
        {
            case 0:
            {
                pageTable[i].proType = READABLE;
                break;
            }
            case 1:
            {
                pageTable[i].proType = WRITABLE;
                break;
            }
            case 2:
            {
                pageTable[i].proType = EXECUTABLE;
                break;
            }
            case 3:
            {
                pageTable[i].proType = READABLE | WRITABLE;
                break;
            }
            case 4:
            {
                pageTable[i].proType = READABLE | EXECUTABLE;
                break;
            }
            case 5:
            {
                pageTable[i].proType = WRITABLE | EXECUTABLE;
                break;
```

```c
            }
            case 6:
            {
                pageTable[i].proType = READABLE | WRITABLE | EXECUTABLE;
                break;
            }
            default:
                break;
        }
        /* 设置该页对应的辅存地址 */
        pageTable[i].auxAddr = i * PAGE_SIZE * 2;
    }
    for (j = 0; j < BLOCK_SUM; j++)
    {
        /* 随机选择一些物理块进行页面装入 */
        if (random() % 2 == 0)
        {
            do_page_in(&pageTable[j], j);
            pageTable[j].blockNum = j;
            pageTable[j].filled = TRUE;
            blockStatus[j] = TRUE;
        }
        else
            blockStatus[j] = FALSE;
    }
}

/* 响应请求 */
void do_response()
{
    Ptr_PageTableItem ptr_pageTabIt;
    unsigned int pageNum, offAddr;
    unsigned int actAddr;

    /* 检查地址是否越界 */
    if (ptr_memAccReq->virAddr < 0
        || ptr_memAccReq->virAddr >= VIRTUAL_MEMORY_SIZE)
    {
        do_error(ERROR_OVER_BOUNDARY);
        return;
    }

    /* 计算页号和页内偏移值 */
    pageNum = ptr_memAccReq->virAddr / PAGE_SIZE;
    offAddr = ptr_memAccReq->virAddr % PAGE_SIZE;
```

```c
    printf("页号为: %u\t 页内偏移为: %u\n", pageNum, offAddr);

    /* 获取对应页表项 */
    ptr_pageTabIt = &pageTable[pageNum];

    /* 根据特征位决定是否产生缺页中断 */
    if (!ptr_pageTabIt->filled)
    {
        do_page_fault(ptr_pageTabIt);
    }

    actAddr = ptr_pageTabIt->blockNum * PAGE_SIZE + offAddr;
    printf("实地址为: %u\n", actAddr);

    /* 检查页面访问权限并处理访存请求 */
    switch (ptr_memAccReq->reqType)
    {
        case REQUEST_READ: //读请求
        {
            ptr_pageTabIt->count++;
            if (!(ptr_pageTabIt->proType & READABLE)) //页面不可读
            {
                do_error(ERROR_READ_DENY);
                return;
            }
            /* 读取实存中的内容 */
            printf("读操作成功: 值为%02X\n", actMem[actAddr]);
            break;
        }
        case REQUEST_WRITE: //写请求
        {
            ptr_pageTabIt->count++;
            if (!(ptr_pageTabIt->proType & WRITABLE)) //页面不可写
            {
                do_error(ERROR_WRITE_DENY);
                return;
            }
            /* 向实存中写入请求的内容 */
            actMem[actAddr] = ptr_memAccReq->value;
            ptr_pageTabIt->edited = TRUE;
            printf("写操作成功\n");
            break;
        }
        case REQUEST_EXECUTE: //执行请求
        {
```

```c
            ptr_pageTabIt->count++;
            if (!(ptr_pageTabIt->proType & EXECUTABLE))  //页面不可执行
            {
                do_error(ERROR_EXECUTE_DENY);
                return;
            }
            printf("执行成功\n");
            break;
        }
        default: //非法请求类型
        {
            do_error(ERROR_INVALID_REQUEST);
            return;
        }
    }
}

/* 处理缺页中断 */
void do_page_fault(Ptr_PageTableItem ptr_pageTabIt)
{
    unsigned int i;
    printf("产生缺页中断,开始进行调页...\n");
    for (i = 0; i < BLOCK_SUM; i++)
    {
        if (!blockStatus[i])
        {
            /* 读辅存内容,写入到实存 */
            do_page_in(ptr_pageTabIt, i);

            /* 更新页表内容 */
            ptr_pageTabIt->blockNum = i;
            ptr_pageTabIt->filled = TRUE;
            ptr_pageTabIt->edited = FALSE;
            ptr_pageTabIt->count = 0;

            blockStatus[i] = TRUE;
            return;
        }
    }
    /* 没有空闲物理块,进行页面替换 */
    do_LFU(ptr_pageTabIt);
}

/* 根据 LFU 算法进行页面替换 */
void do_LFU(Ptr_PageTableItem ptr_pageTabIt)
```

```c
{
    unsigned int i, min, page;
    printf("没有空闲物理块，开始进行 LFU 页面替换...\n");
    for (i = 0, min = 0xFFFFFFFF, page = 0; i < PAGE_SUM; i++)
    {
        if (pageTable[i].count < min)
        {
            min = pageTable[i].count;
            page = i;
        }
    }
    printf("选择第%u页进行替换\n", page);
    if (pageTable[page].edited)
    {
        /* 页面内容有修改，需要写回至辅存 */
        printf("该页内容有修改，写回至辅存\n");
        do_page_out(&pageTable[page]);
    }
    pageTable[page].filled = FALSE;
    pageTable[page].count = 0;

    /* 读辅存内容，写入到实存 */
    do_page_in(ptr_pageTabIt, page);

    /* 更新页表内容 */
    ptr_pageTabIt->blockNum = page;
    ptr_pageTabIt->filled = TRUE;
    ptr_pageTabIt->edited = FALSE;
    ptr_pageTabIt->count = 1;
    printf("页面替换成功\n");
}

/* 将辅存内容写入实存 */
void do_page_in(Ptr_PageTableItem ptr_pageTabIt, unsigned int blockNum)
{
    unsigned int readNum;
    if (fseek(ptr_auxMem, ptr_pageTabIt->auxAddr, SEEK_SET) < 0)
    {
#ifdef DEBUG
        printf("DEBUG: auxAddr=%u\tftell=%u\n", ptr_pageTabIt->auxAddr,
            ftell(ptr_auxMem));
#endif
        do_error(ERROR_FILE_SEEK_FAILED);
        exit(1);
    }
```

```c
        if ((readNum = fread(actMem + blockNum * PAGE_SIZE,
            sizeof(BYTE), PAGE_SIZE, ptr_auxMem)) < PAGE_SIZE)
        {
#ifdef DEBUG
            printf("DEBUG: auxAddr=%u\tftell=%u\n", ptr_pageTabIt->auxAddr,
                ftell(ptr_auxMem));
            printf("DEBUG: blockNum=%u\treadNum=%u\n", blockNum, readNum);
            printf("DEGUB: feof=%d\tferror=%d\n", feof(ptr_auxMem), ferror
                (ptr_auxMem));
#endif
            do_error(ERROR_FILE_READ_FAILED);
            exit(1);
        }
        printf("调页成功：辅存地址%u-->>物理块%u\n", ptr_pageTabIt->auxAddr,
            blockNum);
}

/* 将被替换页面的内容写回辅存 */
void do_page_out(Ptr_PageTableItem ptr_pageTabIt)
{
    unsigned int writeNum;
    if (fseek(ptr_auxMem, ptr_pageTabIt->auxAddr, SEEK_SET) < 0)
    {
#ifdef DEBUG
        printf("DEBUG: auxAddr=%u\tftell=%u\n", ptr_pageTabIt, ftell
            (ptr_auxMem));
#endif
        do_error(ERROR_FILE_SEEK_FAILED);
        exit(1);
    }
    if ((writeNum = fwrite(actMem + ptr_pageTabIt->blockNum * PAGE_SIZE,
        sizeof(BYTE), PAGE_SIZE, ptr_auxMem)) < PAGE_SIZE)
    {
#ifdef DEBUG
        printf("DEBUG: auxAddr=%u\tftell=%u\n", ptr_pageTabIt->auxAddr,
ftell(ptr_auxMem));
        printf("DEBUG: writeNum=%u\n", writeNum);
        printf("DEGUB: feof=%d\tferror=%d\n", feof(ptr_auxMem), ferror
            (ptr_auxMem));
#endif
        do_error(ERROR_FILE_WRITE_FAILED);
        exit(1);
    }
    printf("写回成功：物理块%u-->>辅存地址%u\n", ptr_pageTabIt->auxAddr,
        ptr_pageTabIt->blockNum);
```

}

```c
/* 错误处理 */
void do_error(ERROR_CODE code)
{
    switch (code)
    {
        case ERROR_READ_DENY:
        {
            printf("访存失败：该地址内容不可读\n");
            break;
        }
        case ERROR_WRITE_DENY:
        {
            printf("访存失败：该地址内容不可写\n");
            break;
        }
        case ERROR_EXECUTE_DENY:
        {
            printf("访存失败：该地址内容不可执行\n");
            break;
        }
        case ERROR_INVALID_REQUEST:
        {
            printf("访存失败：非法访存请求\n");
            break;
        }
        case ERROR_OVER_BOUNDARY:
        {
            printf("访存失败：地址越界\n");
            break;
        }
        case ERROR_FILE_OPEN_FAILED:
        {
            printf("系统错误：打开文件失败\n");
            break;
        }
        case ERROR_FILE_CLOSE_FAILED:
        {
            printf("系统错误：关闭文件失败\n");
            break;
        }
        case ERROR_FILE_SEEK_FAILED:
        {
            printf("系统错误：文件指针定位失败\n");
```

```c
            break;
        }
        case ERROR_FILE_READ_FAILED:
        {
            printf("系统错误：读取文件失败\n");
            break;
        }
        case ERROR_FILE_WRITE_FAILED:
        {
            printf("系统错误：写入文件失败\n");
            break;
        }
        default:
        {
            printf("未知错误：没有这个错误代码\n");
        }
    }
}

/* 产生访存请求 */
void do_request()
{
    /* 随机产生请求地址 */
    ptr_memAccReq->virAddr = random() % VIRTUAL_MEMORY_SIZE;
    /* 随机产生请求类型 */
    switch (random() % 3)
    {
        case 0: //读请求
        {
            ptr_memAccReq->reqType = REQUEST_READ;
            printf("产生请求：\n 地址：%u\t 类型：读取\n", ptr_memAccReq->virAddr);
            break;
        }
        case 1: //写请求
        {
            ptr_memAccReq->reqType = REQUEST_WRITE;
            /* 随机产生待写入的值 */
            ptr_memAccReq->value = random() % 0xFFu;
            printf("产生请求：\n 地址：%u\t 类型：写入\t 值：%02X\n",
                ptr_memAccReq->virAddr, ptr_memAccReq->value);
            break;
        }
        case 2:
```

```c
        {
            ptr_memAccReq->reqType = REQUEST_EXECUTE;
            printf("产生请求：\n 地址：%u\t 类型：执行\n", ptr_memAccReq->
                virAddr);
            break;
        }
        default:
            break;
    }
}

/* 打印页表 */
void do_print_info()
{
    unsigned int i;
    char str[4];
    printf("页号\t 块号\t 装入\t 修改\t 保护\t 计数\t 辅存\n");
    for (i = 0; i < PAGE_SUM; i++)
    {
        printf("%u\t%u\t%u\t%u\t%s\t%u\t%u\n", i, pageTable[i].blockNum,
            pageTable[i].filled, pageTable[i].edited,
            get_proType_str(str, pageTable[i].proType),
            pageTable[i].count, pageTable[i].auxAddr);
    }
}

/* 获取页面保护类型字符串 */
char *get_proType_str(char *str, BYTE type)
{
    if (type & READABLE)
        str[0] = 'r';
    else
        str[0] = '-';
    if (type & WRITABLE)
        str[1] = 'w';
    else
        str[1] = '-';
    if (type & EXECUTABLE)
        str[2] = 'x';
    else
        str[2] = '-';
    str[3] = '\0';
    return str;
}
```

```c
int main(int argc, char* argv[])
{
    char c;
    if (!(ptr_auxMem = fopen(AUXILIARY_MEMORY, "r+")))
    {
        do_error(ERROR_FILE_OPEN_FAILED);
        exit(1);
    }

    do_init();
    do_print_info();
    ptr_memAccReq = (Ptr_MemoryAccessRequest) malloc(sizeof(MemoryAccessRequest));
    /* 在循环中模拟访存请求与处理过程 */
    while (TRUE)
    {
        do_request();
        do_response();
        printf("按Y打印页表，按其他键不打印...\n");
        if ((c = getchar()) == 'y' || c == 'Y')
            do_print_info();
        while (c != '\n')
            c = getchar();
        printf("按X退出程序，按其他键继续...\n");
        if ((c = getchar()) == 'x' || c == 'X')
            break;
        while (c != '\n')
            c = getchar();
    }

    if (fclose(ptr_auxMem) == EOF)
    {
        do_error(ERROR_FILE_CLOSE_FAILED);
        exit(1);
    }
    return (0);
}
```

6.6.2 程序运行结果

程序运行结果如图 6-8 所示。

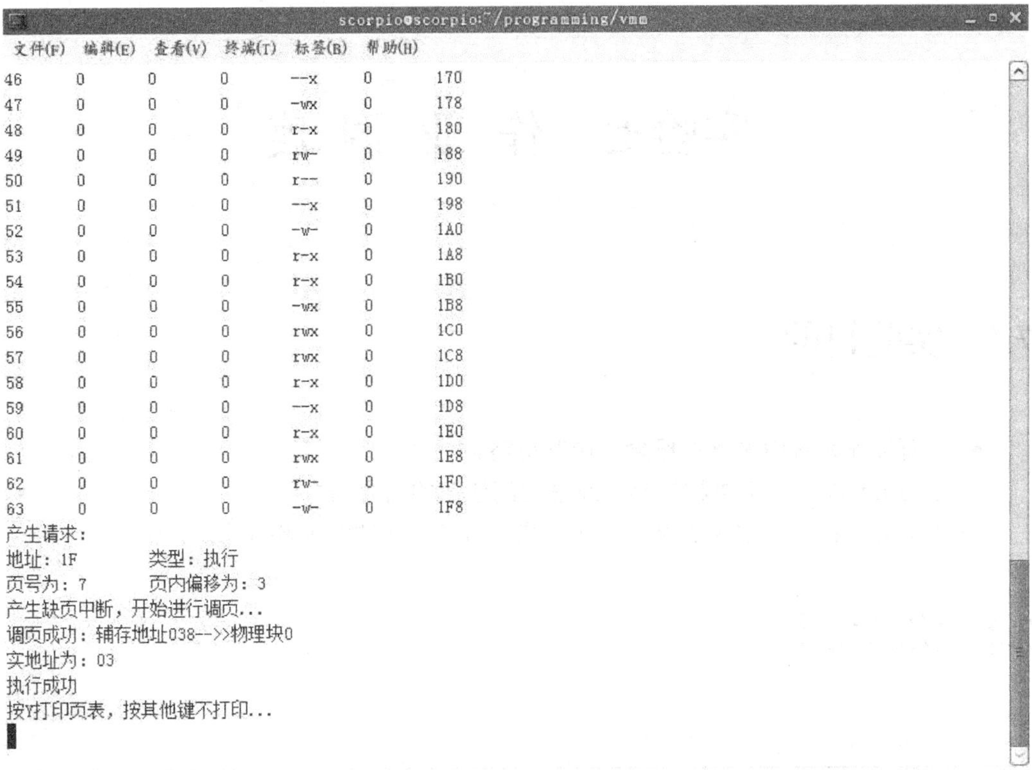
scorpio@scorpio:~/programming/vmm
文件(F) 编辑(E) 查看(V) 终端(T) 标签(B) 帮助(H)
46 0 0 0 --x 0 170
47 0 0 0 -wx 0 178
48 0 0 0 r-x 0 180
49 0 0 0 rw- 0 188
50 0 0 0 r-- 0 190
51 0 0 0 --x 0 198
52 0 0 0 -w- 0 1A0
53 0 0 0 r-x 0 1A8
54 0 0 0 r-x 0 1B0
55 0 0 0 -wx 0 1B8
56 0 0 0 rwx 0 1C0
57 0 0 0 rwx 0 1C8
58 0 0 0 r-x 0 1D0
59 0 0 0 --x 0 1D8
60 0 0 0 r-x 0 1E0
61 0 0 0 rwx 0 1E8
62 0 0 0 rw- 0 1F0
63 0 0 0 -w- 0 1F8
产生请求：
地址：1F 类型：执行
页号为：7 页内偏移为：3
产生缺页中断，开始进行调页...
调页成功：辅存地址038-->>物理块0
实地址为：03
执行成功
按Y打印页表，按其他键不打印...

图 6-8　程序运行结果样例

实验七 作业调度

7.1 实验目的

- 理解操作系统中调度的概念与调度策略。
- 学习 Linux 系统中进程控制以及进程间通信的概念与方法。
- 理解并掌握几种常用的调度算法，能分析各算法的特征和优劣。

7.2 实验要求

7.2.1 基本要求

本实验要求实现一个作业调度程序，通过该程序可以完成作业的入队、出队、查看和调度。具体要求如下：

（1）实现作业调度程序 scheduler，负责整个系统的运行。

这是一个无限循环运行的进程，其任务是响应作业的入队、出队以及状态查看请求，采用适当的算法调度各作业运行。

（2）实现作业入队命令。

格式

enq [-p num] e_file [args]

参数说明

-p num：设定作业的初始优先级，默认值为 0。num 为优先级的值，范围为 0~3。

e_file：启动作业执行的可执行文件（以 "/" 开始的绝对路径名）。

args：e_file 的运行参数。

用户通过该命令给 scheduler 发送入队请求，将作业提交给系统运行。每一个作业提交以后，若创建成功，scheduler 都将为其分配一个唯一标识 jid。scheduler 调度程序为每个作业创建一个进程，并将其状态置为 READY，然后放入就绪队列中，打印作业信息。

（3）实现作业出队命令。

格式

deq jid

参数说明

jid：由 scheduler 分配的作业号。

用户通过该命令给 scheduler 发送出队请求，scheduler 将使该作业出队，然后清除相关的数据结构。若该作业正在运行，则须先终止其运行。每个用户都只能杀掉（kill）自己提交的作业。

（4）实现作业状态查看命令。

格式

`stat`

在标准输出上打印出就绪队列中各作业的信息。状态信息应该包括：
- 作业的 jid
- 作业提交者用户名
- 作业执行的时间
- 在就绪队列中的等待时间
- 作业创建的时刻
- 此时作业的状态（READY、RUNNING、DONE）

（5）实现多级反馈的轮转调度算法。

每个作业有其动态的优先级，在用完分配的时间片后，可以被优先级更高的作业抢占运行。就绪队列中的进程等待时间越长，其优先级越高。每个作业都具有以下两种优先级：
- 初始优先级（initial priority） 在作业提交时指定，将保持不变，直至作业结束。
- 当前优先级（current priority） 由 scheduler 调度更新，用以调度作业运行。scheduler 总是选择当前优先级最高的那个作业来运行。

作业当前优先级的更新主要取决于以下两种情况：
- 一个作业在就绪队列中等待了若干个时间片（如 5 个），则将它的当前优先级加 1（最高为 3）。
- 若当前运行的作业时间片到，则中止该作业的运行（抢占式多任务），将其放入就绪队列中，它的当前优先级也恢复为初始优先级。

通过这样的反馈处理，使得每个作业都有执行的机会，避免了使低优先级的作业拖延而不能执行的情况发生。

出于简单的目的，假设只考虑作业的以下三种状态：
- READY 就绪状态，该作业在就绪队列（ready queue）中等待调度。
- RUNNING 运行状态，该作业正在运行。
- DONE 运行结束，该作业已完成运行。

7.2.2 进一步要求

本实验程序给出了一种多级反馈的轮转算法的实现，要求学生对其性能进行分析，改进优先级的更新方式，从而实现更合理、高效的调度算法。

此外，实验中的显示作业状态命令（stat 命令）的实现是将信息直接输出在调度程序

scheduler 终端，这样当时间片较短时，显示出来的作业状态信息易被其他调度信息覆盖，不利于实验观察。因此，建议学生实现作业状态信息的反馈（一种实现方式是使用 FIFO 将作业状态信息传输给作业控制命令程序）。

7.3 相关基础知识

7.3.1 进程及作业的概念

  Linux 是一个多用户多任务的操作系统。多用户是指多个用户可以在同一时间使用同一主机；多任务是指 Linux 的每个用户都可以同时执行几个任务，它可以在一个任务还未执行完时又执行另一项任务。由操作系统管理多个用户的请求和多个任务的执行。大多数系统都只有一个 CPU 和一个主存，但一个系统可能有多个辅存和多个 I/O 设备。操作系统管理这些资源并在多个用户间共享资源，当用户提出一个请求时，使用户感觉好像计算机系统只被该用户自己独自占用。但实际上操作系统正在监控一个等待执行的任务队列，这些任务包括用户作业、操作系统任务、邮件和打印作业等。操作系统根据每个任务的优先级为每个任务分配合适的时间片，每个时间片都在毫秒级上，虽然看起来很短，但实际上已经足够计算机完成上万条指令。每个任务都会被系统运行一段时间，然后挂起，系统转而处理其他任务，过一段时间以后再回来处理这个任务，直到某个任务完成，并从任务队列中去除。

  Linux 系统上所有运行的任务都可以称之为一个进程。Linux 用分时管理方法使所有的任务共同分享系统资源。我们所关心的只是如何去控制这些进程，满足用户要求。

  进程是在自身的虚拟地址空间运行的一个独立程序。进程不是程序，尽管它执行程序。程序是一个静态的指令集合，而进程则是一个随时都可能发生变化的动态地使用系统运行资源的执行体。一个程序可以被多个进程共同执行。

  进程和作业的概念也有区别。在本例中，用户提交的每一个命令称为一个作业，而且作业可以包含一个或多个进程，尤其是当使用了管道和重定向命令。例如，使用命令"nroff -man ps.1|grep kill|more"，递交的这个作业就同时启动了 nroff、grep、more 三个命令，也就至少建立了三个进程。

  作业控制指的是控制正在运行的进程的行为，如用户可以挂起或者继续执行该进程。shell 将记录所有启动的进程情况，在每个进程执行过程中，用户可以任意地挂起进程或重新启动进程。作业控制是许多 shell（包括 bash 和 csh）的一个特性，使用户能在多个独立作业间进行切换。

  一般而言，进程与作业控制相关联时，才被称为作业。在分时系统中的大多数情况下，用户在同一时间只运行一个作业，这个作业就是最后键入的 shell 命令。但是使用作业控制，用户可以同时运行多个作业，并在需要时可以在这些作业间进行切换。例如，当用户编辑一个文本文件，并需要中止编辑做其他事情时，利用作业控制可以让编辑器暂时挂起，当返回 shell 提示符后，开始做其他的事情。等其他事情做完以后，用户可以重新启动挂起的编辑器，返回到刚才中止的地方，就像用户从来没有离开编辑器一样。这只是一个例子，作业控制还有许多其他实际的用途。

7.3.2 作业调度

在多道程序系统中，一个作业从提交到执行，通常都要经历很多种调度，如高级调度、低级调度、中级调度和 I/O 调度等。而系统运行的性能，如吞吐量的大小、周转时间的长短、响应的及时性等，很大程度上都取决于调度。

在批量处理系统中，作业调度用于决定把外存上处于后备队列中的哪些作业调入主存，并为它们创建进程、分配必要的资源，然后，再将新创建的进程排在就绪队列上，准备执行。因此，有时也把作业调度称为接纳调度。在批处理系统中，作业进入系统后，是先驻留在外存上的，因此需要有作业调度，以便将作业分批装入内存。在分时系统中，为了能及时响应用户通过键盘输入的命令或数据，用户需要在不同命令之间按照一定策略进行调度。作业调度的层次不涉及处理机的分配，所以称之为高级调度。

低级调度通常称为进程调度、短程调度。它决定就绪队列中的哪一个进程将获得处理机，然后由调度（或称分派）程序执行把处理机分配给该进程。进程调度的运行频率很高，在分时系统中通常是几十毫秒就要执行一次。进程调度是最基本的一种调度。进程调度可采用下述两种方式。

1．非抢占方式

采用这种方式，一旦处理机分配给某个进程后，便让该进程一直执行，直至该进程完成或由于发生某事件而被阻塞时（自愿放弃 CPU），才把处理机分配给其他进程，决不允许其他进程抢占已经分配出去的处理机。

该调度方式的优点是实现简单、系统开销小，适用于大多数的批处理系统环境。但它难于满足紧急任务需要立即执行的要求。显然，在要求比较严格的实时系统中不宜采用这种调度方式。

2．抢占方式

这种调度方式，允许调度程序根据某种原则，去停止某个正在执行的进程，并将处理机分配给另一进程。

抢占方式遵循以下原则。

- 时间片原则

各进程按时间片运行，当一个时间片用完后，便停止该进程的执行而重新进行调度。这种原则适用于分时系统以及有些实时系统。

- 优先权原则

通常是对一些重要的和紧急的作业赋予较高的优先权。当这种作业到达时，如果其优先权比正在执行进程的优先权高，便停止正在执行的进程，将处理机分配给高优先权作业的进程，使之执行。此原则适合实时系统调度。

- 短作业（进程）优先原则

当新到达的作业（进程）比正在执行的作业（进程）明显短时，将剥夺长作业（进程）的执行。将处理机分配给短作业（进程），使之优先执行。

在各种操作系统中，有的操作系统仅设置了低级调度，有的操作系统则同时设置了高级和低级调度。在进程调度中涉及进程队列，在本实验中还需要维护一个作业队列。

Linux 的进程调度策略，基本上是从 UNIX 继承下来的、以优先级为基础的调度。内核为系统中的每个进程计算出运行权值 weight，然后挑选出权值最高的进程投入运行。在运行过程中，当前进程的权值随执行时间积累而递减，从而使原来权值较低的进程由于等待时间的增长，可能有资格运行了。到所有进程的权值都变成 0 时，则重新计算一次所有进程的权值。权值的计算主要是以优先级为基础的，所以说是基于优先级的调度。

为了适应不同应用的需要，Linux 内核在此基础上实现了三种不同的调度策略：SCHED_FIFO、SCHED_RR 和 SCHED_OTHER。每个进程都有自己适用的调度政策，并且进程还可以利用系统调用设置自己的调度策略。其中 SCHED_FIFO 适合于时间性要求比较强、但每次运行所需要的时间比较短的进程，实时的应用大多有这样的特点。SCHED_RR 中的 RR 代表 round robin，是轮流的意思，这种策略适合比较大，也就是每次运行需要时间较长的进程。而 SCHED_OTHER 则为传统的基于时间片的调度政策，比较适合于交互式的分时应用。

7.3.3 进程间通信

由于系统中有多道程序并发执行，需要考虑到进程间通信（IPC）机制。可以任意选用以下一种或多种通信机制。

- 信号（signal）
- 管道（pipe）
- 套接字（socket），UNIX Domain Socket 或 Inet Socket
- 锁（lock）
- SysV IPC
- 其他

这里主要介绍示例程序中用到的进程间通信方式 FIFO。

FIFO 有时被称为命名管道。管道（pipe）只能由相关进程使用，它们共同的祖先进程创建了管道。但是通过 FIFO，不相关的进程也能交换数据。创建 FIFO 类似于创建文件，而且确实 FIFO 的路径名存在于文件系统中。

利用 mkfifo 创建 FIFO 文件形式如下：

```
#include <sys/types.h>
#include <sys/stat.h>
int mkfifo(const char *pathname,mode_t mode);
```

一旦已经用 mkfifo 创建了一个 FIFO，就可用 open 打开它。一般的文件 I/O 函数（close、read、write）都可以用于 FIFO。

下面举例说明 FIFO 实现服务器端和客户端通信。

```c
/* server.c */
#include <stdio.h>
#include <stdlib.h>
#include <sys/stat.h>
#include <unistd.h>
#include <linux/stat.h>

#define FIFO "MYFIFO"
#define BUFLEN 100

int main()
{
    FILE *fp;
    char buf[BUFLEN];
    /* 文件屏蔽字 */
    umask(0);
    /* 利用mkfifo创建FIFO */
    if(mkfifo(FIFO,S_IFIFO|0666)<0)  /* mkfifo返回负值表示创建FIFO失败 */
return -1;
    while (1) {
        /* 服务器端打开FIFO，并读取数据 */
        fp=fopen(FIFO,"r");
        fgets(buf,sizeof(buf),fp);
        printf("Server received: %s\n",buf);
        fclose(fp);
    }
    return 0;
}

/* client.c */
#include <stdio.h>
#include <stdlib.h>

#define FIFO "MYFIFO"

int main(int argc,char *argv[])
{
    FILE *fp;

    if (argc!=2) {
        printf("Usage: client [string]\n");
        exit(1);
```

```
    }
    /* 打开 FIFO */
    if ((fp=fopen(FIFO,"w"))==NULL) {
        perror("open");
        exit(1);
    }
    /* 客户端向 FIFO 写数据 */
    fputs(argv[1],fp);
    fclose(fp);
    return 0;
}
```

上面程序中默认客户端和服务器端都事先知道 FIFO 文件的名字。

7.4 实验设计

7.4.1 重要数据结构

1. 作业信息

```
struct jobinfo {
    int     jid;            /* 作业 ID */
    int     pid;            /* 进程 ID */
    char**  cmdarg;         /* 命令参数 */
    int     defpri;         /* 默认优先级 */
    int     curpri;         /* 当前优先级 */
    int     ownerid;        /* 作业所有者 ID */
    int     wait_time;      /* 作业在等待队列中等待时间 */
    time_t  create_time;    /* 作业创建时间 */
    int     run_time;       /* 作业运行时间 */
    enum    jobstate state; /* 作业状态 */
};
```

该数据结构描述了一个作业的全部属性信息。包括作业 ID、对应的进程 ID、执行命令及参数、默认优先级、运行优先级、作业提交者 ID、等待时间、创建时间、运行时间和作业状态。

2. 作业调度命令

```
struct jobcmd {
    enum cmdtype type;
    int argnum;
```

```
    int owner;
    int defpri;
    char data[BUFLEN];
};
```

该数据结构定义了作业的命令格式,它用于传递给作业调度程序。用户提交的作业命令,如 enq、deq、stat,都被保存在这个数据结构中。通过 FIFO 提交给作业调度程序。

3. 就绪队列

```
struct waitqueue {
    struct waitqueue *next;
    struct jobinfo *job;
};
```

建立一个就绪队列,每个提交的作业放在就绪队列中,每当进行调度时,则遍历该队列,选出优先级最高的作业投入运行。

4. 作业状态

```
enum jobstate {
    READY, RUNNING, DONE
};
```

这里定义作业状态为三种类型:READY、RUNNING 和 DONE。具体含义如下:
- READY 代表作业准备就绪可以运行。
- RUNNING 代表作业正在运行。
- DONE 代表作业已经运行结束,可以退出。

7.4.2 程序实现

1. 作业调度程序

作业调度程序是本实验中的重点,它负责响应用户的命令,这些命令可以是提交作业(enq)、删除作业(deq)、查看信息(stat)和执行响应的动作。同时还要在运行作业的时间片到期时重新进行调度。其中涉及如何设定一个时钟,让它在一个时间片结束时提醒调度程序进行调度,进行作业切换,还有与用户命令进程间的通信问题。

1)设定时钟

实验中要求在一个时间片到期时进行调度。可以采用设定计时器的方法。Linux 操作系统为每一个进程提供了三个内部间隔定时器。
- ITIMER_REAL 定时器按照实际的系统时间(为进程调度而耗用的时间)递减。为 0 时则发出 SIGALRM 信号。
- ITIMER_VIRTUAL 减少有效时间(该进程执行的时间),为 0 时产生 SIGVTALRM 信号。

- ITIMER_PROF 按照进程的执行时间和系统为该进程服务的时间递减计时。它经常和 ITIMER_VIRTUAL 一起使用,用来统计应用程序执行时所耗费的系统内核态时间和用户态时间,产生 SIGPROF 信号。

功能说明

函数 setitimer() 设置间隔定时器的时间值。

格式

```
int setitimer(int which,struct itimerval *value, struct itimerval *
ovalue);
struct itimerval {
    struct timeval it_interval;
    struct timeval it_value;
}
```

参数说明

which:表示使用三个定时器中的哪一个。

value 和 ovalue:参数 value 设置为新的间隔定时器,并将旧值保存在 ovalue 中。

itimerval:该结构中的 it_value 是定时的时间。当这个值为 0 的时候就发出相应的信号,然后定时器按照 it_interval 值重新定时。

使用函数 setitimer(),可以为调度程序进行计时,每当时间片到期时就向进程发出信号,提醒调度程序进行调度。

2)调度进程与命令程序之间通过 FIFO 实现进程间通信

调度程序需要从用户那里获得作业控制命令。怎样让两个进程进行通信呢?我们在实例程序中采用了 FIFO。调度程序负责创建一个 FIFO 文件,它每次从 FIFO 中读用户提交的命令,而命令程序负责把命令按照 struct jobcmd 格式写进 FIFO 中。这样就实现了进程间通信。

3)作业切换

因为调度程序负责为每个提交的作业创建进程并进行管理,所以它需要考虑作业切换的问题,当一个作业运行到期时,如果一个新的作业具有一个最高优先级,那么就要调度它运行,原来的作业要放回就绪队列当中。怎么控制使一个进程停止,让另一个进程运行呢?这里使用了信号 SIGSTOP 和 SIGCONT。SIGSTOP 信号默认的动作就是暂停进程的运行,而 SIGCONT 信号默认的动作是使停止的进程继续运行。我们可以使用 kill() 函数向进程发送这些信号。

须注意的是,当一个作业运行结束时,我们需要调用 waitpid() 函数获得进程结束的状态信息。这可以在 SIGCHLD 信号处理函数中完成。由于 SIGCHLD 信号是在子进程状态发生变化时发送给父进程(即调度程序)的,所以可能在子进程由运行状态变为停止状态,或由停止状态变为运行状态时,父进程都会接受到信号 SIGCHLD,因而父进程的信号处理程序需要仔细判断此时子进程的确切情况。

4)调度程序流程

在每个时间片到期时,调度程序都会按照图 7-1 所示的流程执行。

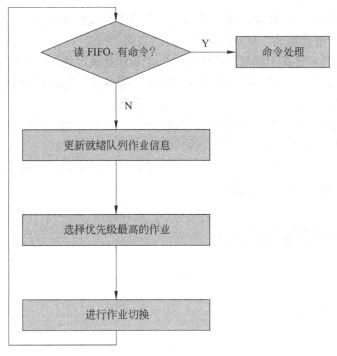

图 7-1 程序流程图

2. 作业控制命令

命令处理包括三个程序：enq、deq 和 stat，如图 7-2 所示。处理流程基本上都相同，也很简单。主要是接收用户传进来的参数，对命令进行封装，将数据结构写进 FIFO 中。具体内容参见 7.6 节的源程序。

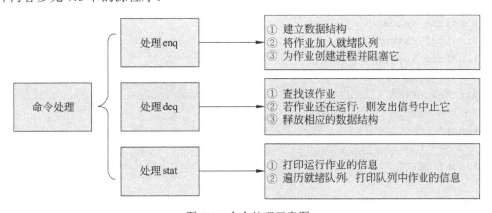

图 7-2 命令处理示意图

7.5 实验总结

本实验为了演示观察方便，设定的时间片是 1000ms，所以提交作业时，最好提交一个运行时间超过 1000ms 的作业。我们可以用一个编译内核的命令或者其他耗时较长的进程（如一个死循环）进行测试，观察作业切换时的效果。

本实验的目的主要在于加深对作业调度概念和作业调度算法的理解，学习在 Linux 环境下进程间通信、信号和进程控制等方面的知识，锻炼实际的编程能力。

本实验程序仍有很多地方值得改进与完善，例如：

- 考察分析本实验所使用的调度策略的优缺点，对作业调度策略进行改进，选择一种更好的调度策略，实现公平合理的调度。
- 当入队作业数较多时，调度程序有可能会出现无法响应的情况。因此，本程序的性能和可靠性有待进一步提高。

7.6 源程序与运行结果

7.6.1 程序源代码

1. job.h 文件

```
#ifndef JOB_H
#define JOB_H

#include <stdio.h>
#include <stdlib.h>
#include <unistd.h>
#include <stdarg.h>
#include <signal.h>
#include <sys/types.h>

#ifndef DEBUG
#define DEBUG
#endif

#undef DEBUG

#define BUFLEN 100
#define GLOBALFILE "screendump"

enum jobstate{
    READY,RUNNING,DONE
};

enum cmdtype{
```

```c
    ENQ=-1,DEQ=-2,STAT=-3
};
struct jobcmd{
    enum cmdtype type;
    int argnum;
    int owner;
    int defpri;
    char data[BUFLEN];
};

#define DATALEN sizeof(struct jobcmd)

struct jobinfo{
    int jid;                /* 作业ID */
    int pid;                /* 进程ID */
    char** cmdarg;          /* 命令参数 */
    int defpri;             /* 默认优先级 */
    int curpri;             /* 当前优先级 */
    int ownerid;            /* 作业所有者ID */
    int wait_time;          /* 作业在等待队列中等待时间 */
    time_t create_time;     /* 作业创建时间 */
    int run_time;           /* 作业运行时间 */
    enum jobstate state;    /* 作业状态 */
};

struct waitqueue{
    struct waitqueue *next;
    struct jobinfo *job;
};

void scheduler();
void sig_handler(int sig,siginfo_t *info,void *notused);
int allocjid();
void add_queue(struct jobinfo *job);
void del_queue(struct jobinfo *job);
void do_enq(struct jobinfo *newjob,struct jobcmd enqcmd);
void do_deq(struct jobcmd deqcmd);
void do_stat(struct jobcmd statcmd);
void updateall();
struct waitqueue* jobselect();
void jobswitch();

void error_doit(int errnoflag,const char *fmt,va_list ap);
void error_sys(const char *fmt,...);
```

2. job.c 文件

```c
/*
 * 作业调度程序
 */
#include <stdio.h>
#include <unistd.h>
#include <sys/types.h>
#include <sys/stat.h>
#include <sys/time.h>
#include <sys/wait.h>
#include <string.h>
#include <signal.h>
#include <fcntl.h>
#include <time.h>
#include "job.h"

int jobid=0;
int siginfo=1;
int fifo;
int globalfd;

struct waitqueue *head=NULL;
struct waitqueue *next=NULL,*current =NULL;

/* 调度程序 */
void scheduler()
{
    struct jobinfo *newjob=NULL;
    struct jobcmd cmd;
    int  count = 0;
    bzero(&cmd,DATALEN);
    if((count=read(fifo,&cmd,DATALEN))<0)
        error_sys("read fifo failed");
#ifdef DEBUG

    if(count){
        printf("cmd cmdtype\t%d\ncmd defpri\t%d\ncmd data\t%s\n",cmd.type,
          cmd.defpri,cmd.data);
    }
    else
        printf("no data read\n");
#endif
```

```c
    /* 更新等待队列中的作业 */
    updateall();

    switch(cmd.type){
    case ENQ:
        do_enq(newjob,cmd);
        break;
    case DEQ:
        do_deq(cmd);
        break;
    case STAT:
        do_stat(cmd);
        break;
    default:
        break;
    }

    /* 选择高优先级作业 */
    next=jobselect();
    /* 作业切换 */
    jobswitch();
}

int allocjid()
{
    return ++jobid;
}

void updateall()
{
    struct waitqueue *p;

    /* 更新作业运行时间 */
    if(current)
        current->job->run_time += 1; /* 加1代表1000ms */

    /* 更新作业等待时间及优先级 */
    for(p = head; p != NULL; p = p->next){
        p->job->wait_time += 1000;
        if(p->job->wait_time >= 5000 && p->job->curpri < 3){
            p->job->curpri++;
            p->job->wait_time = 0;
        }
    }
}
```

```c
struct waitqueue* jobselect()
{
    struct waitqueue *p,*prev,*select,*selectprev;
    int highest = -1;

    select = NULL;
    selectprev = NULL;
    if(head){
        /* 遍历等待队列中的作业，找到优先级最高的作业 */
        for(prev = head, p = head; p != NULL; prev = p,p = p->next)
            if(p->job->curpri > highest){
                select = p;
                selectprev = prev;
                highest = p->job->curpri;
            }
            selectprev->next = select->next;
            if (select == selectprev)
                head = NULL;
    }
    return select;
}

void jobswitch()
{
    struct waitqueue *p;
    int i;

    if(current && current->job->state == DONE){  /* 当前作业完成 */
        /* 作业完成，删除它 */
        for(i = 0;(current->job->cmdarg)[i] != NULL; i++){
            free((current->job->cmdarg)[i]);
            (current->job->cmdarg)[i] = NULL;
        }
        /* 释放空间 */
        free(current->job->cmdarg);
        free(current->job);
        free(current);

        current = NULL;
    }

    if(next == NULL && current == NULL)  /* 没有作业要运行 */

        return;
```

```c
        else if (next != NULL && current == NULL){ /* 开始新的作业 */
            printf("begin start new job\n");
            current = next;
            next = NULL;
            current->job->state = RUNNING;
            kill(current->job->pid,SIGCONT);
            return;
        }
        else if (next != NULL && current != NULL){ /* 切换作业 */

            printf("switch to Pid: %d\n",next->job->pid);
            kill(current->job->pid,SIGSTOP);
            current->job->curpri = current->job->defpri;
            current->job->wait_time = 0;
            current->job->state = READY;

            /* 放回等待队列 */
            if(head){
                for(p = head; p->next != NULL; p = p->next);
                p->next = current;
            }else{
                head = current;
            }
            current = next;
            next = NULL;
            current->job->state = RUNNING;
            current->job->wait_time = 0;
            kill(current->job->pid,SIGCONT);
            return;
        }else{ /* next == NULL 且 current != NULL,不切换 */
            return;
        }
}

/* 定时处理函数 */
void sig_handler(int sig,siginfo_t *info,void *notused)
{
    int status;
    int ret;

    switch (sig) {
case SIGVTALRM: /* 到达计时器所设置的计时间隔 */
    scheduler();
    return;
case SIGCHLD: /* 子进程结束时传送给父进程的信号 */
```

```c
        ret = waitpid(-1,&status,WNOHANG);
        if (ret == 0)
            return;
        if(WIFEXITED(status)){
            current->job->state = DONE;
            printf("normal termation, exit status = %d\n",WEXITSTATUS(status));
        }else if (WIFSIGNALED(status)){
            printf("abnormal termation, signal number = %d\n",WTERMSIG
            (status));
        }else if (WIFSTOPPED(status)){
            printf("child stopped, signal number = %d\n",WSTOPSIG(status));
        }
        return;
    default:
        return;
    }
}

/* 处理 enq 命令 */
void do_enq(struct jobinfo *newjob,struct jobcmd enqcmd)
{
    struct waitqueue *newnode,*p;
    int i=0,pid;
    char *offset,*argvec,*q;
    char **arglist;
    sigset_t zeromask;

    sigemptyset(&zeromask);

    /* 封装 jobinfo 数据结构 */
    newjob = (struct jobinfo *)malloc(sizeof(struct jobinfo));
    newjob->jid = allocjid();
    newjob->defpri = enqcmd.defpri;
    newjob->curpri = enqcmd.defpri;
    newjob->ownerid = enqcmd.owner;
    newjob->state = READY;
    newjob->create_time = time(NULL);
    newjob->wait_time = 0;
    newjob->run_time = 0;
    arglist = (char**)malloc(sizeof(char*)*(enqcmd.argnum+1));
    newjob->cmdarg = arglist;
    offset = enqcmd.data;
    argvec = enqcmd.data;
    while (i < enqcmd.argnum){
        if(*offset == ':'){
```

```c
                *offset++ = '\0';
                q = (char*)malloc(offset - argvec);
                strcpy(q,argvec);
                arglist[i++] = q;
                argvec = offset;
            }else
                offset++;
        }

        arglist[i] = NULL;

#ifdef DEBUG

        printf("enqcmd argnum %d\n",enqcmd.argnum);
        for(i = 0;i < enqcmd.argnum; i++)
            printf("parse enqcmd:%s\n",arglist[i]);

#endif

        /*向等待队列中增加新的作业*/
        newnode = (struct waitqueue*)malloc(sizeof(struct waitqueue));
        newnode->next =NULL;
        newnode->job=newjob;

        if(head)
        {
            for(p=head;p->next != NULL; p=p->next);
            p->next =newnode;
        }else
            head=newnode;

        /*为作业创建进程*/
        if((pid=fork())<0)
            error_sys("enq fork failed");

        if(pid==0){
            newjob->pid =getpid();
            /*阻塞子进程,等待执行*/
            raise(SIGSTOP);

#ifdef DEBUG
            printf("begin running\n");
            for(i=0;arglist[i]!=NULL;i++)
                printf("arglist %s\n",arglist[i]);
#endif
```

```c
        /*复制文件描述符到标准输出*/
        dup2(globalfd,1);
        /* 执行命令 */
        if(execv(arglist[0],arglist)<0)
            printf("exec failed\n");
        exit(1);
    }else{
        newjob->pid=pid;
    }
}

/* 处理 deq 命令 */
void do_deq(struct jobcmd deqcmd)
{
    int deqid,i;
    struct waitqueue *p,*prev,*select,*selectprev;
    deqid=atoi(deqcmd.data);

#ifdef DEBUG
    printf("deq jid %d\n",deqid);
#endif

    /*current jodid==deqid,终止当前作业*/
    if (current && current->job->jid ==deqid){
        printf("teminate current job\n");
        kill(current->job->pid,SIGKILL);
        for(i=0;(current->job->cmdarg)[i]!=NULL;i++){
            free((current->job->cmdarg)[i]);
            (current->job->cmdarg)[i]=NULL;
        }
        free(current->job->cmdarg);
        free(current->job);
        free(current);
        current=NULL;
    }
    else{ /* 或者在等待队列中查找 deqid */
        select=NULL;
        selectprev=NULL;
        if(head){
            for(prev=head,p=head;p!=NULL;prev=p,p=p->next)
                if(p->job->jid==deqid){
                    select=p;
                    selectprev=prev;
                    break;
```

```
                }
                selectprev->next=select->next;
                if(select==selectprev)
                    head=NULL;
            }
            if(select){
                for(i=0;(select->job->cmdarg)[i]!=NULL;i++){
                    free((select->job->cmdarg)[i]);
                    (select->job->cmdarg)[i]=NULL;
                }
                free(select->job->cmdarg);
                free(select->job);
                free(select);
                select=NULL;
            }
        }
    }
}

/* 处理 stat 命令 */
void do_stat(struct jobcmd statcmd)
{
    struct waitqueue *p;
    char timebuf[BUFLEN];
    /*
    *打印所有作业的统计信息:
    *1.作业 ID
    *2.进程 ID
    *3.作业所有者
    *4.作业运行时间
    *5.作业等待时间
    *6.作业创建时间
    *7.作业状态
    */

    /* 打印信息头部 */
    printf("JOBID\tPID\tOWNER\tRUNTIME\tWAITTIME\tCREATTIME\t\tSTATE\n");
    if(current){
        strcpy(timebuf,ctime(&(current->job->create_time)));
        timebuf[strlen(timebuf)-1]='\0';
        printf("%d\t%d\t%d\t%d\t%d\t%s\t%s\n",
            current->job->jid,
            current->job->pid,
            current->job->ownerid,
            current->job->run_time,
            current->job->wait_time,
```

```c
            timebuf,"RUNNING");
    }

    for(p=head;p!=NULL;p=p->next){
        strcpy(timebuf,ctime(&(p->job->create_time)));
        timebuf[strlen(timebuf)-1]='\0';
        printf("%d\t%d\t%d\t%d\t%d\t%s\t%s\n",
            p->job->jid,
            p->job->pid,
            p->job->ownerid,
            p->job->run_time,
            p->job->wait_time,
            timebuf,
            "READY");
    }
}

int main()
{
    struct timeval interval;
    struct itimerval new,old;
    struct stat statbuf;
    struct sigaction newact,oldact1,oldact2;

    if(stat("/tmp/server",&statbuf)==0){
        /* 如果 FIFO 文件存在,删掉 */
        if(remove("/tmp/server")<0)
            error_sys("remove failed");
    }

    if(mkfifo("/tmp/server",0666)<0)
        error_sys("mkfifo failed");
    /* 在非阻塞模式下打开 FIFO */
    if((fifo=open("/tmp/server",O_RDONLY|O_NONBLOCK))<0)
        error_sys("open fifo failed");

    /* 建立信号处理函数 */
    newact.sa_sigaction=sig_handler;
    sigemptyset(&newact.sa_mask);
    newact.sa_flags=SA_SIGINFO;
    sigaction(SIGCHLD,&newact,&oldact1);
    sigaction(SIGVTALRM,&newact,&oldact2);

    /* 设置时间间隔为 1000 毫秒 */
    interval.tv_sec=1;
```

```c
    interval.tv_usec=0;

    new.it_interval=interval;
    new.it_value=interval;
    setitimer(ITIMER_VIRTUAL,&new,&old);

    while(siginfo==1);

    close(fifo);
    close(globalfd);
    return 0;
}
```

3. enq.c 文件

```c
/*
 * 作业入队命令
 */
#include <unistd.h>
#include <string.h>
#include <sys/types.h>
#include <sys/stat.h>
#include <sys/ipc.h>
#include <fcntl.h>
#include "job.h"

/*
 * 命令语法格式
 *    enq [-p num] e_file args
 */
void usage()
{
    printf("Usage: enq[-p num] e_file args\n"
        "\t-p num\t\t specify the job priority\n"
        "\te_file\t\t the absolute path of the exefile\n"
        "\targs\t\t the args passed to the e_file\n");
}

int main(int argc,char *argv[])
{
    int p=0;
    int fd;
    char c,*offset;
    struct jobcmd enqcmd;
    /*命令格式出错,提示用法*/
    if(argc==1)
```

```c
{
    usage();
    return 1;
}
/*如果指定有优先级,则获取该优先级*/
if(--argc>0 && (*++argv)[0]=='-')
{
    while((c==*++argv[0]))
        switch(c)
        {
            /*存取优先级级数*/
            case 'p':p=atoi(*(++argv));
                argc--;
                break;
            /*非法参数选项*/
            default:
                printf("Illegal option %c\n",c);
                return 1;
        }
}
/*指定优先级级数非法*/
if(p<0 || p>3)
{
    printf("invalid priority:must between 0 and 3\n");
    return 1;
}
/*记录入队命令*/
enqcmd.type=ENQ;
enqcmd.defpri=p;
enqcmd.owner=getuid();
enqcmd.argnum=argc;
offset=enqcmd.data;
/*将入队命令中指定的可执行文件名及各参数以":"隔开*/
while (argc-->0)
{
    strcpy(offset,*argv);
    strcat(offset,":");
    offset=offset+strlen(*argv)+1;
    argv++;
}
/*输出调试信息*/
#ifdef DEBUG
    printf("enqcmd cmdtype\t%d\n"
        "enqcmd owner\t%d\n"
        "enqcmd defpri\t%d\n"
```

```
                    "enqcmd data\t%s\n",
                    enqcmd.type,enqcmd.owner,enqcmd.defpri,enqcmd.data);

    #endif
        /*打开 fifo 文件*/
        if((fd=open("/tmp/server",O_WRONLY))<0)
            error_sys("enq open fifo failed");
        /*向 fifo 文件中写数据*/
        if(write(fd,&enqcmd,DATALEN)<0)
            error_sys("enq write failed");
        /*关闭文件*/
        close(fd);
        return 0;
}
```

4. deq.c 文件

```
/*
 * 作业出队命令
 */
#include <unistd.h>
#include <string.h>
#include <sys/types.h>
#include <sys/stat.h>
#include <sys/ipc.h>
#include <fcntl.h>
#include "job.h"

/*
 * 命令语法格式
 *      deq jid
 */
void usage()
{
    printf("Usage: deq jid\n"
        "\tjid\t\t the job id\n");
}

int main(int argc,char *argv[])
{
    struct jobcmd deqcmd;
    int fd;
    /*命令参数个数出错,提示命令用法信息*/
    if(argc!=2)
    {
        usage();
```

```c
        return 1;
    }
    /*记录出队命令*/
    deqcmd.type=DEQ;
    deqcmd.defpri=0;
    deqcmd.owner=getuid();
    deqcmd.argnum=1;

    strcpy(deqcmd.data,*++argv);
    printf("jid %s\n",deqcmd.data);
    /*打开fifo文件*/
    if((fd=open("/tmp/server",O_WRONLY))<0)
        error_sys("deq open fifo failed");
    /*向fifo文件中写数据*/
    if(write(fd,&deqcmd,DATALEN)<0)
        error_sys("deq write failed");
    /*关闭文件*/
    close(fd);
    return 0;
}
```

5. stat.c 文件

```c
/*
* 作业状态查看命令
*/
#include <unistd.h>
#include <string.h>
#include <sys/types.h>
#include <sys/stat.h>
#include <sys/ipc.h>
#include <fcntl.h>
#include "job.h"


/*
* 命令语法格式
*     stat
*/
void usage()
{
    printf("Usage: stat\n");
}

int main(int argc,char *argv[])
{
```

```c
    struct jobcmd statcmd;
    int fd;
    /*命令参数个数出错,提示命令用法信息*/
    if(argc!=1)
    {
        usage();
        return 1;
    }
    /*记录作业状态查看命令*/
    statcmd.type=STAT;
    statcmd.defpri=0;
    statcmd.owner=getuid();
    statcmd.argnum=0;
    /*打开 fifo 文件*/
    if((fd=open("/tmp/server",O_WRONLY))<0)
        error_sys("stat open fifo failed");
    /*向 fifo 文件中写数据*/
    if(write(fd,&statcmd,DATALEN)<0)
        error_sys("stat write failed");
    /*关闭文件*/
    close(fd);
    return 0;
}
```

6. error.c 文件

```c
#include <string.h>
#include <errno.h>
#include "job.h"

/* 错误处理 */
void error_doit(int errnoflag,const char *fmt,va_list ap)
{
    int errno_save;
    char buf[BUFLEN];

    errno_save=errno;
    /*送格式化输出到 buf 中*/
    vsprintf(buf,fmt,ap);
    /*如果要输出错误代码,则将错误代码格式化追加到 buf 之后,并添加换行符*/
    if (errnoflag)
        sprintf(buf+strlen(buf),":%s",strerror(errno_save));
    strcat(buf,"\n");
    /*刷新输出缓冲区*/
    fflush(stdout);
    fputs(buf,stderr);
```

```
    fflush(NULL);
    return;
}
/*系统出错处理函数*/
void error_sys(const char *fmt,...)
{
    va_list ap;
    /*获取参数列表中的参数*/
    va_start(ap,fmt);
    /*调用出错处理函数*/
    error_doit(1,fmt,ap);
    /*使用完毕后结束*/
    va_end(ap);
    exit(1);
}
```

7.6.2 程序运行结果

程序编译通过后，在终端窗口中运行 ./job 命令启动调度进程，再打开一个新的终端窗口运行 enq、deq、stat 等命令进行作业的入队、出队和查看。图 7-3 为添加了三个作业后调度进程界面样例。

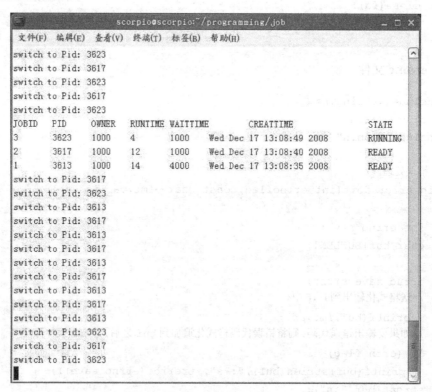

图 7-3　程序运行结果样例

实验八 文 件 系 统

8.1 实验目的

- 了解文件管理系统的作用和工作方式。
- 学习 Linux VFS 的实现机制及 inode、超级块等相关概念。
- 了解 FAT 文件系统的结构。
- 学习文件管理系统的一般开发方法。

8.2 实验要求

8.2.1 基本要求

准备一个 FAT16 格式的 U 盘（可以将 U 盘在 Windows 下直接格式化为 FAT16 格式），在 Linux 下编写一个文件系统管理程序，对 U 盘上的文件进行管理。具体要求如下：

（1）设计并实现一个目录列表函数（类似于 Linux 的 shell 命令 ls）。该函数只需要包含基本命令即可，不必支持许多选项。

函数格式

`int ud_ls();`

（2）设计并实现一个改变目录函数，即把当前目录切换到上一层目录或当前目录的子目录中（无须处理路径名）。

函数格式

`int ud_cd(char *directory);`

本函数假设 U 盘上已存在子目录，需要在文件系统中使用一个静态变量来代表当前目录。本函数要对当前目录变量进行操作，并且可以返回上一级目录，需要在文件系统中使用一个静态变量来代表当前目录的父目录。

（3）设计并实现一个删除文件函数，该函数使用要删除的文件名（在当前目录中）作为参数。

函数格式

`int ud_df(char *name);`

该函数需要查找文件，遍历 FAT 中的链接，设置 FAT 中的每个簇项并将其标志为未使用，更新目录项。在删除的情况中，要注意文件的隐藏、只读和系统属性。任何具有这些设置的文件都不能删除。

（4）设计并实现一个创建文件函数，该函数使用要创建的文件名和文件大小为参数。

函数格式

`int ud_cf(char *filename , int size);`

该函数需要遍历 FAT 表中的链接，找出在 FAT 表中的、能存放下文件大小的空簇，并更新目录项，可以用 ud_ls()函数查询到创建的文件。

8.2.2 进一步要求

（1）增加删除目录的功能。通常需要先判断目录是否为空目录，若目录不为空，则需给出提示，并删除其包含的所有子目录和文件；若是空目录则可直接删除。

（2）增加对绝对路径和多级目录的支持。这里需要对输入的目录路径字符串进行解析，然后逐级查找目录。

（3）对 ud_cf()函数进行改进，使其可以向文件中写入实际内容，并根据写入的内容计算文件实际大小。

（4）对 ud_ls 函数进行完善，增加对全部非根目录信息的读取（本试验中只读取了一个扇区的非根目录信息）。

8.3 相关基础知识

8.3.1 虚拟文件系统

虚拟文件系统 VFS（virtual file system）提供了一组逻辑 API 供用户程序对文件进行操作使用。VFS 的设计目的是为了让用户程序可以对各种不同类型的文件系统进行读写。具体地说，一个已经格式化为 MS-DOS、MINIX、Linux、ext2 风格的文件系统，或其他格式的文件系统可以装载到 Linux 目录中，通过为文件管理程序设计的特定函数可以实现这个功能。这些函数定义了 API，它们与磁盘以及文件系统的具体细节无关。但是，这些与磁盘无关的组件可以和任何与磁盘有关的组件协调工作，从而把磁盘特有的信息转化为内部 VFS 格式。

在装载文件系统（例如，MS-DOS 文件系统）时，文件管理程序中与磁盘有关的部分就要执行以下步骤：

（1）读取磁盘的物理信息和 FAT 表内容。

（2）转换记录中所需要的信息。

（3）把这些信息写入 VFS 数据结构（文件结构表中的 struct file 和 inode 表中的 struct inode）。

当底层的磁盘已经格式化为几种不同的格式时，VFS 怎样能够知道如何读写磁盘呢？比如，读取 MS-DOS 文件系统中磁盘的几何信息和 FAT 表内容。每个可以装载的文件系统必须在 VFS 中注册，这样才能定义自己的类型，这些类型通常在机器启动时通过 fs/super.c 中定义的 register_filesystem()系统调用注册。该函数的目的是为文件系统类型定义一个 read_super()函数。read_super()函数执行以下操作：

（1）从给定类型的磁盘（实际上是一个文件系统）中读取信息。
（2）转换文件管理程序中与磁盘无关部分所需要的信息。
（3）将这些信息存储到一个 struct super_block 数据结构中，该数据结构是与磁盘无关的超级块可参见/usr/src/linux/include/linux/fs.h。

每次当装载相关类型的文件系统时，文件管理程序中与磁盘无关的部分则调用 read_super()函数来填充超级块。

超级块的定义如下：

```
struct super_block {
    ...
    unsigned long s_blocksize;
    ...
    struct file_system_type *s_type;
    struct super_operations *s_op;
    ...
    union {
        struct minix_sb_info minix_sb;
        ...
        struct ext2_sb_info ext2_sb;
        ...
        struct msdos_sb_info msdos_sb;
    }u;
};
```

该超级块包含了有关文件系统类型的基本信息。例如，文件系统类型（s_type）、块大小（s_blocksize）和文件系统的特定信息（minix_sb、ext2_sb、msdos_sb 和 generic_sbp）。超级块中还保存了一组超级块操作（struct super_operations s_op）。这些操作（在 include/linux/fs.h 中有定义）主要针对磁盘上的超级块信息，它们包括读写 i 结点（inode）、把超级块信息回写到磁盘上等，定义如下：

```
struct super_operations {
    void (*read_inode)(struct inode *);
    void (*write_inode)(struct inode*);
    void (*put_inode)(struct inode*);
    void (*delete_inode)(struct inode*);
    int (*notify_change)(struct dentry *,struct iattr *);
    void (*put_super)(struct super_block *);
    int (*statfs)(struct super_block *,struct statfs *,int);
    int (*remount_fs)(struct super_block *,int *,char *);
    void (*umount_begin)(struct super_block *);
};
```

这些函数是 VFS 装载特定文件系统的调用接口。read_inode()函数建立 Linux 内存中的 inode（参见 include/linux/fs.h 中的 struct inode 结构），write_inode()函数先把 Linux 中的 inode 信息转化为磁盘格式，然后将 inode 信息回写到磁盘上的文件描述符中。

当 Linux 要打开一个文件时，文件管理程序需要执行以下操作：

（1）遍历文件系统，以自己的格式（如 MS-DOS 格式）装载磁盘上的文件描述符。文件引用是文件的外部名。

（2）从磁盘上的描述符中提取文件的描述。

（3）转换 VFS 所需要的信息。

（4）通过使用与磁盘无关的 Linux 格式（即虚拟文件系统格式），把必需的信息存储到 VFS 表中。

内部文件描述符的设计继承了传统的 UNIX 的设计。也就是说，VFS 对于每个进程都有一个文件描述符（在 files_struct 中由 file 结构定义的结构数组 ud_array 下标），每个打开的文件都有一个文件结构表（即 file 结构定义本身）以及一个 inode（由 file 结构中的 dentry 指出 inode）。当打开一个文件时，就要为这些数据结构各添加一项，如图 8-1 所示。

每个进程的文件描述符表（在进程控制块 struct task_struct 中由 struct files_struct 定义的 files 指针指出其位置）为该进程的每一个打开的文件都设置一个表项。描述符 0 的默认值是标准输入 stdin，描述符 1 的默认值是标准输出 stdout，描述符 2 的默认值是标准的出错输出 stderr。表项定义了文件的打开和关闭动作（由结构 files_operations 定义，如图 8-1 所示），并提供了一个指向 struct file 类型的文件结构表表项的指针（参见 include/linux/fs.h）。

文件结构表项包含了很多的实际信息，文件管理的抽象层使用这些信息来操作与磁盘相关的特定文件系统。这些信息包括了 struct dentry *f_dentry 域（在 include/linux/dcache.h 中定义），在将文件的 inode 装载到内存后，该字段指向该文件的 struct inode。此外，文件结构表 sturct file 还包括了对文件操作的函数定义 file_operations。

一般格式

```
struct file {
    ...
    struct dentry *f_dentry;
    struct file_operations *f_op;
    ...
};
```

Linux inode 数据结构在内存里的表示是来自文件的磁盘相关文件描述符。每当更新 inode 时，必须将内存版本的 inode 转换成磁盘版本后，再写回磁盘。在打开文件后，文件管理程序的抽象层就对内部 VFS 文件数据结构进行操作，而不会使用在磁盘上存储的文件数据结构。例如，一个 MS-DOS 格式的磁盘中包含了磁盘几何信息、引导记录、FAT 表以及一个根目录，磁盘块是由 FAT 组织结构进行标识的。read_super()函数将填充超级块的内容。超级块的 s_op 域中的 read_inode()函数从与磁盘相关的描述符中读取 inode 信息并填充 VFS 的 inode 结构实例中。

这里节选的是 struct inode 结构定义的一部分，该结构在 include/linux/fs.h 中定义。

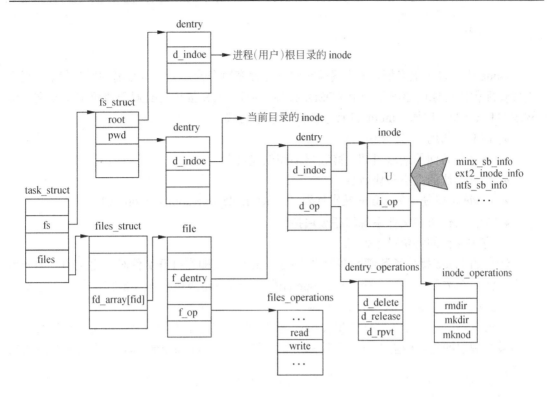

图 8-1　文件系统数据结构之间的关系

```
struct inode {
    ...
    uid_t uid;
    gid_t gid;
    ...
    time_t i_atime;
    time_t i_mtime;
    time_t i_ctime;
    unsigned long i_blksize;
    unsigned long i_blocks;
    ...
    struct inode_operations *i_op;
    struct super_block *i_sb;
    ...
    union {
        ...
        struct minix_inode_info minix_i;
        ...
        struct ext2_inode_info ext2_i;
        ...
        struct msdos_inode_info msdos_i;
        struct umsdos_inode_info umsdos_i;
```

```
        }u;
    };
```

inode 中包含了很多域,这些域是文件管理程序用来管理文件所必需的所有信息。因为文件管理程序抽象层导出了一个 POSIX 接口,所以 VFS 描述符类似于传统 UNIX 文件结构表项和 inode。例如,inode 具有包含如下信息的域:

- 该文件的用户 ID 和组 ID
- 该文件访问的最后日期、修改日期和创建日期
- 文件中块的大小和块数目
- inode 可以使用的 inode 操作列表(struct inode_operations *i_op 域)
- 指向文件所在文件系统的超级块指针
- 有关文件的特定设备信息

所有的 inode 操作函数都是在建立 VFS inode 时(即在打开文件时)定义的,如同为每个文件系统类型定义了一个 read_super()函数,这些超级块操作都是在装载时动态定义的,并且这些操作是通用的目录操作函数。

内核在调用一个与文件操作相关的系统调用时,把这个调用重定向给文件管理程序,使其最终调用的是与磁盘上具体文件系统相关的 struct file_operations 操作列表中定义的函数。

8.3.2 FAT 文件系统结构

FAT 文件系统是一种简单的文件系统,它被设计用来管理小容量的磁盘和简单的目录结构,FAT 文件系统是以它的文件组织方式——文件分配表(file allocation table,FAT)命名的,文件分配表存在逻辑磁盘的开始位置。为了安全起见,FAT 磁盘分区上有两个文件分配表,以防其中一个被破坏。此外,文件分配表和根目录必须存在磁盘的固定地址,以便操作系统在启动时能够定位所需的文件。

一个格式化为 FAT 文件系统的分区是以簇为单位分配磁盘的。默认的簇的大小取决于分区的大小。对于 FAT 文件系统,簇的大小用 2 的整数幂的值,典型值为 2048、4096 或者 8192 字节,如果每个扇区是 512 字节,1 簇大小若选 2048 字节,则为 4 个扇区(或 4 个物理块)。

FAT 文件系统还分为 FAT12、FAT16 和 FAT32 三种类型,这里的数字代表文件分配表中每个表项所占的位数,也就是说,FAT12 中每个表项占 1.5 个字节(12 位),FAT16 中每个表项占 2 个字节(16 位),FAT32 中每个表项占 4 个字节(32 位)。

文件分配表包含了分区中所有数据所占簇的位置和状态。文件分配表可以看成是磁盘的"内容索引"。如果文件分配表被破坏或者丢失,那么这个磁盘的内容就不可读了。

文件分配表是由操作系统维护的,它向操作系统提供了一张图,图中描述了当前磁盘上存储的文件占用了哪些簇。当写入一个新的文件到磁盘上时,文件可能存储在一个或者多个簇上,这些簇不必是顺序相连的,它们可以分布在磁盘上不同的位置。操作系统要为这个文件创建一个 FAT 表项,其中记录了文件占用的每个簇的位置和它们的顺序。当读取这个文件的时候,操作系统重新把这些簇按顺序集合起来,使它们在逻辑上看起来是一个

文件。

物理硬盘是由柱面、磁头、扇区组成的。按这种方式寻址属于物理寻址方式，是由硬件和 BIOS 决定的。对于操作系统和应用程序来说，这种物理寻址方式是很麻烦的，这是因为磁盘的柱面、磁头、扇区数目随着不同类型的磁盘而不同。若在逻辑上认为磁盘是由许多磁盘块构成的，从而以块号形式的顺序地址方式组织磁盘，那么对于操作系统管理文件就很方便。

MS-DOS 就是这么做的，它在管理 FAT 格式的文件分区时把磁盘看作是一维数组，数组中的每个元素是一个扇区，其编号为 0～n–1。因此需要把逻辑扇区编号转化称为物理磁盘地址，即表示为（柱面、磁头、扇区）定位方式，也叫做 CHS 地址。MS-DOS 从 0 柱面 0 磁头开始对所有扇区编号，然后是 0 柱面 1 磁头的所有扇区，依次进行下去，直到整个磁盘的最后一个柱面、磁头。

进一步，MS-DOS 把这个数组逻辑上分成四块，按顺序分别为启动记录、文件分配表、根目录区和数据区。前三个区域是系统区，由 MS-DOS 使用以维护磁盘上的内容。磁盘上最大的区域——数据区，用来存储文件和数据，结构如图 8-2 所示，也可参考图 4-2 相应内容。

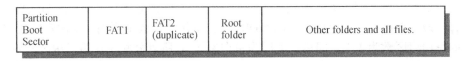

图 8-2 文件卷的逻辑结构

1. 启动记录

启动记录占用一个扇区，它的逻辑扇区号是 0，物理位置是 0 柱面、0 磁头、1 扇区。这是物理磁盘上的第一个扇区。

该扇区中的内容如表 8-1 所示，这是 Kingston 2.0G U 盘的启动记录。

表 8-1 启动记录的内容

字节偏移（十六进制）	字节数	例子	说明
0x00	3	EB 3C 90	跳转指令
0x03	8	MSDOS5.0	DOS 版本信息
0x0b	2	512	每个扇区字节数
0x0d	1	64	每簇扇区数
0x0e	2	2	保留扇区数
0x10	1	2	文件分配表数目
0x11	2	512	根目录个数
0x13	2	0	逻辑扇区总数
0x15	1	248	介质描述符
0x16	2	239	每个文件分配表所占扇区数
0x18	2	63	每柱面扇区数目
0x1a	2	255	磁盘每个盘面的磁头数

字节偏移（十六进制）	字节数	例子	说明
0x1c	4	32	隐藏扇区数目
0x24	26		扩展 BIOS 参数区
0x3E	448		启动代码
1FE	2	0x55AA	扇区结束标志

注意 当从磁盘上读出这些内容时要作一定的转换。比如从 0x0b 地址中读每个扇区字节数时，要读出两个字节其内容为 0x00、0x02，并须将它们交换位置，变为 0x0200，这样对应于十进制才是 512。这是因为 intel 的 i386 体系结构采用小尾端（little-endian）字节序。低地址存放低位字节，高地址存放高位字节，所以需要把读出来的内容进行顺序转换。

2．文件分配表

文件分配表是一个整数数组，其中的每个整数代表数据区的一个簇号，对于数据区的每个簇，文件分配表的相应入口都包含了编码指明当前簇的状态。簇可能还未被使用，也可能被系统保留，亦可能是个坏扇区无法使用，还可能被一个文件所使用。

因为启动记录占用了第一个扇区，而对于 FAT16 文件系统，启动记录与文件分配表之间还有一段空白扇区（视存储设备的不同，空白扇区的个数也不同，本次实验采用的 U 盘设备的空白扇区数为 1 个，即第二扇区为空白扇区），所以分配表从第三扇区开始，逻辑扇区号是 2，在磁盘上的起始地址 0x0400。由于从前面启动分区中读出一个 FAT 占用 239 个扇区，所以每个 FAT 大小是 239×0x200，那么第二个 FAT 起始地址是 0x400+239×0x200，截止于 0x400+2×239×0x200。

如果一个文件占用多个簇，那么在每个簇的 FAT 表项中都保存了下一个簇的编号。例如，一个 2KB 的 FOO.txt 文件可能占用了簇 34、19、81 和 47。那么簇 34 对应的 FAT 表项中就存有下一个簇的簇号 19。而 19 对应的 FAT 表项保存了下一个簇的簇号 81，以此类推，直到最后一个簇 47，它的 FAT 表项中的值为 0xffff，代表文件的最后一个簇。所以目录中只保存目录项的第一个簇号，其余的簇可以通过 FAT 表查到。

FAT 的最前面两项（簇 0 和簇 1）是保留的。第一个簇中存放了介质描述符，对 U 盘来说是 0x0f0。图 8-3 显示了三个文件。文件 File1.txt 占用了三个簇，簇号分别是 0002、0003、0004；文件 File2.txt 占用了三个簇，簇号分别是 0005、0006、0008；文件 File3.txt 只占用了一个簇，簇号为 0007。可以看到，每个 FAT 表项保存了逻辑上相邻的下一个簇的编号。

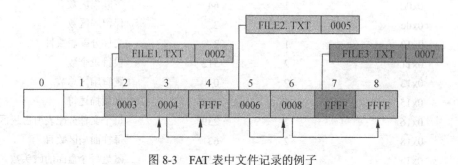

图 8-3　FAT 表中文件记录的例子

3. 根目录区

根目录区的每个入口项长度为 32 个字节。目录项的个数是固定的，在 U 盘中共有 224 个目录项。在 MS-DOS 中，每个目录项用来保存一个文件的信息，包括名字、属性、时间、日期、大小等。其中全名长度限制最长为 11 个字符，文件名占 8 个字符、扩展名占 3 个字符。从 Windows NT3.5 开始，在 FAT 分区创建的文件可以支持长文件名，不论何时用户创建一个名字较长的文件，Windows 就给它配备一个长度压缩为 8 加 3 的文件名，从而建立一个传统目录项入口。同时，Windows 还为其另外建立了第二个到第三个目录项。这些目录项保存了真实长度文件名中的 13 个字符。字符是以 unicode 格式存储的。Windows 还把它们的目录项属性字节加以标志，以表明目录项是一个长文件名目录项。通常在 MS-DOS 中是看不到这些标志的，MS-DOS 只访问文件名长度为传统的 8 加 3 的目录项。

图 8-4 所示的是一个长文件名目录项。

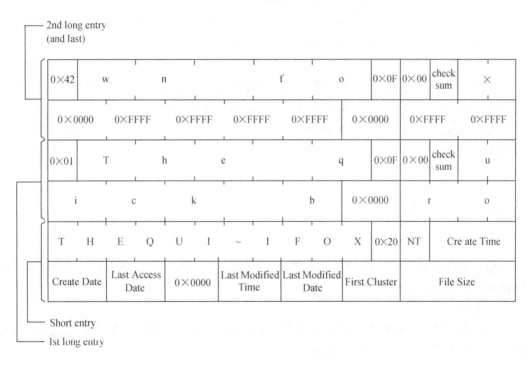

图 8-4　长文件名目录项

- 文件名

图 8-4 显示了名为 The quick brown.fox 的文件，这是一个长文件名，Windows 为其建立了三个目录项，两个保存长文件名，一个保存压缩文件名 Thequi~1.fox，长文件名目录项的属性字节以 0x0f 标识。短文件名的属性字节为 0x20。

- 目录项信息

传统目录项的信息如表 8-2 所示。

表 8-2　传统 MS-DOS 的目录项信息

字节偏移（十六进制）	字节数	说　　明
0x00	11	文件名和扩展名
0x0b	1	文件属性
0x0c	10	保留字节
0x16	2	创建时间
0x18	2	创建日期
0x1a	2	文件的起始簇号
0x1c	4	文件大小

- 文件属性

文件属性对照如表 8-3 所示。

表 8-3　文件属性对照表

7	6	5	4	3	2	1	0
保留	保留	存档	子目录	卷标	系统文件	隐藏	只读

注意　只有短文件名目录项的属性字节才有意义。

- 时间

时间占用了以 0x16 开始的两个字节，其中保存了时、分和秒。其计算方法为：从高位开始，小时占前 5 位，分占中间 6 位，秒占最后 5 位。

例如，假设读出的字节为 0x4e 和 0x7b，把高、低字节调换，得到 0x7b4e，转换为二进制如下：

0111　1011　0100　1110

所以时、分、秒各自所占的位如下：

01111　011010　01110

用十进制表示，小时为 15，分为 26，秒为 14。但是秒钟数必须乘以 2，所以文件的创建时间为 15 点 26 分 28 秒。

- 日期

日期占用了以 0x18 开始的两个字节，其中保存了年、月和日。其计算方法为：从高位开始，年占 7 位，月占 4 位，日占 5 位。

例如，假设读出的字节为 0x96 和 0x26，把高、低字节调换，得到 0x2696，转换为二进制如下：

0010　0110　1001　0110

所以年、月、日各自所占的位如下：

0010011　0100　10110

用十进制表示，年为 19，月为 4，日为 22。同时，年须加上 1980，所以得到创建日期为 1999 年 4 月 22 日。

根目录区在磁盘的开始地址为 0x400+2×239×0x200，占用的空间为 512×32 字节，对非法的目录项名以 0x00（该目录项以前没有使用过）或 0xe5（该目录项以前使用过，但是已经释放了）开始。

4．数据区

数据区的起始地址为 0x400+2×239×0x200+512×32。

8.4 实验设计

8.4.1 重要的数据结构

1．启动记录

```
struct BootDescriptor_t {
    unsigned char Oem_name[9];     /* 0x03 - 0x0a */
    int BytesPerSector;            /* 0x0b - 0x0c */
    int SectorsPerCluster;         /* 0x0d        */
    int ReservedSectors;           /* 0x0e - 0x0f */
    int FATs;                      /* 0x10        */
    int RootDirEntries;            /* 0x11 - 0x12 */
    int LogicSectors;              /* 0x13 - 0x14 */
    int MediaType;                 /* 0x15        */
    int SectorsPerFAT;             /* 0x16 - 0x17 */
    int SectorsPerTrack;           /* 0x18 - 0x19 */
    int Heads;                     /* 0x1a - 0x1b */
    int HiddenSectors;             /* 0x1c - 0x1d */
};
```

这个数据结构定义了启动扇区中的内容，这些内容在表 8-1 中有详细介绍。

2．根目录项

```
struct Entry {
    unsigned char short_name[12];     /* Bytes 0 - 10, 11 Bytes name */
    unsigned char long_name[27];      /* not used      26 Bytes name */
    unsigned short hour,min,sec;      /* Bytes 22 - 23 */
    unsigned short year,month,day;    /* Bytes 24 - 25 */
    unsigned short FirstCluster;      /* Bytes 26 - 27 */
    unsigned int size;                /* Bytes 28 - 31 */
    /* attribute              Bytes 11
     * 7 6 5 4 3 2 1 0
     * N N A D V S H R        N: not used
```

```
           */
          unsigned char readonly:1;        /* R */
          unsigned char hidden:1;          /* H */
          unsigned char system:1;          /* S */
          unsigned char vlabel:1;          /* V */
          unsigned char subdir:1;          /* D */
          unsigned char archive:1;         /* A */
     };
```

这个数据结构定义了根目录区根目录项的内容，在表 8-2 中有详细介绍。

3．全局变量或常量

- 全局变量

```
struct Entry *curdir   /*记录了当前的目录的信息，如果是根目录，则 curdir 为 NULL*/
int ud        /*表示当前打开的 U 盘的描述符*/
```

- 常量

```
#define DIR_ENTRY_SIZE 32                    /* 目录项大小 */
#define SECTOR_SIZE    512                   /* 每个扇区大小 */
#define CLUSTER_SIZE   512*64                /* 每个簇的大小 */
#define FAT_ONE_OFFSET 0x400                 /* 第一个 FAT 表起始地址 */
#define FAT_TWO_OFFSET 0x400+239×0x200       /* 第二个 FAT 表起始地址 */
#define ROOTDIR_OFFSET 0x400+2×239×0x200     /* 根目录区起始地址 */
#define DATA_OFFSET    0x400+2×239×0x200+512×32  /* 数据区起始地址 */
#define DEVNAME "/dev/sdb1"     /* 要打开的设备文件名（在 Ubuntu8.04 下 */
                                /* 该 U 盘在 dev 文件夹下的名称为 sdb1*/
                                /* 不同设备要在 dev 文件夹下查找）*/
```

8.4.2 程序实现

1．ud_ls 函数的实现

该函数要求列出当前目录下的文件信息。如果是根目录，那么就可以从根目录区获得目录项的信息。如果不是根目录，还需要根据当前目录 curdir 中保存的起始簇号 FirstCluster 计算出存储在数据区的这个扇区的地址，然后读该地址后面的内容，就是当前目录下的文件信息，将它们以用户便于理解的方式打印出来就可以了。代码如下：

```
/*
 * 功能：显示当前目录的内容
 * 返回值：1，成功；-1，失败
 */
int ud_ls()
{
```

```
        int ret,offset,cluster_addr;
        struct Entry entry;

        /* 头部信息 */
        printf("\tname\tdate\t\t time\t\tsector\tsize\t\tattr\n");

        if (curdir == NULL) {
            /* 显示根目录区 */
            ScanRootEntry(ud);
        } else {
            /* 子目录起始地址,在此仅仅读一个扇区,忽略 fat 表 */
            cluster_addr = DATA_OFFSET + (curdir->FirstCluster - 2) * SECTOR_
            SIZE;

            if ((ret = lseek(ud,cluster_addr,SEEK_SET)) < 0)
                perror("lseek cluster_addr failed");

            offset = cluster_addr;
            while (offset < cluster_addr + SECTOR_SIZE) {
                ret = GetEntry(&entry);
                offset += abs(ret);
                if (ret > 0) {
                    printf("%12s\t"
                        "%d:%d:%d\t "
                        "%d:%d:%d\t "
                        "%d\t "
                        "%d\t\t"
                        "%s\n",
                        entry.short_name,
                        entry.year, entry.month, entry.day,
                        entry.hour, entry.min, entry.sec,
                        entry.size,
                        entry.FirstCluster,
                        (entry.subdir) ? "dir" : "file");
                }
            }
        }
        return 0;
}
```

其中函数 GetEntry()是读出目录项的信息,这里的实例程序不支持长文件名,它和 MS-DOS 一样只处理名字长度为 8 加 3 的文件。GetEntry()把作为参数传进来的 struct Entry 指针指向的结构填满。这样就得到一个目录项的信息,然后打印,如此循环下去,就可以打印出当前目录下的所有信息。

2. ud_cd 函数的实现

这个函数要求实现简单地切换当前目录至上一层目录或者子目录。函数的参数是目录的名称，这里不要求给出全路径名，也不要求一次切换多级目录。示例程序只实现了切换到下一级子目录，至于切换至上级目录，留给学生完成。函数思路如下：

首先判断一些不必要的情况，如果当前目录是根目录且要求切换上层目录，则直接返回；如果是切换至当前目录，那么什么也不用做，直接返回。然后在当前目录下查找与参数名相吻合的子目录项，如果找到，那么就释放原来的 curdir，使它指向这个子目录项就可以了。查找子目录项的函数是 ScanEntry()，如果它找到匹配的子目录项，则返回值大于 0；如果没有找到，则说明不存在这样的子目录，返回–1。由于 U 盘上存储的文件名都是以大写字符存储的，所以需要在进行字符串比较前将文件名转化为大写。

```c
/* 参数：dir，类型：char
 * 返回值：1 成功，-1 失败
 * 功能：改变目录到父目录或子目录
 * 如 "cd.."或 "cd子目录名"，不支持绝对路径
 */
int ud_cd(char *dir)
{
    struct Entry *pentry;
    int ret;

    if(!strcmp(dir,"."))
    {
        return 1;
    }
    if(!strcmp(dir,"..") && curdir==NULL)
        return 1;
    /*返回上一级目录*/
    if(!strcmp(dir,"..") && curdir!=NULL)
    {
        curdir = fatherdir[dirno];
        dirno--;
        return 1;
    }
    pentry = (struct Entry*)malloc(sizeof(struct Entry));

    ret = ScanEntry(dir,pentry,1);
    if(ret < 0)
    {
        printf("no such dir\n");
        free(pentry);
        return -1;
```

```
    }
    dirno ++;
    fatherdir[dirno] = curdir;
    curdir = pentry;
    return 1;
}
```

3. ud_df 函数的实现

这个函数删除当前目录下的文件,不支持删除子目录。首先查找当前目录下是否存在要删除的文件,这也是调用 ScanEntry()完成的。如果存在,需要把文件对应的目录项内容删除,同时在两张 fat 表中,依次找到该文件占用的簇号,把簇号对应的 fat 表项的内容标为未使用。这样就达到了删除文件的目的。这里还有一个地方需要注意,我们在主程序中事先把 U 盘上 fat 表中的内容读到内存中,此后函数对 fat 表的修改都在内存中进行,在最后才把整个 fat 表的内容写回 U 盘,这样做的好处是减少了 I/O 次数,提高了速度。

```c
/* 参数:文件名,类型:char
 * 返回值:1,成功;-1,失败
 * 功能:从当前目录中删除文件
 */
int ud_df(char *filename)
{
    struct Entry *pentry;
    int ret;
    unsigned char c;
    unsigned short seed,next;

    pentry = (struct Entry*)malloc(sizeof(struct Entry));

    /* 扫描当前目录,查找文件 */
    ret = ScanEntry(filename,pentry,0);

    if (ret < 0) {
        printf("no such file\n");
        free(pentry);
        return -1;
    }

    /* 清除 fat 表项 */
    seed = pentry->FirstCluster;
    while ((next = GetFatCluster(seed)) != 0x0fff) {
        seed = next;
        ClearFatCluster(next);
    }
    ClearFatCluster(pentry->FirstCluster);
```

```
    /* 清除目录表项 */
    c = 0xe5;
    if (lseek(ud,ret-0x40,SEEK_SET) < 0)
        perror("lseek ud_rm failed");
    if (write(ud,&c,1) < 0)
        perror("write failed");

    if (lseek(ud,ret-0x20,SEEK_SET) < 0)
        perror("lseek ud_rm failed");
    if (write(ud,&c,1) < 0)
        perror("write failed");

    free(pentry);
    /* fat 写回磁盘 */
    if (WriteFat() < 0)
        exit(1);

    return 1;
}
```

4. ud_cf 函数的实现

这个函数在当前目录下的创建文件。首先查找当前目录下是否存在同名文件，这也是调用 ScanEntry()完成的。如果存在，则显示相应信息，并提示创建失败。否则，依次遍历 fat 表，找到空白簇，然后将簇信息依次写入，之后在当前目录下为创建的文件建立目录项。将这些信息写回 U 盘，文件创建成功。

该函数的具体实现参见 8.6 节"源程序与运行结果"。

8.5 实验总结

在 8.6 节中提供了一个程序实例，头文件 filesys.h 中包含了我们要实现的文件操作函数的声明，在 filesys.c 中给出了它们的实现，在 main()函数中循环接收用户的命令来对磁盘上的文件进行操作。

在 Linux 下可使用下面的命令进行编译：

```
gcc -Wall -O2 -o fatsys filesys.c
```

这样就生成了名为 fatsys 的可执行程序，我们可以执行这个程序来对 U 盘上的文件进行操作，包括查看文件列表、切换目录、创建文件、删除文件几种操作。有了这些操作后，可以做进一步扩充，实现为文件分配新的扇区、建立目录、复制文件以及使用缓冲区读/写文件等操作，从而进一步理解文件系统是如何组织和管理文件的。

8.6 源程序与运行结果

8.6.1 程序源代码

1. filesys.h 文件

```c
#ifndef FILESYS_H
#define FILESYS_H

#define DEVNAME "/dev/sdb1"   //与磁盘设备名一致,不同的操作系统该名称可能不同
#define DIR_ENTRY_SIZE 32
#define SECTOR_SIZE 512
#define CLUSTER_SIZE 512*64
#define FAT_ONE_OFFSET 512+512
#define FAT_TWO_OFFSET 512+239*512+512
#define ROOTDIR_OFFSET 512+239*512+239*512+512
#define DATA_OFFSET 512+239*512+239*512+512*32+512

/*属性位掩码*/
#define ATTR_READONLY 0x01
#define ATTR_HIDDEN 0x02
#define ATTR_SYSTEM 0x04
#define ATTR_VLABEL 0x08
#define ATTR_SUBDIR 0x10
#define ATTR_ARCHIVE 0x20

/*时间掩码 5: 6: 5 */
#define MASK_HOUR 0xf800
#define MASK_MIN 0x07e0
#define MASK_SEC 0x001f

/*日期掩码*/
#define MASK_YEAR 0xfe00
#define MASK_MONTH 0x01e0
#define MASK_DAY 0x001f

struct BootDescriptor_t{
    unsigned char Oem_name[9];    /* 0x03-0x0a */
    int BytesPerSector;           /* 0x0b-0x0c */
    int SectorsPerCluster;        /* 0x0d */
    int ReservedSectors;          /* 0x0e-0x0f */
    int FATs;                     /* 0x10 */
    int RootDirEntries;           /* 0x11-0x12 */
```

```c
        int LogicSectors;            /* 0x13-0x14 */
        int MediaType;               /* 0x15 */
        int SectorsPerFAT;           /* 0x16-0x17 */
        int SectorsPerTrack;         /* 0x18-0x19 */
        int Heads;                   /* 0x1a-0x1b */
        int HiddenSectors;           /* 0x1c-0x1d */
};

struct Entry{
    unsigned char short_name[12];    /* 字节 0~10,11 字节的短文件名 */
    unsigned char long_name[27];     /* 未使用,26 字节的长文件名 */
    unsigned short year,month,day;   /* 22~23 字节 */
    unsigned short hour,min,sec;     /* 24~25 字节 */
    unsigned short FirstCluster;     /* 26~27 字节 */
    unsigned int size;               /* 28~31 字节 */
    /* 属性值              11 字节
     * 7 6 5 4 3 2 1 0
     * N N A D V S H R       N未使用
     */

    unsigned char readonly:1;
    unsigned char hidden:1;
    unsigned char system:1;
    unsigned char vlabel:1;
    unsigned char subdir:1;
    unsigned char archive:1;
};

void do_usage();
int ud_ls();
int ud_cd(char *dir);
int ud_df(char *file_name);
int ud_cf(char *file_name,int size);

void findDate(unsigned short *year,
              unsigned short *month,
              unsigned short *day,
              unsigned char info[2]);

void findTime(unsigned short *hour,
              unsigned short *min,
              unsigned short *sec,
              unsigned char info[2]);
int ReadFat();
int WriteFat();
```

```c
void ScanBootSector();
void ScanRootEntry();
int ScanEntry(char *entryname,struct Entry *pentry,int mode);
int GetEntry(struct Entry *entry);
void FileNameFormat(unsigned char *name);
unsigned short GetFatCluster(unsigned short prev);
void ClearFatCluster(unsigned short cluster);

int ud;
struct BootDescriptor_t bdptor;
struct Entry *curdir = NULL;
int dirno = 0;          /* 代表目录的层数 */
struct Entry* fatherdir[10];
unsigned char fatbuf[512*239];

#endif
```

2. filesys.c 文件

```c
#include<stdio.h>
#include<unistd.h>
#include<stdlib.h>
#include<sys/types.h>
#include<sys/stat.h>
#include<fcntl.h>
#include<string.h>
#include<ctype.h>
#include "filesys.h"


#define RevByte(low,high)  ((high)<<8|(low))
#define RevWord(lowest,lower,higher,highest) ((highest)<< 24|(higher)<<16|(lower)<<8|lowest)

/*
*功能：打印启动项记录
*/
void ScanBootSector()
{
    unsigned char buf[SECTOR_SIZE];
    int ret,i;

    if((ret = read(ud,buf,SECTOR_SIZE))<0)
        perror("read boot sector failed");
    for(i = 0; i < 8; i++)
```

```c
            bdptor.Oem_name[i] = buf[i+0x03];
        bdptor.Oem_name[i] = '\0';

        bdptor.BytesPerSector = RevByte(buf[0x0b],buf[0x0c]);
        bdptor.SectorsPerCluster = buf[0x0d];
        bdptor.ReservedSectors = RevByte(buf[0x0e],buf[0x0f]);
        bdptor.FATs = buf[0x10];
        bdptor.RootDirEntries = RevByte(buf[0x11],buf[0x12]);
        bdptor.LogicSectors = RevByte(buf[0x13],buf[0x14]);
        bdptor.MediaType = buf[0x15];
        bdptor.SectorsPerFAT = RevByte( buf[0x16],buf[0x17] );
        bdptor.SectorsPerTrack = RevByte(buf[0x18],buf[0x19]);
        bdptor.Heads = RevByte(buf[0x1a],buf[0x1b]);
        bdptor.HiddenSectors = RevByte(buf[0x1c],buf[0x1d]);


        printf("Oem_name \t\t%s\n"
            "BytesPerSector \t\t%d\n"
            "SectorsPerCluster \t%d\n"
            "ReservedSector \t\t%d\n"
            "FATs \t\t\t%d\n"
            "RootDirEntries \t\t%d\n"
            "LogicSectors \t\t%d\n"
            "MedioType \t\t%d\n"
            "SectorPerFAT \t\t%d\n"
            "SectorPerTrack \t\t%d\n"
            "Heads \t\t\t%d\n"
            "HiddenSectors \t\t%d\n",
            bdptor.Oem_name,
            bdptor.BytesPerSector,
            bdptor.SectorsPerCluster,
            bdptor.ReservedSectors,
            bdptor.FATs,
            bdptor.RootDirEntries,
            bdptor.LogicSectors,
            bdptor.MediaType,
            bdptor.SectorsPerFAT,
            bdptor.SectorsPerTrack,
            bdptor.Heads,
            bdptor.HiddenSectors);
    }

    /* 日期 */
    void findDate(unsigned short *year,
            unsigned short *month,
```

```c
              unsigned short *day,
              unsigned char info[2])
{
    int date;
    date = RevByte(info[0],info[1]);

    *year = ((date & MASK_YEAR)>> 9 )+1980;
    *month = ((date & MASK_MONTH)>> 5);
    *day = (date & MASK_DAY);
}

/* 时间 */
void findTime(unsigned short *hour,
              unsigned short *min,
              unsigned short *sec,
              unsigned char info[2])
{
    int time;
    time = RevByte(info[0],info[1]);

    *hour = ((time & MASK_HOUR )>>11);
    *min = (time & MASK_MIN)>> 5;
    *sec = (time & MASK_SEC) * 2;
}

/*
* 文件名格式化，便于比较
*/
void FileNameFormat(unsigned char *name)
{
    unsigned char *p = name;
    while(*p!='\0')
        p++;
    p--;
    while(*p==' ')
        p--;
    p++;
    *p = '\0';
}

/* 参数：entry，类型：struct Entry*
* 返回值：成功，则返回偏移值；失败：返回负值
* 功能：从根目录或文件簇中得到文件表项
*/
int GetEntry(struct Entry *pentry)
```

```c
{
    int ret,i;
    int count = 0;
    unsigned char buf[DIR_ENTRY_SIZE], info[2];

    /* 读一个目录表项，即 32 字节 */
    if( (ret = read(ud,buf,DIR_ENTRY_SIZE))<0)
        perror("read entry failed");
    count += ret;

    if(buf[0]==0xe5 || buf[0]== 0x00)
        return -1*count;
    else
    {
        /* 长文件名，忽略掉 */
        while (buf[11]== 0x0f)
        {
            if((ret = read(ud,buf,DIR_ENTRY_SIZE))<0)
                perror("read root dir failed");
            count += ret;
        }

        /* 命名格式化，注意结尾的'\0' */
        for (i=0 ;i<=10;i++)
            pentry->short_name[i] = buf[i];
        pentry->short_name[i] = '\0';

        FileNameFormat(pentry->short_name);


        info[0]=buf[22];
        info[1]=buf[23];
        findTime(&(pentry->hour),&(pentry->min),&(pentry->sec),info);

        info[0]=buf[24];
        info[1]=buf[25];
        findDate(&(pentry->year),&(pentry->month),&(pentry->day),info);

        pentry->FirstCluster = RevByte(buf[26],buf[27]);
        pentry->size = RevWord(buf[28],buf[29],buf[30],buf[31]);

        pentry->readonly = (buf[11] & ATTR_READONLY) ?1:0;
        pentry->hidden = (buf[11] & ATTR_HIDDEN) ?1:0;
        pentry->system = (buf[11] & ATTR_SYSTEM) ?1:0;
```

```c
            pentry->vlabel = (buf[11] & ATTR_VLABEL) ?1:0;
            pentry->subdir = (buf[11] & ATTR_SUBDIR) ?1:0;
            pentry->archive = (buf[11] & ATTR_ARCHIVE) ?1:0;

            return count;
        }
}

/*
* 功能：显示当前目录的内容
* 返回值：1，成功；-1，失败
*/
int ud_ls()
{
    int ret, offset,cluster_addr;
    struct Entry entry;
    unsigned char buf[DIR_ENTRY_SIZE];
    if( (ret = read(ud,buf,DIR_ENTRY_SIZE))<0)
        perror("read entry failed");
    if(curdir==NULL)
        printf("Root_dir\n");
    else
        printf("%s_dir\n",curdir->short_name);
    printf("\tname\tdate\t\t time\t\tcluster\tsize\t\tattr\n");

    if(curdir==NULL)   /* 显示根目录区 */
    {
        /* 将 ud 定位到根目录区的起始地址 */
        if((ret= lseek(ud,ROOTDIR_OFFSET,SEEK_SET))<0)
            perror("lseek ROOTDIR_OFFSET failed");

        offset = ROOTDIR_OFFSET;

        /* 从根目录区开始遍历，直到数据区起始地址 */
        while(offset < (DATA_OFFSET))
        {
            ret = GetEntry(&entry);

            offset += abs(ret);
            if(ret > 0)
            {
                printf("%12s\t"
                    "%d:%d:%d\t"
                    "%d:%d:%d   \t"
                    "%d\t"
```

```c
                            "%d\t\t"
                            "%s\n",
                            entry.short_name,
                            entry.year,entry.month,entry.day,
                            entry.hour,entry.min,entry.sec,
                            entry.FirstCluster,
                            entry.size,
                            (entry.subdir) ? "dir":"file");
            }
        }
    }

    else /* 显示子目录 */
    {
        cluster_addr = DATA_OFFSET + (curdir->FirstCluster-2) * CLUSTER_SIZE ;
        if((ret = lseek(ud,cluster_addr,SEEK_SET))<0)
            perror("lseek cluster_addr failed");

        offset = cluster_addr;

        /* 只读一簇的内容 */
        while(offset<cluster_addr +CLUSTER_SIZE)
        {
            ret = GetEntry(&entry);
            offset += abs(ret);
            if(ret > 0)
            {
                printf("%12s\t"
                    "%d:%d:%d\t"
                    "%d:%d:%d   \t"
                    "%d\t"
                    "%d\t\t"
                    "%s\n",
                    entry.short_name,
                    entry.year,entry.month,entry.day,
                    entry.hour,entry.min,entry.sec,
                    entry.FirstCluster,
                    entry.size,
                    (entry.subdir) ? "dir":"file");
            }
        }
    }
    return 0;
```

}

```c
/*
* 参数：
* entryname 类型：char
* pentry 类型：struct Entry*
* mode 类型：int, mode=1, 为目录表项；mode=0, 为文件
* 返回值：偏移值大于 0, 则成功；-1, 则失败
* 功能：搜索当前目录, 查找文件或目录项
*/
int ScanEntry (char *entryname,struct Entry *pentry,int mode)
{
    int ret,offset,i;
    int cluster_addr;
    char uppername[80];
    for(i=0;i< strlen(entryname);i++)
        uppername[i]= toupper(entryname[i]);
    uppername[i]= '\0';
    if(curdir ==NULL)  /* 扫描根目录 */
    {
        if((ret = lseek(ud,ROOTDIR_OFFSET,SEEK_SET))<0)
            perror ("lseek ROOTDIR_OFFSET failed");

        offset = ROOTDIR_OFFSET;

        while(offset<DATA_OFFSET)
        {
            ret = GetEntry(pentry);
            offset +=abs(ret);
            if(pentry->subdir == mode &&!strcmp((char*)pentry->short_
            name, uppername))
                return offset;
        }
        return -1;
    }
    else  /* 扫描子目录 */
    {
        cluster_addr = DATA_OFFSET + (curdir->FirstCluster -2)*CLUSTER_
        SIZE;
        if((ret = lseek(ud,cluster_addr,SEEK_SET))<0)
            perror("lseek cluster_addr failed");
        offset= cluster_addr;

        while(offset<cluster_addr + CLUSTER_SIZE)
        {
```

```c
            ret= GetEntry(pentry);
            offset += abs(ret);
            if(pentry->subdir == mode &&!strcmp((char*)pentry->short_
            name,uppername))
                return offset;
        }
        return -1;
    }
}


/*
* 参数: dir, 类型: char
* 返回值: 1, 成功; -1, 失败
* 功能: 改变目录到父目录或子目录
*/
int ud_cd(char *dir)
{
    struct Entry *pentry;
    int ret;

    if(!strcmp(dir,"."))
    {
        return 1;
    }
    if(!strcmp(dir,"..") && curdir==NULL)
        return 1;
    /* 返回上一级目录 */
    if(!strcmp(dir,"..") && curdir!=NULL)
    {
        curdir = fatherdir[dirno];
        dirno--;
        return 1;
    }
    pentry = (struct Entry*)malloc(sizeof(struct Entry));

    ret = ScanEntry(dir,pentry,1);
    if(ret < 0)
    {
        printf("no such dir\n");
        free(pentry);
        return -1;
    }
    dirno ++;
    fatherdir[dirno] = curdir;
```

```
    curdir = pentry;
    return 1;
}

/*
 * 参数: prev, 类型: unsigned char
 * 返回值: 下一簇
 * 在 fat 表中获得下一簇的位置
 */
unsigned short GetFatCluster(unsigned short prev)
{
    unsigned short next;
    int index;

    index = prev * 2;
    next = RevByte(fatbuf[index],fatbuf[index+1]);

    return next;
}

/*
 * 参数: cluster, 类型: unsigned short
 * 返回值: void
 * 功能: 清除 fat 表中的簇信息
 */
void ClearFatCluster(unsigned short cluster)
{
    int index;
    index = cluster * 2;

    fatbuf[index]=0x00;
    fatbuf[index+1]=0x00;

}


/*
 * 将改变的 fat 表值写回 fat 表
 */
int WriteFat()
{
    if(lseek(ud,FAT_ONE_OFFSET,SEEK_SET)<0)
    {
        perror("lseek failed");
        return -1;
```

```c
    }
    if(write(ud,fatbuf,512*239)<0)
    {
        perror("read failed");
        return -1;
    }
    if(lseek(ud,FAT_TWO_OFFSET,SEEK_SET)<0)
    {
        perror("lseek failed");
        return -1;
    }
    if((write(ud,fatbuf,512*239))<0)
    {
        perror("read failed");
        return -1;
    }
    return 1;
}

/*
* 读 fat 表的信息，存入 fatbuf[]中
*/
int ReadFat()
{
    if(lseek(ud,FAT_ONE_OFFSET,SEEK_SET)<0)
    {
        perror("lseek failed");
        return -1;
    }
    if(read(ud,fatbuf,512*239)<0)
    {
        perror("read failed");
        return -1;
    }
    return 1;
}


/*
* 参数：filename，类型：char
* 返回值：1，成功；-1，失败
* 功能：删除当前目录下的文件
*/
int ud_df(char *filename)
{
```

```c
    struct Entry *pentry;
    int ret;
    unsigned char c;
    unsigned short seed,next;

    pentry = (struct Entry*)malloc(sizeof(struct Entry));

    /* 扫描当前目录,查找文件 */
    ret = ScanEntry(filename,pentry,0);
    if(ret<0)
    {
        printf("no such file\n");
        free(pentry);
        return -1;
    }

    /* 清除fat表项 */
    seed = pentry->FirstCluster;
    while((next = GetFatCluster(seed))!=0xffff)
    {
        ClearFatCluster(seed);
        seed = next;

    }

    ClearFatCluster( seed );
    /* 清除目录表项 */
    c=0xe5;

    if(lseek(ud,ret-0x20,SEEK_SET)<0)
        perror("lseek ud_df failed");
    if(write(ud,&c,1)<0)
        perror("write failed");

    if(lseek(ud,ret-0x40,SEEK_SET)<0)
        perror("lseek ud_df failed");
    if(write(ud,&c,1)<0)
        perror("write failed");

    free(pentry);
    if(WriteFat()<0)
        exit(1);
    return 1;
}
```

```
/*
* 参数：
* filename，类型：char，创建文件的名称
* size,     类型：int，文件的大小
* 返回值：1，成功；-1，失败
* 功能：在当前目录下创建文件
*/
int ud_cf(char *filename,int size)
{
    struct Entry *pentry;
    int ret,i=0,cluster_addr,offset;
    unsigned short cluster,clusterno[100];
    unsigned char c[DIR_ENTRY_SIZE];
    int index,clustersize;
    unsigned char buf[DIR_ENTRY_SIZE];

    pentry = (struct Entry*)malloc(sizeof(struct Entry));

    clustersize = (size / (CLUSTER_SIZE));
    if(size % (CLUSTER_SIZE) != 0)
        clustersize ++;

    // 扫描根目录，是否已存在该文件名
    ret = ScanEntry(filename,pentry,0);
    if (ret<0)
    {
        / *查询fat表，找到空白簇，保存在clusterno[]中*/
        for(cluster=2;cluster<1000;cluster++)
        {
            index = cluster *2;
            if(fatbuf[index]==0x00&&fatbuf[index+1]==0x00)
            {
                clusterno[i] = cluster;
                i++;
                if(i==clustersize)
                    break;
            }
        }
        /* 在fat表中写入下一簇信息 */
        for(i=0;i<clustersize-1;i++)
        {
            index = clusterno[i]*2;
            fatbuf[index] = (clusterno[i+1] & 0x00ff);
            fatbuf[index+1] = ((clusterno[i+1] & 0xff00)>>8);
```

```c
}
/* 最后一簇写入 0xffff */
index = clusterno[i]*2;
fatbuf[index] = 0xff;
fatbuf[index+1] = 0xff;

if(curdir==NULL)   /* 向根目录下写文件 */
{
    if((ret= lseek(ud,ROOTDIR_OFFSET,SEEK_SET))<0)
        perror("lseek ROOTDIR_OFFSET failed");
    offset = ROOTDIR_OFFSET;
    while(offset < DATA_OFFSET)
    {
        if((ret = read(ud,buf,DIR_ENTRY_SIZE))<0)
            perror("read entry failed");

        offset += abs(ret);

        if(buf[0]!=0xe5&&buf[0]!=0x00)
        {
            while(buf[11] == 0x0f)
            {
                if((ret = read(ud,buf,DIR_ENTRY_SIZE))<0)
                    perror("read root dir failed");
                offset +=abs(ret);
            }
        }
        else   /* 找出空目录项或已删除的目录项 */
        {
            offset = offset-abs(ret);
            for(i=0;i<=strlen(filename);i++)
            {
                c[i]=toupper(filename[i]);
            }
            for(;i<=10;i++)
                c[i]=' ';

            c[11] = 0x01;

            /* 写第一簇的值 */
            c[26] = (clusterno[0] & 0x00ff);
            c[27] = ((clusterno[0] & 0xff00)>>8);

            /* 写文件的大小 */
            c[28] = (size & 0x000000ff);
```

```
                c[29] = ((size & 0x0000ff00)>>8);
                c[30] = ((size& 0x00ff0000)>>16);
                c[31] = ((size& 0xff000000)>>24);

                if(lseek(ud,offset,SEEK_SET)<0)
                    perror("lseek ud_cf failed");
                if(write(ud,&c,DIR_ENTRY_SIZE)<0)
                    perror("write failed");
                free(pentry);
                if(WriteFat()<0)
                    exit(1);

                return 1;
            }
        }
    }
    else
    {
        cluster_addr = (curdir->FirstCluster -2 )*CLUSTER_SIZE + DATA_OFFSET;
        if((ret= lseek(ud,cluster_addr,SEEK_SET))<0)
            perror("lseek cluster_addr failed");
        offset = cluster_addr;
        while(offset < cluster_addr + CLUSTER_SIZE)
        {
            if((ret = read(ud,buf,DIR_ENTRY_SIZE))<0)
                perror("read entry failed");

            offset += abs(ret);

            if(buf[0]!=0xe5&&buf[0]!=0x00)
            {
                while(buf[11] == 0x0f)
                {
                    if((ret = read(ud,buf,DIR_ENTRY_SIZE))<0)
                        perror("read root dir failed");
                    offset +=abs(ret);
                }
            }
            else
            {
                offset = offset - abs(ret);
                for(i=0;i<=strlen(filename);i++)
                {
                    c[i]=toupper(filename[i]);
```

```c
                    }
                    for(;i<=10;i++)
                        c[i]=' ';

                    c[11] = 0x01;

                    c[26] = (clusterno[0] & 0x00ff);
                    c[27] = ((clusterno[0] & 0xff00)>>8);

                    c[28] = (size & 0x000000ff);
                    c[29] = ((size & 0x0000ff00)>>8);
                    c[30] = ((size& 0x00ff0000)>>16);
                    c[31] = ((size& 0xff000000)>>24);

                    if(lseek(ud,offset,SEEK_SET)<0)
                        perror("lseek ud_cf failed");
                    if(write(ud,&c,DIR_ENTRY_SIZE)<0)
                        perror("write failed");

                    free(pentry);
                    if(WriteFat()<0)
                        exit(1);

                    return 1;
                }
            }
        }
    }
    else
    {
        printf("This filename is exist\n");
        free(pentry);
        return -1;
    }
    return 1;
}

/*
* 打印使用说明
*/
void do_usage()
{
    printf("please input a command, including followings:\n\tls\t\t\tlist
    all files\n\t"
        "cd <dir>\t\tchange direcotry\n\tcf <filename> <size>\tcreate a
```

```c
            file\n\tdf <file>\t\t"
            "delete a file\n\texit\t\t\texit this system\n");
}

int main()
{
    char input[10];
    int size = 0;
    char name[12];
    if((ud = open(DEVNAME,O_RDWR))<0)
        perror("open failed");
    ScanBootSector();
    if(ReadFat()<0)
        exit(1);
    while(1)
    {
        printf(">");
        scanf("%s",input);

        if (strcmp(input, "exit") == 0)
            break;
        else if (strcmp(input, "ls") == 0)
            fd_ls();
        else if(strcmp(input, "cd") == 0)
        {
            scanf("%s", name);
            fd_cd(name);
        }
        else if(strcmp(input, "df") == 0)
        {
            scanf("%s", name);
            fd_df(name);
        }
        else if(strcmp(input, "cf") == 0)
        {
            scanf("%s", name);
            scanf("%s", input);
            size = atoi(input);
            fd_cf(name,size);
        }
        else
            do_usage();
    }
    return 0;
}
```

8.6.2　程序运行结果

使用“gcc –Wall –O2 –o fatsys filesys.c”命令编译代码，得到 fatsys 可执行文件。装载 U 盘（需要格式化为 FAT16 格式），在 root 权限下运行 fatsys 程序，命令如下：

```
sudo ./fatsys
```

程序运行结果样例如图 8-5 所示。

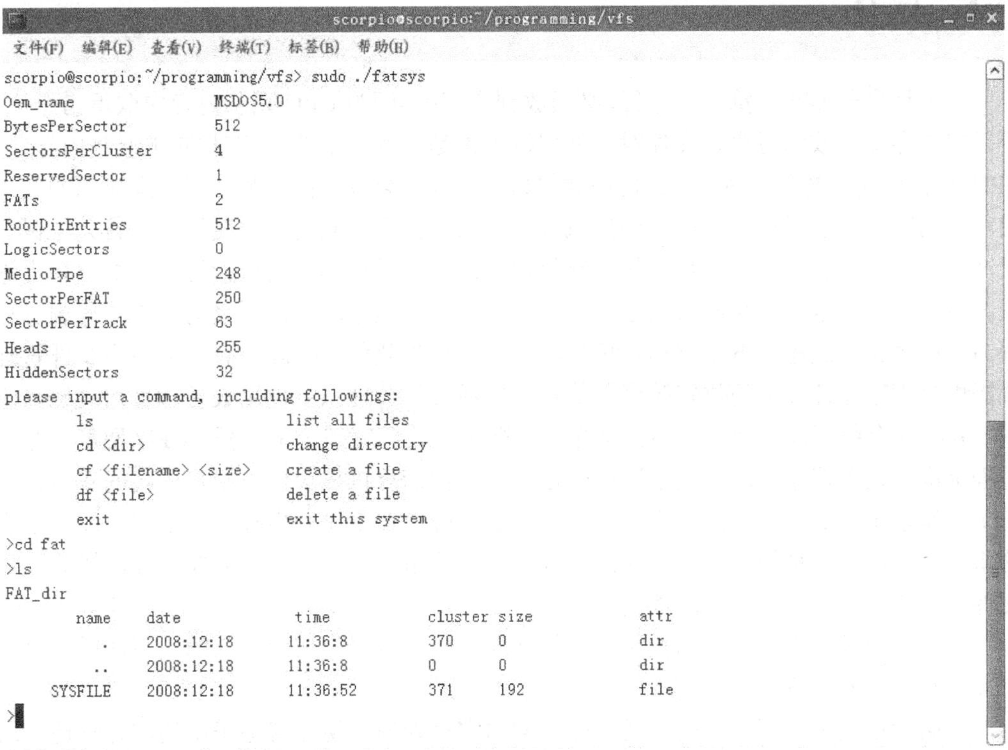
scorpio@scorpio:~/programming/vfs
文件(F) 编辑(E) 查看(V) 终端(T) 标签(B) 帮助(H)
scorpio@scorpio:~/programming/vfs> sudo ./fatsys
Oem_name MSDOS5.0
BytesPerSector 512
SectorsPerCluster 4
ReservedSector 1
FATs 2
RootDirEntries 512
LogicSectors 0
MedioType 248
SectorPerFAT 250
SectorPerTrack 63
Heads 255
HiddenSectors 32
please input a command, including followings:
ls list all files
cd <dir> change direcotry
cf <filename> <size> create a file
df <file> delete a file
exit exit this system
>cd fat
>ls
FAT_dir
name date time cluster size attr
. 2008:12:18 11:36:8 370 0 dir
.. 2008:12:18 11:36:8 0 0 dir
SYSFILE 2008:12:18 11:36:52 371 192 file
>

图 8-5　程序运行结果样例

附录 A 存储管理应用实例

A.1 概述

一个程序若要在计算机中运行，必须放到内存中，因为 CPU 只从内存中取得指令执行。所以在外存上存放的可执行文件对于处理机来说是执行不了的，只有把它加载到内存之后，CPU 才能够执行这个程序。当我们用计算机时，可能会双击鼠标激活屏幕上显示的某个应用程序的图标，然后这个应用程序便执行了起来。其实当双击这个图标时，首先是鼠标按钮产生中断，然后转入操作系统的中断处理，之后又通过相应的分析程序获取屏幕上这个图标所在位置的坐标，从而得知是哪个程序。在调入该程序到内存之前，首先要由进程管理为此程序建立进程，再由进程管理调用存储管理为此程序分配内存，然后由文件管理系统提供该程序在外存上的位置等属性信息，之后文件管理系统调用设备管理启动磁盘驱动器，并将这个程序读入到内存中。这样一旦操作系统调度到这个进程，CPU 便可执行由该进程定位的这个程序了。从这个过程的描述中，我们可以体会到，用户单纯的双击，便引起了操作系统这么一系列的工作。其中，对于安排一个程序到内存并不是用户能自主去做的事，而是由操作系统代劳了，这是由进程管理调用存储管理模块分配内存，接着又调用文件系统完成内、外存之间的数据传输。

存储管理是对内存硬件的抽象，它与处理机硬件有着密切而复杂的关系，所以有关这方面的研究是非常复杂的。

存储管理技术可划分为两大类，即早期的实存管理和现在普遍采用的虚存管理。所采用的存储管理技术分类如表 A-1 所示。

表 A-1 存储管理技术适用范围

存储管理技术	存储管理范围	
	实存	虚存
固定式分区	适用	不适用
可变式分区	适用	不适用
多重分区	适用	不适用
分页管理	可以采用，但属于大材小用	适用
分段管理	同上	适用
段页式存储管理	同上	适用

对于不同的管理技术，有不同的内存分配方案，比如在可变式分区管理技术中，经常采用的内存分配方案可有以下几种选择。

- 最先适应算法：将内存中的空闲区域按照地址从低到高链成一个队列，然后从队列头开始查找合适的空块，直到遇到合适的一块为止。
- 最佳适应算法：将内存中的空闲区域按照尺寸从小到大链成一个队列，然后从队列头开始查找合适的空块，当遇到的第一个合适的块，则一定是所有空块中最合适的。
- 最坏适应算法：将内存中的空闲区域按照尺寸从大到小链成一个队列，然后从队列头开始分配，如果选中的空块比需要的大，则进行分割。分割剩下的部分也比选用其他块分割后剩下的部分大，所以再次被利用的机会也大。如果第一块不够大，则所有的都不合适。
- 下次适应算法：将所有空块链成一个循环队列，指定一个队列头指针和一个移动指针，这个移动指针总是指向上一次分配的位置的前一个空块所在位置。在 A.3 节中介绍的内存空块申请与释放的例子就是采用下次适应算法的。

A.2 存储管理对内存硬件的抽象

在学习存储管理时，会遇到逻辑地址空间和物理地址空间的概念，如图 A-1 所示。图中的名空间是指源程序中所有变量名、函数名、标号名等所有符号名的集合，虚拟地址空间也即逻辑地址空间是指源程序经过编译以后而得到的目标程序的相对地址集合，而物理地址空间则是实际内存中物理地址的集合。

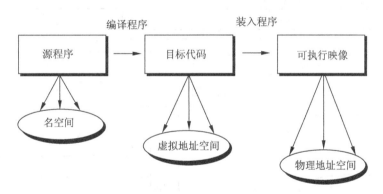

图 A-1　程序的地址访问空间的变化

我们知道对内存的访问是根据内存的物理地址进行的，存储管理的任务是让用户不能直接使用这些物理地址，而是使用逻辑地址，以此建立对内存硬件使用的隔离层，也即所谓的"抽象"。如何能够通过逻辑地址映射到物理地址，这是存储管理技术要完成的。无论采用的是哪一种存储管理技术，这种映射的思想是：逻辑地址是连续的，可以通过线性表的连续性来代表这个逻辑地址序列，而线性表的内容则作为链表指针，指出逻辑地址具体对应的物理地址。当采用分区式管理时，这个线性表就是"分区表"中的一项，因为分区方法是连续分配，所以只需给出分区的首地址和块长；当采用分页存储管理时，这个线性表就是页表，这个页表给出了逻辑地址空间与物理地址空间的映射关系。页表的每一项，记录了每一页的物理块的起始地址，由于页表项的连续性代表了逻辑地址空间逻辑页面之间的连续性，页表项的数目，代表了逻辑地址空间的大小（共有多少页），页表项内填入的物理地址指针便是逻辑地址对物理地址的映射，如图 A-2 所示。当 CPU 执行程序时，每取出一条指令，指令中的地址部分给出的都是逻辑地址，都要经过地址变换，如图 A-3 所示。

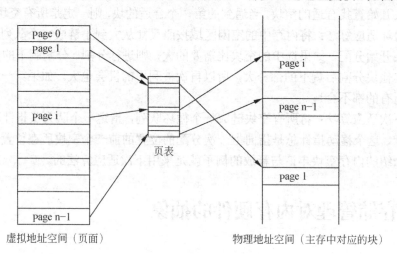

图 A-2　页面映射

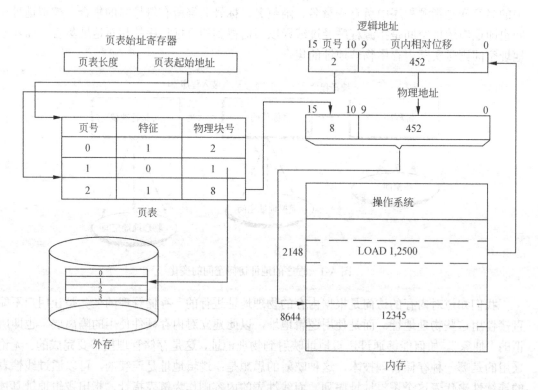

图 A-3　分页存储管理下的地址变换过程

图 A-3 中提供了如下几个关键内容。
- 页表起始地址寄存器：存放页表的起始地址和页表长度。
- 页表：存放每页的起始物理地址。

- 用 16 位表示的地址：0~9 位表示页内相对位移（共 10 位），10~15 位表示页号（共 6 位），所以每页大小为 1KB，最大的虚拟地址空间为 64KB。

当某个程序运行时，首先要把这个程序的页表位置起始地址送入页表始址寄存器，这样可以通过这个寄存器定位页表，然后将指令中的地址部分取出，图 A-3 中地址 2148 处的指令是"LOAD 1，2500"，其意思是：将内存 2500 地址的内容送入 1 号寄存器中。当 CPU 取到这条指令时，2500 便是要处理的逻辑地址。2500=2×1024+452=(2 号页中的 452 位置)，所以 2 作为页号用于作为查找页表的索引，从页表中得知表项为 2 的页对应的物理地址为第 8 号物理块，即 8KB=8192 为物理块的起始地址，所以将页内位移 452 与之合并，得物理地址为 1024×8+452=8644，这就是最终映射的物理地址。从图 A-3 可知，用地址 8644 访问内存得到数据 12345，然后把它存入寄存器 1 中，到此完成了指令"LOAD 1，2500"。

在 Linux 实际运行过程中，以进程控制块 task_struct 为首的数据结构如图 A-4 所示，task_struct 中的 mm 指出的是存储管理模块的数据结构。这组数据结构抽象了存储器的物理信息，这是虚拟存储管理部分的数据结构，其中页表由数据结构 pgd 和 pte 给出，这是 2 级页表，物理块由 page frame 示意性地表示。pgd、pte 以及 page frame 之间的关系如图 A-5 所示，这部分的数据结构直接为虚拟地址空间的逻辑地址到物理地址空间的物理块之间的映射提供基础。在数据结构中还有另一部分 vm_arca_struct 结构，vm_arca_struct 主要是从代码段、数据段的等另一个角度提供一种检索链表，如图 A-6 所示，这部分在页面映射中没有直接起作用，只是为一些辅助功能提供便利。

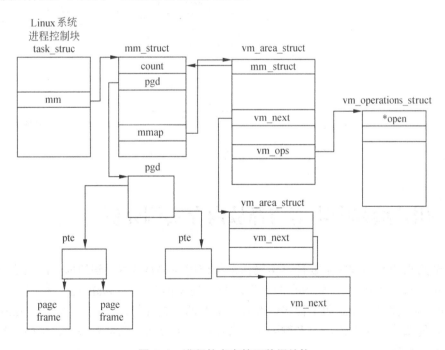

图 A-4　进程的虚存管理数据结构

在 Linux 系统中采用的是页面存储管理方案，提供给用户使用的系统调用 sbrk()是申请内存空区的 C 函数，所以根据分页管理的原理可知，每次 Linux 至少提供内存块大小为一页，以页的整数倍分配内存空闲区。

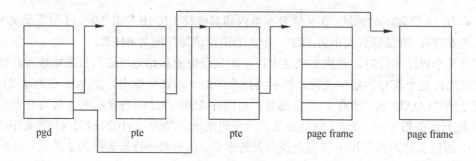

图 A-5 pgd、pte、page frame 三者之间的关系

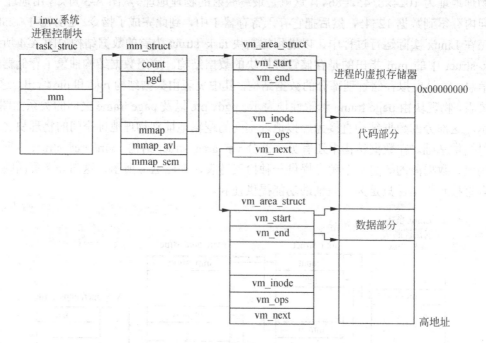

图 A-6 虚存数据结构成员 vm_arca_struct

A.3 用户编程中申请与释放内存实例分析

本节给出的实例程序主要针对由操作系统调用 sbrk() 申请得到的内存区域进行管理，实现了用户程序中申请/释放内存的过程。整个程序由头文件 malloc.h、分配与释放模块 malloc.c、应用程序 test.c 和工程文件 Makefile 共四个文件组成，该程序已在 Linux 下调试通过，为使阅读程序方便，大多数语句都有注释，主要函数也都有说明，学生可结合程序注释理解该程序。

A.3.1 Malloc.h 文件

```
#include <stdlib.h>
```

```c
typedef long Align;              /* 与长整数边界对齐*/
union header {                   /* 块首  */
        struct {
            union header *next;  /* 下一个空块  */
            unsigned int size;   /* 块大小 */
        } s;
        Align x;                 /* 强制与块对齐 */
};/*union 的逻辑图如图 A-7 所示*/

typedef union header Header;
```

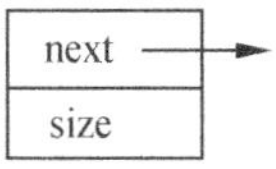

图 A-7 header 的逻辑图

```c
#define NALLOC  1024              /* 请求的最小单位数，如果每页大小为 1KB */
static Header* morecore(unsigned int nu);    /* 从内存管理中申请一块内存 */
void* Malloc(unsigned int nbytes);           /* 从用户管理区申请 */
void Free(void *ap);
```

该段程序主要定义了一个描述自由存储块的结构，如图 A-7 所示，每一个自由块都包含块的大小、指向下一块的指针以及块区本身，所有的自由块按地址从小到大的顺序的排列，并用链表链接起来。这一链表是本程序维护的一个空闲区域，是从操作系统申请后得到的用户空闲区，对操作系统来说这些区域是已分配给用户的区域。这是因为本程序是用户程序，不是系统程序。

A.3.2 Malloc.c 文件

```c
#include <unistd.h>
#include "my_malloc.h"

static Header base;                         /* 定义空闲链链头，存储块划分的最小单位 */
static Header *free_list = NULL;            /* 定义空闲链查询起始指针 free_list */


/* Malloc: 通用存储区分配函数 */
void* Malloc(unsigned int nbytes)
{
    Header *p, *prev;
    unsigned int nunits;
    /* 转换申请的字节数 nbytes 为 nunits 个 header 单位 */
/* 多计算出一个 header 作为该空闲块的管理块首部 */
nunits = (nbytes + sizeof(Header) - 1) / sizeof(Header) + 1;
    if ( (prev = free_list) == NULL) {/* 空闲链上无任何空闲区块，定义空闲链 */
        base.s.next = free_list = prev = &base;
        base.s.size = 0;
    }/* 建立初始空闲链，如图 A-8 所示 */
    for (p = prev->s.next; ; prev = p, p = p->s.next) {
```

```c
            if (p->s.size >= nunits) {      /* 够大 */
                if (p->s.size == nunits)    /* 正好 */
                    prev->s.next = p->s.next;
                else {      /* 偏大,切出一部分 */
                        /* 计算剩余空块大小,首址不变 */
                    p->s.size -= nunits;
                    p += p->s.size;
                        /* 指出被分配块起始地址 */
                    p->s.size = nunits;     /* 填好被分块的大小 */
                }
                free_list = prev;           /* 记录前一个空块位置 */
                return (void *)(p + 1);  /* 跳过管理块首部,指向可用位置地址 */
            }
            if (p == free_list)             /* 空块不够大,再循环去找 */
            if ( (p = morecore(nunits)) == NULL)
                return NULL;                /* 内存无空闲区,返回空地址 */
        }                       /* end for 无限循环 */
}
```

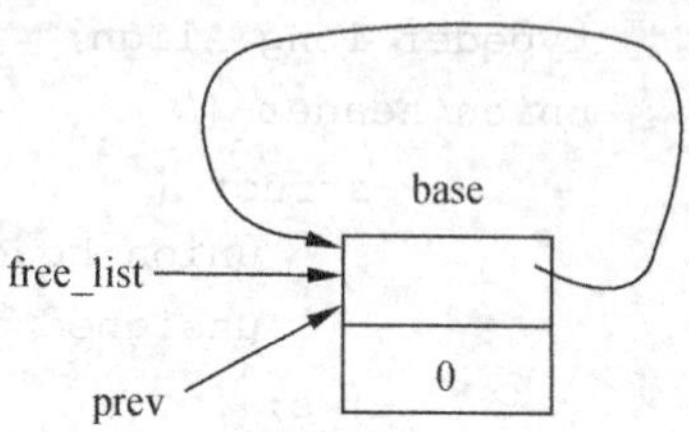

图 A-8 建立空闲链

当请求分配内存时,扫描自由存储块链表,直到找到一个足够大的可供分配的内存块。若找到的块大小正好等于所请求的大小时,就把这一块从自由链表中取下来,返回给申请者。若找到的块太大,即对其分割,并从该块的高地址部分往低地址部分分割,取出大小适合的块返回给申请者,余下的低地址部分留在链表中。若找不到足够大的块,就通过调用 morecore()函数从操作系统中请求另外一块足够大的内存区域,并把它链接到自由块链表中,然后再继续搜索。

```c
/* morecore: 向操作系统申请更多内存 */
static Header* morecore(unsigned int nu)
{
    char *cp;
    Header *up;

    if (nu < NALLOC)
        nu = NALLOC;    /* 向系统申请的最小量(至少是 1 页大小)*/
    cp = sbrk(nu * sizeof(Header));  /* 申请到的首地址送入指针 cp 中 */
    printf("sbrk: %X -- %X\n", cp, cp + nu * sizeof(Header));
                            /* 调试用的,看看分配区的地址 */
    if (cp == (char *) -1)          /* 没有空闲页面了,向系统申请出错*/
        return NULL;    /* 返回空地址 */
    up = (Header *)cp;  /* 将指针 cp 强化成 header 结构,送入指针 up */
    up->s.size = nu;    /* 将 header 结构中的 size 内容填成申请的 Header 个数 */
    Free(up + 1);       /* 将系统提供的空区链入用户空闲链中,指向第二个 Header 地址 */
    return free_list;   /* 返回空闲链起始位置检索指针 free_list */
}
```

该函数从操作系统得到存储空间。在 Linux 中，通过系统调用 sbrk(n)向操作系统申请 n 个字节的存储空间，返回值为申请到的存储空间的起始地址。由于要求系统分配存储空间是一个代价较大的操作，故通常一次向系统申请一个较大的内存空间，放在用户区，需要时先从用户区的空区管理索取，如果比申请的块大，则将其分割后再分给申请者。如果不够大，则向系统申请一大块空间，放在用户空闲区管理量上，再具体进行小量的分配与释放管理，一般情况下的空闲链如图 A-9 所示。

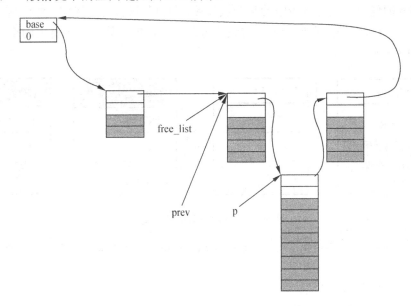

图 A-9　通常情况

```
/* Free: 回收自由空区 */
void Free(void *ap)
{
    Header *bp, *p;
    bp = (Header *)ap - 1;      /* 指向空区的 header */
        /* 下条 for 语句是定位空块在空闲链上的插入位置 */
for (p = free_list; !(bp>p && bp<p->s.next); p = p->s.next)
        if (p>=p->s.next && (bp>p || bp<p->s.next))
            break;          /* 回收的空区在空链两侧：最高/最低地址之处 */
    if (bp + bp->s.size == p->s.next) { /* 与链上锁定位置的低地址相连 */
        bp->s.size += p->s.next->s.size; /* 累加相邻空块大小 */
        bp->s.next = p->s.next->s.next;  /* 让新组合的空块指向链上下一个空块 */
    }
    else
        bp->s.next = p->s.next; /* 后向插入操作，使回收空块指向空闲链插入位置下
                                 个空块 */
    if (p + p->s.size == bp) {      /* 与链上锁定位置的高地址相连 */
        p->s.size += bp->s.size;    /* 将回收块大小并入到相邻空块大小中 */
        p->s.next = bp->s.next;     /* 让新组合的空块指向空闲链表中下一个空块 */
```

```
    }
    else
        p->s.next = bp;    /* 前向插入操作，使回收的空块链入空闲链适当的位置 */
    free_list = p;
}
```

释放存储块也要搜索自由链表，目的是找到适当的位置将要释放的块插进去，如果被释放的块 bp 的任何一边与链表中的某一块邻接，即对其进行合并操作，直到没有可合并的邻接块为止，这样可防止存储空间变得过于零碎，释放的空块与空闲链上的空块的位置关系如图 A-10 所示。

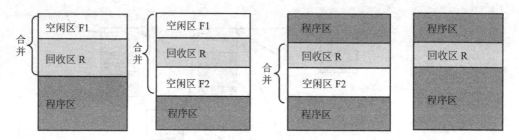

图 A-10　回收分区的几种情况

```
void print_list(void)    /* 这是个辅助功能的函数，用于显示分配工作的结果 */
{
    Header *p;
    int i = 0;
    printf("base: %X, base.next: %X, base.next.next: %X, free: %X\n", &base,
        base.s.next, base.s.next->s.next, free_list);
    for (p = &base; p->s.next != free_list; p = p->s.next) {
        i++;
        printf("block %d, size=%d", i, p->s.size);
        if (p > free_list)
            printf(" It is not searched after this point.\n");
        else
            printf(" It is a searched free block!\n");
    }
}
```

A.3.3　Test.c 文件

这个文件是使用 Malloc()函数以及 Free()函数的应用程序。

```
#include "my_malloc.h"
void main(void)    /* 这个程序是使用 Malloc()函数以及 Free()函数的应用程序 */
{
    /*print_list();*/
```

```
    char *p[200];
    int i;

    for (i = 0; i < 20; i++) { /* 申请 20 次内存分配 P[0]-P[19]，每次要求分配 8
                                  个字节 */
        p[i] = (char )Malloc(8);    /* 分配 */
        printf("malloc %d, %X\n", i, p[i]);
        print_list();        /* 将每次分配后空闲链的状况显示输出 */
    }

    for (i = 19; i >= 0; i--) { /* 归还 20 个用过的区域 P[0]-P[19] */
        Free(p[i]);          /* 回收空闲区 */
        printf("free %d\n", i);
        print_list();        /* 将每次回收后空闲链的状况显示输出 */
    }
}
```

A.3.4 Makefile 文件

```
all:    test
test:   test.o my_malloc.o
    cc test.o my_malloc.o -o test
test.o: test.c my_malloc.h
my_malloc.o:   my_malloc.c my_malloc.h
```

Makefile 是用来编译由多个文件组成的源程序的工具，它说明多个源程序文件之间的依赖关系，每次编译时检查上次编译后对哪些文件作了修改，通过只重新编译那些经修改的文件，以减少须重新编译的文件的个数，达到控制编译源程序文件成为可执行文件过程的目的。

运行时，在存放上述文件的目录下，输入命令次序如下：

```
make
./test
```

运行后便可看到结果。

A.4 小结

本附录的目的主要是在理解存储管理如何屏蔽存储硬件细节的概念上提供一些指导。内存管理的硬件细节涉及了地址变换机构的相关寄存器的使用，涉及了内存物理地址的使用，但没有给出具体的硬件结构，只是从逻辑图的方式提示所涉及的硬件部分，对于相关的存储管理硬件寄存器的使用，比如页表地址寄存器、段表寄存器，这些内容可参考有关

i386 体系结构的计算机汇编语言程序设计书籍以及微机接口技术方面的书籍。另外在浙江大学出版社出版的《Linux 内核源代码情景分析》一书中也有比较详细的介绍。本附录的另一个重点便是在存储管理概念的应用方面提供了一个用户程序的例子，运行于 Linux 系统。对于这个例子的理解，需要学生清楚 Linux 操作系统的内存管理采用的是分页存储管理，所以每次从系统申请的内存至少是 1 页大小，但用户实际使用的情况可能是几个字节或者几十个字节或者是几百个字节等，不太可能正好是内存管理的页面的倍数，所以对于从系统中申请到的大块内存，要进行有效地使用就必须对此进行管理，本例中 Malloc 和 Free 就是完成这个管理功能，采用的手段就是在可变式分区管理中可以采用的内存分配算法：下次适用算法。

存储管理是个复杂的课题，需要进行比较深入地研究，虽然这里仅仅是从两个侧面提供了一些解释和应用例子，但是对操作系统是硬件的抽象这一点的理解还是有帮助的。存储管理的用户可以是使用计算机的用户，如本附录给出的应用实例，存储管理的用户也可以是进程管理和文件管理模块，因为这些模块也会用到存储管理提供的功能，只是存储管理为计算机用户提供的界面与为操作系统其他模块提供的界面形式不相同。系统调用仅是为用户使用操作系统功能时提供的界面，而内核的内部调用则是内核模块之间的接口形式。

A.5 习题

1. 请模仿 Test.c 编写一个应用 Malloc 的应用程序，在 Linux 上运行，并显示运行结果。

2. 试将 Malloc 程序作为新的系统调用添加到 Linux 内核中，添加系统调用的方法可参阅 B.1.1 中"添加新的系统调用"。然后编写一个调用这个系统调用的应用程序，具体如何应用请学生自己设计，最后显示输出结果。

附录 B　操作系统接口

B.1　操作系统接口

操作系统(OS)是用户与计算机之间的接口，用户在操作系统支持下，可以快速、有效地使用计算机，解决自己的应用问题。操作系统软件本身为用户提供了使用界面，称为"用户与操作系统的接口"，如图 B-1 所示。该接口支持用户与操作系统之间的交互，即由用户请求 OS 提供特定的服务；而系统则把服务的结果返回给用户。该接口通常是以命令和系统调用的形式呈现在用户面前。命令模式允许用户在终端上使用键盘命令、鼠标单/双击图符、语音输入等直接交互方式；系统调用模式则是为用户提供在编程时使用的操作系统功能模块；通常分别将它们称为命令接口和程序接口。

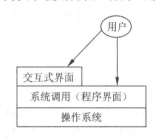

图 B-1　操作系统接口

窗口系统（Window System）以及与之联系在一起的图形用户界面（GUI）已经给计算机用户界面带来了变革性的影响。近几年推出的新型操作系统，都配有图形用户接口。

B.1.1　系统调用

系统调用是操作系统与应用程序之间的接口，或者说是操作系统提供给用户使用的程序界面。其主要目的是使得用户可以使用操作系统提供的有关功能，如：文件的输入/输出、设备控制、进程控制、存储分配等方面的功能，而不必了解系统程序的内部结构和有关硬件细节，从而起到减轻用户负担和保护系统以及提高资源利用率的作用。

系统调用的实现一般与机器特性有关，且总是用汇编语言实现，所以在用高级语言编写程序时，若使用系统调用则必须额外提供一个调用汇编程序的接口程序，在 Linux 中称为系统调用，在 Windows 中称为应用程序接口 API（Application Programming Interface）。

在 Linux 中，大部分的系统调用包含在 Linux 的 libc 库中，通过标准的 C 函数调用方法可以调用这些系统调用。以 read 系统调用为例，它有三个参数：第一个指定所操作的文件，第二个指定使用的缓冲区，第三个指定要读的字节数。在 C 程序中调用该系统调用有一定的格式。

格式

```
count=read(file, buffer, nbytes);
```

该系统调用将真正读入的字节数返回给 count 变量。正常情况下这个值与 nbytes 相等，但是，当读到文件结尾符时则可能比 nbytes 小。若由于参数非法或磁盘操作错导致该系统调用无法执行，则 read 返回–1，同时错误码被放在一个全局变量 errno 中。程序应检查系统调用的返回值，以确定其是否正确地执行。

1．Linux 系统调用机制

在 Linux 系统中，系统调用是作为一种异常类型实现的，在 i386 体系结构中称之为陷阱。它通过执行相应的机器代码指令来产生异常信号（程序中断），从而使系统自动将用户态（用户程序运行状态）切换为核心态（操作系统运行状态），并对此中断进行处理。这就是说，执行系统调用异常指令时，自动地将系统切换为核心态，并安排异常处理程序的执行。需要说明的是："用户态"也称为"目态"，核心态也称为"管态"，在程序状态字中，专门用一位指示"管态/目态"。

Linux 用来实现系统调用的汇编指令是：

`int $0x80`

这一指令使用中断/异常向量号 128（即十六进制的 80）将控制权转移给内核。为达到在使用系统调用时不必用机器指令编程，在标准的 C 语言库中为每一系统调用提供了一段短的子程序，以完成机器代码的编程工作。事实上，机器代码段非常简短，它所要做的工作只是将送给系统调用的参数加载到 CPU 寄存器中，接着执行"int $0x80"指令。然后运行系统调用，系统调用的返回值将送入 CPU 的一个寄存器中，标准的库子程序取得这一返回值，并将它送回用户程序。

另外，为使系统调用的执行成为一项简单的任务，Linux 提供了一组预处理宏指令，它们可以用在程序中。这些宏指令取一定的参数，然后扩展为调用指定的系统调用的函数。它们具有类似的格式。

格式

`_syscallN(parameters)`

参数说明

N：系统调用所需的参数数目。

parameters：用一组参数代替。

这些参数使宏指令完成适合于特定的系统调用的扩展。例如，为了建立调用 setuid() 系统调用的函数，应该使用：

`_syscall1( int, setuid, uid_t, uid)`

_syscall1()宏指令的第一个参数 int 说明产生的函数的返回值的类型是整型，第二个参数 setuid 说明产生的函数名称。后面的两个参数 uid_t 和 uid 分别用来指定系统调用本身所需要参数，即：参数的类型和名称。有关_syscall1 的宏定义参见 Linux 源码中的 unistd.h 文件。取其中的一个片断：

```
#define _syscall1(type,name,type1,arg1) \
type name(type1 arg1) \
```

```
{ \
long __res; \
__asm__ volatile ("int $0x80" \
    : "=a" (__res) \
    : "0" (__NR_##name),"b" ((long)(arg1))); \
__syscall_return(type,__res); \
}
```

解释如下:

```
_syscall1(type,name,type1,arg1)等价于
type name(type1 arg1)
{ long __res;
__asm__ volatile ("int $0x80" \
    : "=a" (__res) \
    : "0" (__NR_##name),"b" ((long)(arg1))); \
__syscall_return(type,__res); \
}
```

而其中的__asm__ volatile(...)表示括号中插入的是汇编代码片断,这是Linux专用的汇编片断的解释形式,含义就是执行"int $0x80"指令,其返回值放在eax寄存器中,系统调用的名称__NR_name也放在寄存器eax中,系统调用的参数arg1放在寄存器ebx中。执行完$0x80后,执行宏__syscall_return(type,__res),将执行结果放在__res中并返回调用程序。这里没有列出__syscall_return(type,__res)的宏定义,可参见文件unisted.h。

在执行系统调用"int $0x80"指令时,所有的参数值都存放在32位的CPU寄存器中。使用CPU寄存器传递参数带来的一个限制是可以传送给系统调用的参数的数目有限的,比如:最多可以传递5个参数,那么可以定义6个不同的_syscallN()宏指令,从_syscall0()、_syscall1()直到_syscall5(),其中_syscall0()表示仅提供系统调用的名称,系统调用本身没有参数。

一旦_syscallN()宏指令用特定系统调用的相应参数进行了扩展,得到的结果是一个与系统调用同名的函数,它就可以在用户程序中执行这一系统调用。

2. 添加新的系统调用

对于Linux,除了在libc库中已有的系统调用外,用户也可以根据自己的需要增加新的系统调用。在增加系统调用时须遵循以下步骤:

(1)添加源代码。

第一个任务是编写加到内核中的源程序(即将要加到一个内核文件中去的一个函数),该函数的名称应该是新的系统调用名称前面加上sys_标志。假设新加的系统调用为mycall(int number),在/usr/src/Linux/kernel/sys.c文件中添加源代码如下:

```
asmlinkage int sys_mycall(int number)
{
return number;
}
```

作为一个最简单的例子,我们新加的系统调用仅仅返回一个整型值。

在这里的 asmlinkage 标记符是为 Linux 中的 C++编译器 gcc 提供识别的,它告诉 gcc 编译器该函数的参数不是放在寄存器中,而是放在 CPU 的堆栈中。当调用"int $0x80"时,将系统调用名称处理为系统调用号。对于其他的参数处理,简单的做法就是通过堆栈传入参数给处理程序。所有的系统调用都用这个标记符,所以都要依靠堆栈传递参数。

(2) 连接新的系统调用。

添加了新的系统调内容后,下一个任务是让 Linux 内核的其余部分知道该程序的存在。为了从已有的内核程序中增加一个到新的函数的连接,需要编辑两个文件。

第一个要修改的文件是(RedHat 8.0,Linux 内核版本为-2.4.18):

```
/usr/src/Linux/include/asm-i386/unistd.h
```

该文件中包含了#define 语句定义的系统调用清单,用来给每个系统调用分配一个唯一的号码,在内核 Linux -2.4.18 中已经用到了 242 号,通过这些定义语句,将系统调用名称对应为相应号码。对于 242 行中的每一行,其格式也是统一的。

格式

#define __NR_name NNN

参数说明

name:用系统调用名称代替。

NNN:是该系统调用对应的号码。

对于新的系统调用名称应该加到清单的最后,并为它分配一个号码,该号码是这个序列中下一个可用的系统调用号。系统调用如下:

```
#define __NR_mycall 243
```

这里定义新的系统调用号为 243,这是因为 Linux-2.4.18 内核自身的系统调用号码已经用到 242。

第二个要修改的文件是:

```
/usr/src/Linux/arch/i386/kernel/entry.S
```

该文件中有类似如下的清单:

.long SYMBOL_NAME(sys_系统调用名)

该清单用来对 sys_call_table[]数组进行初始化。该数组包含指向内核中每个系统调用的指针,即每个系统调用函数的入口地址。这样就在数组中增加了新的内核函数的指针。在清单最后添加一行:

```
.long SYMBOL_NAME(sys_mycall)
```

这样就把前面在 sys.c 文件中加入的函数 asmlinkage int sys_mycall(int number)的起始地址填进这个跳转表。当执行"int $0x80"指令时,便访问这个跳转表,从这个跳转表便可进入 sys_mycall()函数执行。

（3）重建新的 Linux 内核。

为使新的系统调用生效，需要重建 Linux 的内核。这需要以 root 超级用户身份登录。登录后，可看见提示符：

\#

然后输入命令系列，完成内核的重建工作。

首先，显示一下当前路径，看看是在什么位置：

```
#pwd
/usr/src/Linux
#
```

只有在当前工作目录是/usr/src/Linux，使用如下命令才合适：

```
# make menuconfig
# make dep
# make bzImage
# make modules
# make modules_install
# make install
#
```

当用到命令：make bzImage 时，系统已生成一个可用于安装的、压缩的内核映像文件：

/usr/src/Linux/arch/i386/boot/bzImage

当用到命令"make install"时，系统在/boot 中出现 vmlinuz-2.4.18-14custom 可执行文件，这就是新的系统加载文件。

上述几个 make 命令中，麻烦最多的就是第一个"make menuconfig"，因为 menuconfig 是为窗口界面进行配置的，所以如果你的计算机不支持图形界面，则需改为使用"make config"。

配置这一关，只需保持原有配置，在最后问你是否保存修改时，回答需要保存，然后退出即可。其他几个 make 命令执行期间都无须交互，只需等待自动完成就行了，这个过程需要花一些时间。

（4）用新的内核启动系统。

现在，当重新引导系统时，会看到如下三种选择：

```
Red Hat Linux(-2.4.18-14custom)
Red Hat Linux(-2.4.18-14)
DOS
```

新内核成为默认的引导内核。

至此，新的 Linux 内核已经建立，新添加的系统调用已成为操作系统的一部分，只要重新启动 Linux，用户就可以在应用程序中使用该系统调用了。

（5）使用新的系统调用。

在应用程序中使用新添加的系统调用 mycall。同样为实验目的，编写如下简单例子

use-mycall.c:

```
/* use-mycall.c */
#include <Linux/unistd.h>
_syscall1(int,mycall,int,ret)    /*这是陷阱指令 int $0x80 的宏定义*/
main()
{
printf("%d \n",mycall(100));
}
```

编译该程序:

cc -o use-mycall use-mycall.c

执行:

use-mycall

结果:

100

注意 上述工作, 都是以超级用户身份进行的。

3. Linux 中常用系统调用

在表 B-1 中简要列出了和进程及进程间通信相关的系统调用。有关具体使用细节, 请参考有关 Linux 系统程序员手册。在表 B-1 中的标志列, 各字母的意义如下。

- m: 手册页可查;
- +: POSIX 兼容;
- –: Linux 特有;
- c: libc 包含该系统调用;
- !: 该系统调用和其他系统调用类似, 应改用其他 POSIX 兼容系统调用。

表 B-1 Linux 中的系统调用

系统调用	说　　明	标　志
alarm	在指定时间之后发送 SIGALRM 信号	m+c
clone	创建子进程	m-
execl, execlp, execle, ...	执行映像	m+!c
execve	执行映像	m+c
exit	终止进程	m+c
fork	创建子进程	m+c
fsync	将文件高速缓存写入磁盘	mc
ftime	获取自 1970.1.1 以来的时区+秒数(精确到毫秒)	m!c
getegid	获取有效组标识符	m+c
geteuid	获取有效用户标识符	m+c

系统调用	说　　明	标　志
getgid	获取实际组标识符	m+c
getitimter	获取间隔定时器的值	mc
getpgid	获取某进程之父进程的组标识符	+c
getpgrp	获取当前进程之父进程的组标识符	m+c
getpid	获取当前进程的进程标识符	m+c
getppid	获取父进程的进程标识符	m+c
getpriority	获取进程/组/用户的优先级	mc
gettimeofday	获取自 1970.1.1 以来的时区+秒数（精确到微秒）	mc
getuid	获取实际用户标识符	m+c
ipc	进程间通信	−c
kill	向进程发送信号	m+c
killpg	向进程组发送信号	m!c
modify_ldt	读取或写入局部描述符表	−
msgctl	消息队列控制	m!c
msgget	获取消息队列标识符	m!c
msgrcv	接收消息	m!c
msgsnd	发送消息	m!c
nice	修改进程优先级	mc
pause	进程进入休眠，等待信号	m+c
pipe	创建管道	m+c
semctl	信号量控制	m!c
semget	获取某信号量数组的标识符	m!c
semop	在信号量数组成员上的操作	m!c
setgid	设置实际组标识符	m+c
setitimer	设置间隔定时器	mc
setpgid	设置进程组标识符	m+c
setpgrp	以调用进程作为领头进程创建新的进程组	m+c
setpriority	设置进程/组/用户优先级	mc
setsid	建立一个新会话	m+c
setregid	设置实际和有效组标识符	mc
setreuid	设置实际和有效用户标识符	mc
settimeofday	设置自 1970.1.1 以来的时区+秒数	mc
setuid	设置实际用户标识符	m+c
shmat	附加共享内存	m!c
shmctl	共享内存控制	m!c
shmdt	移去共享内存	m!c
shmget	获取/建立共享内存	m!c
sigaction	设置/获取信号处理器	m+c
sigblock	阻塞信号	m!c
siggetmask	获取当前进程的信号阻塞掩码	!c

续表

系统调用	说明	标志
signal	设置信号处理器	mc
sigpause	在处理下次信号之前，使用新的信号阻塞掩码	mc
sigpending	获取挂起且阻塞的信号	m+c
sigprocmask	设置/获取当前进程的信号阻塞掩码	+c
sigsetmask	设置当前进程的信号阻塞掩码	c!
sigsuspend	替换 sigpause	m+c
sigvec	为兼容BSD而设的信号处理函数，功能类似sigaction	m
ssetmask	ANSIC 的信号处理函数，功能同 sigsetmask	m
system	执行 shell 命令	m!c
time	获取自 1970.1.1 以来的秒数	m+c
times	获取进程的 CPU 时间	m+c
vfork	见 fork	m!c
wait	等待进程终止	m+c
wait3, wait4	等待指定进程终止 (BSD)	mc
waitpid	等待指定进程终止	m+c
vm86	进入虚拟 8086 模式	m-c

在 signal、kill 等系统调用中都用到了信号，所以下面对信号进行解释。

信号是 UNIX 系统中最古老的进程间通信机制之一，它主要用来向进程发送异步的事件信号。键盘中断可能产生信号，而浮点运算溢出或者内存访问错误等也可产生信号。shell 通常利用信号向子进程发送作业控制命令。

在 Linux 中，信号种类的数目和具体的平台有关，因为内核用一个字代表所有的信号，因此字的位数就是信号种类的最多数目。对 32 位的 i386 平台而言，一个字为 32 位，因此信号有 32 种；而对 64 位的 Alpha AXP 平台而言，每个字为 64 位，因此信号最多可有 64 种。Linux 内核定义的最常见的信号、C 语言宏名及其用途如表 B-2 所示。

表 B-2 常见信号及其用途

值	C 语言宏名	用途
1	SIGHUP	从终端上发出的结束信号
2	SIGINT	来自键盘的中断信号（Ctrl+c）
3	SIGQUIT	来自键盘的退出信号（Ctrl+\）
8	SIGFPE	浮点异常信号（如浮点运算溢出）
9	SIGKILL	该信号结束接收信号的进程
10	SIGUSR1	用户自定义
12	SIGUSR2	用户自定义
14	SIGALRM	进程的定时器到期时，发送该信号
15	SIGTERM	kill 命令发出的信号
17	SIGCHLD	标识子进程停止或结束的信号
19	SIGSTOP	来自键盘（Ctrl+z）或调试程序的停止执行信号

进程可以选择对某种信号所采取的特定操作，这些操作包括：
- 忽略信号　进程可忽略产生的信号，但 SIGKILL 和 SIGSTOP 信号不能被忽略。
- 阻塞信号　进程可选择阻塞某些信号。
- 由进程处理该信号　进程本身可在系统中注册处理信号的处理程序地址，当发出该信号时，由注册的处理程序处理信号。
- 由内核进行默认处理　信号由内核的默认处理程序处理。大多数情况下，信号由内核处理。

需要注意的是，Linux 内核中不存在任何机制用来区分不同信号的优先级。也就是说，当同时有多个信号发出时，进程可能会以任意顺序接收到信号并进行处理。另外，如果进程在处理某个信号之前，又有相同的信号发出，则进程只能接收到一个信号。产生上述现象的原因与内核对信号的实现有关，将在下面解释。

系统在 task_struct 结构中利用两个字分别记录当前挂起的信号（signal）以及当前阻塞的信号(blocked)。挂起的信号指尚未进行处理的信号。阻塞的信号指进程当前不处理的信号，如果产生了某个当前被阻塞的信号，则该信号会一直保持挂起，直到该信号不再被阻塞为止。除了 SIGKILL 和 SIGSTOP 信号外，所有的信号均可以被阻塞，信号的阻塞可通过系统调用实现。每个进程的 task_struct 结构中还包含了一个指向 sigaction 结构数组的指针，该结构数组中的信息实际指定了进程处理所有信号的方式。如果某个 sigaction 结构中包含有处理信号的例程地址，则由该处理例程处理该信号；反之，则根据结构中的一个标志或者由内核进行默认处理，或者只是忽略该信号。通过系统调用，进程可以修改 sigaction 结构数组的信息，从而指定进程处理信号的方式。

进程不能向系统中所有的进程发送信号，一般而言，除系统和超级用户外，普通进程只能向具有相同 uid 和 gid 的进程，或者处于同一进程组的进程发送信号。产生信号时，内核将进程 task_struct 的 signal 字中的相应位设置为 1，从而表明产生了该信号。系统不对置位之前该位已经为 1 的情况进行处理，因而进程无法接收到前一次信号。如果进程当前没有阻塞该信号，并且进程正处于可中断的等待状态，则内核将该进程的状态改变为运行，并放置在运行队列中。这样，调度程序在进行调度时，就有可能选择该进程运行，从而可以让进程处理该信号。

发送给某个进程的信号并不会立即得到处理，相反，只有该进程再次运行时，才有机会处理该信号。每次进程从系统调用中退出时，内核会检查它的 signal 和 block 字段，如果有任何一个未被阻塞的信号发出，内核就根据 sigaction 结构数组中的信息进行处理。处理步骤如下：

（1）检查对应的 sigaction 结构，如果该信号不是 SIGKILL 或 SIGSTOP 信号，且被忽略，则不处理该信号。

（2）如果该信号利用默认的处理程序处理，则由内核处理该信号，否则转向第 3 步。

（3）该信号由进程自己的处理程序处理，内核将修改当前进程的调用堆栈帧，并将进程的程序计数寄存器修改为信号处理程序的入口地址。此后，指令将跳转到信号处理程序，当从信号处理程序中返回时，实际就返回了进程的用户模式部分。

Linux 是 POSIX 兼容的，因此，进程在处理某个信号时，还可以修改进程的 blocked 掩码。但是，当信号处理程序返回时，blocked 值必须恢复为原有的掩码值，这一任务由内核完成。Linux 在进程的调用堆栈帧中添加了对清理程序的调用，该清理程序可以恢复原有的 blocked 掩码值。当内核在处理信号时，可能同时有多个信号需要由用户处理程序处理，这时，Linux 内核可以将所有的信号处理程序地址推入堆栈帧，而当所有的信号处理完毕后，调用清理程序恢复原先的 blocked 值。

B.1.2　shell 命令及其解释程序

　　shell 是操作系统内核的外壳，它为用户提供了使用操作系统的命令接口。用户在提示符下输入的每个命令都由 shell 先解释然后传给 Linux 内核，所以 Linux 中的命令通称为 shell 命令。对于其他的操作系统（如 DOS 等），都是由相应的命令解释程序来处理各自的操作系统命令，其原理和使用方法是相似的。

　　通常我们是通过 shell 来使用操作系统。Linux 系统的 shell 是命令语言、命令解释程序及程序设计语言的统称。如果把 Linux 内核想象成一个球体的中心，shell 就是围绕内核的外层。当从 shell 或其他程序向 Linux 传递命令时，内核会作出相应的反应。

　　shell 是一个命令语言解释器，它拥有自己内建的 shell 命令集，shell 也能被系统中其他应用程序调用。用户在提示符下输入的命令都由 shell 先解释然后传给 Linux 核心。有一些命令，如改变工作目录命令 cd，是包含在 shell 内部的。还有一些命令，例如拷贝命令 cp 和移动命令 rm，是存在文件系统中某个目录下的单独的程序。对用户而言，不必关心一个命令是建立在 shell 内部还是一个单独的程序。但是，对于操作系统的 shell 设计者来说，必须知道哪些命令作为内部命令，哪些作为外部命令。

　　shell 命令解释程序首先检查命令是否是内部命令，若不是再检查是否是一个应用程序（这里的应用程序可以是 Linux 本身的实用程序，如 ls 和 rm，也可以是购买的商业程序，如 xv，或者是自由软件，如 emacs），然后 shell 在搜索路径里寻找这些应用程序（搜索路径就是一个能找到可执行程序的目录列表）。如果输入的命令不是一个内部命令并且在路径里没有找到这个可执行文件，将会显示一条错误信息。如果能够成功地找到命令，该命令（内部/外部）将被分解为系统调用形式，并传给 Linux 内核。

　　shell 的另一个重要特性是它自身就是一个解释型的程序设计语言，shell 程序设计语言支持绝大多数在高级语言中能见到的程序元素，如函数、变量、数组和程序控制结构。shell 编程语言简单易学，在提示符下输入的任何命令都能放到一个可执行的 shell 程序中。

　　当普通用户成功登录，系统将执行一个称为 shell 的程序。正是 shell 进程提供了命令行提示符。作为默认值，对普通用户用"$"作提示符，对超级用户（root）用"#"作提示符。

　　一旦出现了 shell 提示符，就可以输入命令名称及命令所需要的参数。shell 将执行这些命令。如果一条命令花费了很长的时间运行仍未结束，或者在屏幕上产生了大量的输出，可以从键盘上按组合键 Ctrl+C 发出中断信号来中断它（在正常结束之前，中止它的执行）。

　　当用户准备结束登录对话进程时，可以输入 logout 命令、exit 命令或文件结束符（EOF，按组合键 Ctrl+D 实现），结束登录。

　　我们来学习一下 shell 是如何工作的：

```
$ make work
```

```
make:***No rule to make target 'work'. Stop.
$
```

注释 make 是系统中一个命令的名字，后面跟着命令参数。在接收到这个命令后，shell 便执行它。本例中，由于输入的命令参数不正确，系统返回信息后停止该命令的执行。

在例子中，shell 会寻找名为 make 的程序，并以 work 为参数执行它。make 是一个经常被用来编译大程序的命令，它以参数作为目标来进行编译。在"make work"中，make 编译的目标是 work。因为 make 找不到以 work 为名的目标，它便给出错误信息表示运行失败，用户又回到系统提示符"$"下。如果命令 make 不给任何参数则访问的默认文件名是 makefile。

另外，用户输入有关命令行后，如果 shell 找不到以其中的命令名为名称的程序，就会给出错误信息。例如，如果用户输入：

```
$ myprog
bash:myprog:command not found
$
```

可以看到，用户得到了一个没有找到该命令的错误信息。用户敲错命令后，系统一般会给出这样的错误信息。

1．shell 的种类

Linux 中的 shell 可分为两类：一类是"Bourne shell"，如 sh、ksh、bash 等；另一类是"C shell"，如 csh、tcsh 等。其中最常用的几种是 Bourne shell(sh)、C shell(csh)和 Korn shell(ksh)。三种 shell 各有优缺点。Bourne shell 是 UNIX 最初使用的 shell，并且在每种 UNIX 上都可以使用。Bourne shell 在 shell 编程方面相当优秀，但在处理与用户的交互方面做得不如其他几种 shell。Linux 操作系统默认的 shell 是 Bourne Again shell，它是 Bourne shell 的扩展，简称 Bash，与 Bourne shell 完全向后兼容，并且在 Bourne shell 的基础上增加、增强了很多特性。Bash 放在/bin/bash 中，它有许多特色，可以提供如命令补全、命令编辑和命令历史表等功能，它还包含了很多 C shell 和 Korn shell 中的优点，有灵活和强大的编程接口，同时又有很友好的用户界面。

C shell 是一种比 Bourne shell 更适于编程的 shell，它的语法与 C 语言很相似。Linux 为喜欢使用 C shell 的人提供了 Tcsh。Tcsh 是 C shell 的一个扩展版本。Tcsh 包括命令行编辑、可编程单词补全、拼写校正、历史命令替换、作业控制和类似 C 语言的语法，它不仅和 Bash shell 的提示符兼容，而且还提供比 Bash shell 更多的提示符参数。

Korn shell 集合了 C shell 和 Bourne shell 的优点并且和 Bourne shell 完全兼容。Linux 系统提供了 pdksh（ksh 的扩展），它支持任务控制，可以在命令行上挂起、后台执行、唤醒或终止程序。

当然，Linux 并没有冷落其他 shell 用户，它还包括了一些流行的 shell 如 ash、zsh 等。每个 shell 都有它的用途，有些 shell 是有专利的，有些是能从 Internet 网上或其他来源获得的。要决定使用哪个 shell，只需读一下各种 shell 的联机帮助，并试用一下即可。

用户在登录到 Linux 时由/etc/passwd 文件来决定要使用哪个 shell。例如，使用检索命令 fgrep，查找 lisa 用户在文件/etc/passwd 中的信息行：

```
# fgrep lisa /etc/passwd
lisa:x:500:500:TurboLinux User:/home/lisa:/bin/bash
```

从检索到的这一行可看到，用户所用的 shell 被列在行的末尾，是/bin/bash，即放在/bin 目录下的 bash，这是 Bourne shell。

由于 bash 是 Linux 上默认的 shell，因此，这里主要介绍 bash。

2．shell 的使用

当用户登录时，首先需要输入"用户名"，如果以用户名 root 登录，则说明是超级用户。当输入正确的口令后，就会出现 shell 提示符"#"。如果以普通用户登录，当输入相应的口令之后，就会出 shell 提示符为"$"。这说明有一个 shell 命令解释程序已在运行并等待着用户输入命令。这个登录 shell 是由/etc/passwd 文件的内容设置决定的。

另外需要注意的是 Linux 的 shell 命令是大小写敏感的，大多数都使用小写。例如，可以用 date 来查询时间，用命令 who 来查询哪些用户在使用本计算机，用命令 ls 来列出目录内容等。

Linux 命令常带有各种选项。选项一般用"–"加字符串表示，选项可以组合使用。例如下面是 ls 命令的全部选项：

```
ls [-abcdefgiklmnopgrstuxABCFGLNQRSUX178] [-w cols] [-T cols] [-1 pattern]
[--all][--escape] [--directory] [--inode] [--kilobytes] [--numeric-uid-gid]
[--no-group][--hide-control-chars] [--reverse] [--size] [--width=cols]
[--tabsize=cols] [--almost-all][--ignore-backups] [--classify] [--file-type]
[--full-time] [--ignore=pat-tern] [--dereference][--literal] [--quote-name]
[--recursive] [--sort={none, time, size, extension}][--for-mat={long, verbose,
commas, across, vertical, single-column}][--time={atime, access, use, ctime,
status}][--color[={yes, no, tty}]] [--colour[={yes, no, tty}]] [--7bit] [--8bit]
[--help][--version][name...]
```

从上面可以看出 ls 的选项有很多，其实在使用时并不同时使用这么多选项，每个选项的具体含义，可通过 Linux 中的随机帮助用命令"man ls"查看。如下是 ls 的几种用法举例。

例1 列出当前目录中的文件名。

```
# ls
HowTo  HowToMini  Linux  nag  sag
#
```

上述 ls 命令列出了当前目录中的文件名 HowTo、HowToMini、Linux、nag、sag。

例2 详细列出当前目录内容。

```
# ls -l
total 65
drwxr-xr-x  2 root    root   37888  Jul 8 20:14 HowTo
```

```
dwxrxr-xr-x   2 root    root   15360   Jul 26 03:34  HowToMini
lrwxrwxrwx    1 root    root      14   Jul  9 02:39  Linux ->/usr/src/Linux
drwxr-xr-x    2 347     1002    7168   Sep 10 1996   nag
drwxr-xr-x    2 root    users   4096   Nov 15 1997   sag
#
```

上述"ls-1"命令详细列出当前目录下文件属性：文件类型、访问权限、结点数目、文件主、组名、文件大小、修改日期、文件名。

注意 所有以句点开头的文件都是隐含的，只有用"ls–a"或"ls–A"命令才能列出。

例3 显示文件内容。

```
# cat file
This is the contents of file.
#
```

例4 编辑一个文件。

```
$ vi test
```

当vi激活后，首先终端清屏，然后会显示如下状态：

```
~
~
~
"test" [New file]
```

这里为节省空间，只显示了部分行，其中"~"表示空白区。进入到vi命令状态之后，vi提供了许多子命令用于编辑，具体可参见后面有关vi命令的介绍。这里提出vi命令的目的，是想告诉学生，在Linux系统中的shell命令，有简单的命令，一句话就完成功能；也有复杂的命令，如vi编辑命令，输入后只是进入编辑工作命令环境，要达到最后目的还须使用一系列的vi子命令。

Linux的shell命令非常丰富，功能全面，用户可以通过使用help列出命令列表，用man查询每个命令的用法，shell不仅是交互式的命令语言并且也可用于编程，详细内容可参考《Red Hat Linux 系统管理员手册(*Red Hat Linux Administrator's Handbook*)》。

3. shell 解释程序的实现

实现shell解释程序需要涉及以下几个方面的工作：
- 接受命令；
- 进行命令的词法分析；
- 进行命令的语法分析；
- 按照命令的语义实现功能；
- 返回到用户提示，继续接受下一命令。

在我们的讨论中，将其中的许多内容都简化了，也就是说使用Linux中现成的语法分析器yacc，已完成了大部分的工作，只需要定义词法分析要识别的词法记号，给出shell

命令集合的语法规则和针对每条语法规则相应执行的语义动作就可以了。语法规则的格式采用巴科斯范式（backus-naur form，BNF），这是 yacc 要求的。关于词法分析的工作，需要自己编写词法分析函数或调用 lex 完成，而语法分析的工作，由 yacc 根据我们提供的语法规则自动进行分析，然后生成语法分析程序。这个程序便是 shell 解释程序。

yacc 代表 yet another compiler compiler。yacc 的 GNU 版叫做 Bison。它是一种工具，可以根据任何一种编程语言的所有语法翻译成针对此种语言的语法解析器。yacc 的语法规则用 BNF 来书写。按照惯例，yacc 文件有 .y 后缀。调用 yacc 按如下格式。

格式

```
$ yacc [选项]
<以 .y 结尾的文件名>
```

1）利用辅助工具 yacc

语法分析程序生成器，可以根据语言的语法描述生成语法分析程序。
yacc 的数据文件名：文件名.y
命令格式：yacc 文件名.y
命令输出：y.tab.c 文件
用 gcc 编译这个 y.tab.c 文件产生最终可执行文件（即新的 shell 命令解释程序）。

2）yacc 的输入数据文件格式

```
%{
//C 语句，如#include 语句、定义语句等
%}
//yacc 定义：词法记号、语法变量、优先级和结合顺序
%%
//语法规则(BNF)与动作
%%
//其他 C 语句
main()  { ...; yyparse(); ... }
yylex() { ... }
...
```

3）开发过程

（1）首先建立 .y 文件，起名为 ysh.y，然后进行编程形成这个文件的内容。

```
# vi ysh.y
```

（2）使用 yacc 对这个数据文件进行分析，生成一个完成语法分析的 .c 源程序文件 y.tab.c。

```
# yacc ysh.y
```

（3）对这个 .c 文件进行编译生成可执行文件，从而得到最终的可执行的命令解释程序 ysh。

```
# gcc y.tab.c -o ysh
```

（4）当运行 ysh 后，就会看到提示符：

```
ysh>
```

4）shell 解释程序开发实例

ysh 解释程序功能：

- 支持外部程序命令。
- 支持内部命令 cd。
- 支持前后台进程命令&。
- 输出的提示符为 ysh>。

编译命令：

```
make
```

Makefile 的内容如下：

```
all:    ysh
ysh:    ysh_0.3.o
    cc -Wall -O2 -DYYDEBUG -o ysh
ysh_0.3.o
```

运行命令：

```
./ysh
```

yacc 的数据文件 ysh_0.3.y 如下：

```
%{
#include <stdio.h>
#include <ctype.h>
#include <string.h>
#include <unistd.h>
#include <sys/types.h>
#include <sys/wait.h>
#define LEN 20
%}
%union {
    char *sym; //词法分析栈中存放的数据类型.即分析出的词法记号都是字符串的形式
}
%token String       //String 是要分析出的词法记号
%right '&'          //'&'是右结合的优先级
%type <sym> String ExecFile //String 和 ExecFile 都是字符串指针类型
%type <sym> '&'
%%
```

/*下面定义了命令的语法规则,一共 4 条规则,采用正则表达式形式,规则后面花括号中是要执行的语法动作, 也就是 C 函数*/

```
Command:    //NULL
        | Command '\n'              { printf("ysh>"); }
        | Command Prog '\n'         { make_exec(); reset(); printf("ysh>"); }
        | Command Prog '&' '\n'     { make_bgexec(); reset(); printf("ysh>"); }
        ;
Prog:       ExecFile Args           { }
        ;
ExecFile:   String                  { push(); }        //将分析出的命令压栈
        ;
Args:
        | Args String               { push(); }        //将分析出的命令参数压栈
        ;
%%
char *backjobs="&";
char *stack[LEN];
char buf[100];                                        //存放分析出来的字符串
char *p=buf;
char *path[]={"/bin/","/usr/bin/",NULL};              //外部程序命令的路径
int lineno=0;
int top=0;

int main(int argc,char* argv[])                       //主程序入口
{
  printf("ysh>");
  yyparse();    //语法分析函数,由 yacc 自动生成,其分析过程按照前面定义的规则进行
}

yylex()      //词法分析函数,函数名是默认的,其内容由程序员编写,完成词法分析的任务
{
  int c;

  p=buf;
  while ((c=getchar())==' ' || c=='\t');
  if (c==EOF)   //Crtl+D 输入 EOF 文件结束符
    return 0;   //退出程序
  if (c!='\n') {
    do {
      *p++=c;
      c=getchar();
    } while (c!=' ' && c!='\t' && c!='\n');
    ungetc(c,stdin);
    *p='\0';
    yylval.sym=buf;
    if (!strcmp(buf,backjobs))
      return '&';
    else
```

```c
      return String;
    } else {
      lineno++;
    }
    return c;
}

yyerror(char *s)            //出错处理函数,当语法分析产生错误时就会自动调用此函数
{
  warning(s,(char*)0);
}

warning(char *s, char *t)
{
  if (t)
    fprintf(stderr,"%s",t);
  fprintf(stderr," errno near line %d\n",lineno);
}
//语法分析过程中要执行的动作函数,这里执行分析出来的命令,下面的函数作用与此相同
make_bgexec()
{
  pid_t pid;
  char temp[50];
  char *p_path;
  int i=0,ret=0;
  if ((pid=fork())<0) {
    perror("fork failed");
    exit(EXIT_FAILURE);
  }

  if (!pid) {    //子进程
    while ((p_path=path[i])!=NULL) {
      strcpy(temp,stack[0]);
      strcpy(stack[0],path[i]);
      strcat(stack[0],temp);
      i++;
      ret=execv(stack[0],stack);
      if (ret<0)
     strcpy(stack[0],temp);
     }
    if (ret<0)
      printf("ysh:command not found\n");
  }
  if (pid>0) {   //父进程
    waitpid(pid,NULL,WNOHANG);
  }
}
```

```
make_exec()
{
  pid_t pid;
  char temp[50];
  char *p_path;
  int i=0,ret=0;

  if ((pid=fork())<0) {
    perror("fork failed");
    exit(EXIT_FAILURE);
  }

  if (!pid) {    //子进程
    while ((p_path=path[i])!=NULL) {
      strcpy(temp,stack[0]);
      strcpy(stack[0],path[i]);
      strcat(stack[0],temp);
      i++;
      ret=execv(stack[0],stack);
      if (ret<0)
       strcpy(stack[0],temp);
     }
    if (ret<0)
      printf("ysh:command not found\n");
  }
  if (pid>0) {  //father process
    waitpid(pid,NULL,0);
  }
}

reset()
{
  int i;
  for (i=0; i<top; i++) {
    free(stack[i]);
    stack[i]=NULL;
  }
  top=0;
}

push()
{
  char *temp=NULL;
  if (top==0)
    temp=(char*)malloc(sizeof(char)*100);
```

```
    else
        temp=(char*)malloc(strlen(buf)+1);
    strcpy(temp,buf);
    stack[top]=temp;
    top++;
}
```

4．常用的 Linux 下的开发工具

- gdb：调试程序
- gcc：C 和 C++语言编译程序
- make：建立工程文件
- man：联机帮助

这些工具在 Linux 上进行软件开发时会经常使用，这些命令的详细内容可以利用 man 随机帮助进行了解。

5．参考文献

关于 yacc 的例子可参考机械工业出版社出版的《UNIX 编程环境》。
关于系统调用的介绍可参考机械工业出版社出版的《UNIX 环境高级编程》。

B.2 Linux 的安装

Linux 可以直接在裸机上安装，也可以在硬盘上与其他操作系统，如 MS-DOS、Microsoft Windows 或 OS/2 共存，先将硬盘分区，然后将 Linux、MS-DOS 和 OS/2 分别装到各自的分区。

安装 Linux 所花费的时间依具体机器的运行速度、Linux 的版本等条件而定。在这里我们仅给出一个估计值，以供参考：如果在裸机上安装，或者只安装 Linux 系统，大概需要 20 分钟到 1 小时；如果要在计算机上同时保留两个或多个操作系统，则可能要花费更多的时间。

B.2.1 安装前的准备

在安装之前，要做的是整理并记录一下待安装计算机的硬件情况，这对安装成功十分必要。具体地说，需要了解如下硬件数据：

- CPU 对 Linux 来说，要求是 386 或更高的 CPU。
- 内存 对 Red Hat 来说，内存是多多益善（至少要有 8MB）。
- 硬盘 硬盘的个数、每个硬盘的接口类型、每个硬盘的大小、如果有多个硬盘哪个是主盘等信息。
- 显示卡 显存为多少？厂商是谁？型号是什么？

- 显示器　厂商及型号、显示器所允许的水平和垂直扫描频率的范围等。
- 鼠标　类型是什么？如果使用的是串口鼠标，则它接在哪个 COM 端口？
- 网络　如果需要网络功能，则需要知道主机所用的 IP 地址、子网掩码、网关地址、域名服务器的 IP 地址、主机所处域的名称、主机所用的名称和网络类型等参数。

那么，如何收集硬件资源的信息呢？可以从如下几个方面着手：

- 搜集主板、显示卡、显示器、调制解调器等计算机各种硬件设备的手册。
- 如果使用 MS-DOS 5.0 以上的版本，可运行诊断工具 MSD.EXE 来收集硬件数据。
- 如果在 Windows 98/2000/NT 中，可双击"控制面板"中的"系统"图标，从出现的对话框中收集硬件数据。

这些收集到的系统硬件信息可以为接下来的安装工作提供参考。如果不知道上述信息也没关系，现在流行的 Linux 安装盘都可进行自动监测，你只要按照提示往下一步一步地进行就可以了。

B.2.2　建立硬盘分区

简单地说，分区（partition）就是从一个硬盘中腾出供某个操作系统使用的空间。现代操作系统几乎都需要使用硬盘分区，Linux 也不例外，也需要自己的分区。因此在安装之前，需要为 Linux 建立相应的分区。这里需要注意的一点是：对硬盘重新分区意味着将要删除硬盘上原有的一切数据，因此，在重新分区前，切记要备份系统。

在硬盘上建立的分区有三种类型：主分区、扩展分区和逻辑分区。一个硬盘上最多能建立四个主分区，扩展分区本身不存储数据，而是用来建立多个逻辑分区。由于在 Linux 中，文件系统和交换空间（用作虚拟内存 RAM）各自都需要占据硬盘上的一个独立分区，所以一般都要为 Linux 提供不止一个分区。独立的操作系统必须安放在主分区，所以一个磁盘系统最多可以有四个不同的操作系统。

下面对分区时通常会遇到几种情况分别进行讨论。

1．硬盘上还有未分区的空间

这包括没有进行分区的硬盘情况，这种情况下只需要为 Linux 建立一个分区就可以了（如在自定义类型安装时，用 Linux 的 fdisk 命令来完成）。新建分区可以是主分区（primary partition），也可以是扩展分区（extented partition）上的分区（类似 DOS 上的逻辑分区）。这种情况最为简单，就不多谈了。

2．硬盘上有一个未使用的分区

这种情况意味着我们要使用一个未使用的分区来安装 Linux，因此首先要删除现在已不用的分区，然后再建一个 Linux 分区。这些可以在自定义类型安装时，用 Linux 的 fdisk 命令来完成。

3．所使用的分区上还有未使用的空间

这种情况是最普通的重新分区，但也是最为复杂的。对于这种情况，主要有两种方法：

破坏性分区和非破坏性分区。

1）破坏性重新分区

破坏性重新分区较为简单，主要是删除原来的大分区，再创建几个小分区以供不同的系统使用，如图 B-2 所示。

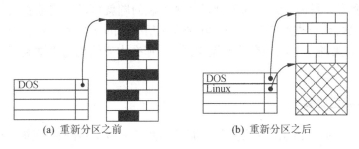

图 B-2 破坏性重新分区

具体做法如下：

（1）备份原有分区上的数据，因为重新分区后，原来的数据将会丢失。

（2）删除大分区。

（3）为原来所用的操作系统（如果还想用的话）和 Linux 创建不同的分区。

2）非破坏性重新分区

非破坏性重新分区较为复杂，但是保存了原来的数据且增加了新分区。这需要使用专门的分区工具来完成，如 Partition Magic。这种方法一般包括如下几个步骤，如图 B-3 所示。

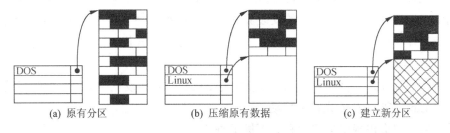

图 B-3 非破坏性重新分区

（1）压缩现有数据。这可以使自由空间尽可能大。这一步很重要，如果做不好，则可能会限制重新分区的大小。

（2）改变分区大小。这会产生两个分区，一个分区为原来的含有数据的分区，另一个分区则是空白的。

（3）创建新分区。最简单的做法是删除新生成的分区，再创建 Linux 分区。

B.2.3 安装类型

Red Hat 提供了三种类型的安装：

- 客户机类型安装。

- 服务器类型安装。
- 自定义类型安装。

1. 客户机类型安装

客户机类型安装最简单,只需要回答几个安装问题就可以很快地安装好 Linux。这对 Linux 新手尤其适合。该类型安装首先删除硬盘上所有 Linux 分区,然后再创建 Linux 分区,并安装 Linux。如果硬盘上已经有其他操作系统,那么本方法也将设法利用 LILO 或者 grub 做成双启动。

2. 服务器类型安装

如果需要一个基于 Linux 的服务器,而且不愿意去做很多配置工作,那么这个方法是比较适合的。该类型安装首先删除硬盘上所有分区(不管它是不是 Linux 分区),然后再创建几个 Linux 分区,并安装 Linux。该方法需要 1.6GB 左右的空间。

3. 自定义类型安装

自定义类型安装最灵活。可以自己决定如何分区,到底要安装哪些软件包,是否要用 LILO 或者 grub 来启动等。Red Hat Linux 6.0 以前的版本都是使用自定义安装。

B.2.4 安装过程

在完成以上的准备工作后,就可以进入安装 Linux 的具体工作了。RedHat 是一个比较成熟的 Linux 套件,提供了良好的安装界面,只要根据安装程序给出的提示,就能顺利地完成安装工作。目前,Linux 的发行方式都是以光盘的方式提供,所以在安装时一定要有光驱。

如果所用计算机支持光盘启动(须设定好 BIOS 的启动设置参数,从光驱启动),则可以直接用 Linux CD-ROM 光盘来启动。

启动后,将会出现引导选项和如下提示符:

boot:

通常只需要按一下回车就可以开始引导了,当然也可以输入一些引导参数。注意观察安装界面上的安装提示。

在系统安装过程中,会出现详细的提示菜单,要求用户选择显示模式、选择键盘、选择安装模式、选择安装类型等,并提示用户选择安装软件包、配置 X Window、设置 root 口令、安装 LILO 或者 grub。完成所有设置后,根据安装程序的提示重新启动机器。

B.2.5 操作系统的安装概念

计算机执行的任何程序都必须存储到内存中,CPU 只能通过内存访问程序。在上小节讨论的操作系统安装过程，实际上是把存放在光盘上的 Linux 执行代码存入硬盘的过程。因为硬盘是 PC 机的固定外部存储设备，从硬盘上加载程序到内存很方便。另外，操作系统中的文件系统主要是靠硬盘提供物理存储空间的支持，安装操作系统到硬盘，实际上有两方面的作用：一是在硬盘上建立文件系统，二是把操作系统的全部内容事先存放在硬盘上，以便往内存中加载操作系统核心程序时使用。

因此上述的安装概念是指在硬盘上建立文件系统，并将操作系统可执行代码从其他外部介质移动到硬盘上存放的过程。这样当重新启动机器时，便从硬盘上加载操作系统到内存，然后将控制转给操作系统内核执行。从硬盘上加载 OS，要比用其他移动介质方便得多，I/O 速度相对比较快。

B.3 Linux 的使用

B.3.1 使用常识

1．登录

Linux 同 UNIX 系统一样，是一个多任务、多用户的操作系统。这就意味着可以有多个用户同时使用一台机器，运行各自的应用程序。为了区分各个用户，他们都必须有自己独立的用户账号，系统要求每一名合法用户在使用 Linux 系统之前，首先必须按自己的身份登录。

在第一次登录时，可以用 root 用户及口令来登录。输入用户名"root"，然后输入口令，这样就登录了。这时，就可以按 root 身份来使用 Linux。通常，用户是通过 shell 来使用操作系统。shell 类似于 MS-DOS 下的 COMMAND.COM 命令解释器，是用户与操作系统核心之间的接口，负责接受用户输入的命令并将其翻译成机器能够理解的指令。按 root 方式登录时，命令窗口的提示符是"#"，root 是超级用户，对整个系统拥有一切权利。当由普通用户登录时，则提示符是"$"而不是"#"。当然，提示符的形式也可以由用户重新设定。

Linux 命令是区分大小写的，大多数命令都使用小写。

Linux 命令常带有各种选项。选项前一般用"-"加字符串表示，选项可以组合使用。例如：

```
$ ls -la
```

这是详细列表的命令形式，显示当前目录下所有的文件。

2．退出系统

在停止使用系统时，要退出系统。否则，其他用户就可能使用你的账号，做一些可能会令你后悔不及的事，比如将你的文件系统删除、修改注册口令等。

退出系统的方法有很多，可以使用 exit 或 logout 命令，或用组合键 Ctrl+D。例如：

```
# exit
logout
Welcome to Linux 2.4.18
login:
```

3. 关机

普通用户一般没有关机权限，只有系统管理员（root）才能关闭系统。从本质上讲，Linux 是一种网络操作系统，所以在实际的 Linux 系统中，除系统管理员本人之外，可能还有很多用户通过各种方式使用着 Linux 主机。另外，在正常工作时，系统为提高访问和处理数据的速度，将很多进行中的工作驻留在内存中，如果突然关机，系统内核来不及将缓冲区的数据写到磁盘上，就会丢失数据甚至破坏文件系统。因此，系统管理员不能以直接关闭电源的方式来停止 Linux 系统的运行，而要按正常顺序关机。

关机方法有两种：可以使用 halt 或 shutdown 命令，也可以用组合键 Ctrl+Alt+Del。例如，使用 halt 命令，当最后显示已关机信息：

```
The systems is halted.
System halted.
```

这时，才可以关闭电源。

B.3.2 文件操作命令

在 Linux 系统中，所有的数据信息都组织成文件的形式，然后保存在层次结构的树形目录中。用户的一切工作本质上就是对文件的操作。

1. 目录与文件的基本操作

与其他操作系统类似，Linux 的文件系统结构是树形结构。执行 Linux 命令，总是在某一目录下进行的，该目录称为当前工作目录（current working directory），常常简称为当前目录。当用户刚刚登录到系统中时，当前目录为该用户的主目录（home directory）。例如用户 wang 的主目录为/home/wang。用户主目录可以从/etc/passwd 中读取。

当引用另一个文件或目录时，可以从当前工作目录来相对定位（给出相对路径），如 doc/file.c；也可从根目录来绝对定位（给出绝对路径），如/home/wang/doc/file.c。在 Linux 中，目录名之间用"/"分隔，而不是如 DOS 那样用"\"。在 Linux 文件系统中，根目录是用"/"表示的。另外，"."表示当前目录，而".."表示当前目录的上一级目录。

常用的目录操作命令

- pwd

打印当前工作目录。例如：

```
$ pwd
/home/wang
```

- cd

改变当前目录。本例中首先将当前目录改为上一级目录即/home，然后再将当前目录改为/usr/bin。这些操作结果可从动态改变的 shell 提示中看出来。

```
wlinux: ~$ cd.
wlinux: home $ cd /usr/bin
wlinux: /usr/bin$
```

- mkdir

创建目录。例如创建了数个子目录：

```
$ mkdir bin doc prog junkDir junkDir2
$ ls -CF
bin/   doc/    junkDir/    junkDir2/    prog/
```

- rmdir

删除目录。例如删除两个子目录（欲删除子目录的内容应为空白）：

```
$ rmdir junkDir junkDir2
$ ls -CF
bin/ doc/ prog/
```

有关文件操作命令与目录操作类似，现简述其中的三条命令。

- cat

显示文件内容或合并多文件内容。不管文件长短，使用 cat 会显示该文件的所有内容。

```
$ cat junk
...
```

- cp

复制文件。

```
$ cp junk junk2
```

- rm

删除文件。

```
$  rm  junk
```

2．文件权限

Linux 是一个多用户操作系统，为了保护用户个人的文件不被其他用户读取、修改或执行，Linux 提供了文件权限机制。对每个文件（或目录）而言，都有四种不同的用户：
- root   系统超级用户，能够以 root 账号登录。
- owner   实际拥有文件(或目录)的用户，即文件所有者。
- group   用户所在用户组的成员。
- other   以上三类之外的所有其他用户。

其中，root 用户自动拥有读、写和执行所有文件的操作权限，而其他三种用户的操作权限可以分别授予或撤销。对应于此，每个文件为后三种用户建立了一组九位的权限标志，分别赋予文件所有者、用户组和其他用户对该文件的读、写和执行权。

可以用"ls -1"命令显示文件的权限，例如：

```
$ ls -1
drwxr-xr-x  2  wang  users  1024     Aug 18 02:49    bin
drwxr-xr-x  2  wang  users  1024     Aug 20 16:64    doc
-rw-r--r--  1  wang  users   849     Aug 18 03:00    junk
-rw-r--r--  1  wang  users   580     Aug 18:02:56    keppme.txt
drwxr-xr-x  2  wang  users  1024     Aug 18 02:49    prog
total 5
```

在以上所列出的文件的长格式显示中，共有七个字段：

- 第一字段表示文件类型和文件权限，如 junk 的文件类型为–，权限为 rw-r--r--。
- 第二字段表示文件的链接数，如 junk 的链接数为 1。
- 第三字段表示文件的所有者，如 junk 的所有者为 wang。
- 第四字段表示文件所属的用户组，如 junk 的用户组为 users。
- 第五字段表示文件的大小，如 junk 的字符数为 849。
- 第六字段表示文件的最后修改日期与时间，如 junk 的上一次修改时间为 Aug 18 03:00。
- 第七字段表示文件本身的名称，如 junk。

文件访问权限由十个字符组成，如：

-rw-r-- r--

第一个字符表示文件类型："-"为普通文件，"d"为目录，"b"为块设备文件，"c"为字符设备文件，"1"为符号链接。后面九个字符每三个一组依次代表文件的所有者、文件所有者所属的用户组以及其他用户的访问权限。每组的三个字符依次代表读、写和执行权限。系统用"r"代表读权限，"w"代表写权限，"x"代表可执行权限（对目录而言，可执行表示可以进入浏览）；如果没有相应权限，则用"-"表示。

文件所有者和超级用户可以用命令 chmod 来设置或改变文件的权限。命令 chmod 的用法有两种，其中一种如下：

chmod {a, u, g, o} [+,-,=] {r,w,x} filename

这里，可以用 a（all，所有用户）、u（user，所有者）、g（group，所属用户组）、o（other，其他用户）中由一个或多个表示访问权限的赋予对象；用"+"、"-"、"="表示增加、删除、赋予权限；用"r"、"w"、"x"组合表示读、写、执行权限。

另一种用法是用八进制数来设置权限：

chmod nnn filename

其中，nnn 为三个八进制数，每个八进制数分别表示所有者、同组用户与其他用户的权限，这些八进制数所对应的三位二进制数分别对应于读、写和执行权限，1 表示有相应的权限，而 0 表示没有相应的权限。例如：

chmod 755 filename

其中 755 代表 rwxr-xr-x，表示文件所有者具有读、写和执行权限，即同组用户具有读和执行权限，其他用户具有读和执行权限。

3. 文件链接

在 Linux 文件系统中，每一个文件只有唯一的索引结点号（inode number）即文件的内部标识符，可以有多个外部名称（用户指定的）。一个目录实际上是文件的索引结点号与其相对应的文件名的一个列表，目录中的每个文件名都有一个索引结点号与之对应。目录与索引结点数组之间的关系如图 B-4 所示。

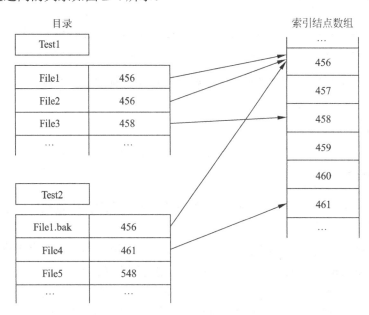

图 B-4　目录与索引结点数组之间的关系

有如下常用命令。

- ls

命令"ls –i"可用来查看索引结点号，例如：

```
$ ls -i
45615 f
$
```

- ln

命令 ln 可用来为一个文件再增加一个名称，在系统内部则为文件增加一个链接，该文件名与原文件名指向同一个文件。例如：

```
$ ln f g
```

```
$ ln g h
$ ls -il
total 54
45615 -rw-r--r--    3 wang  users   17127 Aug 20 22:09 f
45615 -rw-r--r--    3 wang  users   17127 Aug 20 22:09 g
45615 -rw-r--r--    3 wang  users   17127 Aug 20 22:09 h
```

该列表表示文件 f 有三个链接。当用命令 rm 删除一个文件时，实际上删除的是文件的一个链接（或一个名称）。例如，以下操作使文件 f 的链接数减 1，从显示中可以看出最后显示少了一行：

```
$ rm h
$ ls -il
total 36
45615 -rw-r--r--    2 wang  users   17127 Aug 20 22:09f
45615 -rw-r--r--    2 wang  users   17127 Aug 20 22:09g
```

当文件链接数为 0 时，则相应的文件索引结点才被删除，即实际删除文件，例如：

```
$ rm f g
$ ls -il
total 0
```

4. 查询文件

在通常的 Linux 操作系统中，有三个命令可以用于从文件中查找给定的字符串，并将相应的行显示出来：

- grep　最为常用，可用固定字符串来查询，也可用正则表达式来查询。
- egrep（extended grep）　扩展的 grep，可用正则表达式查询。
- fgrep（fast grep）　快速 grep，但只能查询固定字符串。

在 Linux 操作系统中，这三个命令都已合并了，用户只要使用 grep 就可以了（当然也可以使用其他两个，事实上这两个是 grep 的链接）。

命令 grep 的使用语法

grep [选项] 字符串或正则表达式 [文件列表]

以下是 grep 命令的应用举例。

显示信箱中 Email 发送者：

```
$ grep '^From' $MAIL
```

检查 mary 是否已登录：

```
$ who | grep mary
```

显示 mary 用户的有关信息：

```
$ grep mary /etc/passwd
```

显示含有 fork 的 C 语言文件名：

```
$ grep -l "fork" *.c
```

除了 grep 外，Linux 还提供了其他文件查询工具，如：
- nngrep 可以查询新闻组。
- zgrep   可以查询压缩过的文件。
- zipgrep 同 zgrep。

5．文件排序

对文本文件，可以用命令 sort 进行排序。命令 sort 可以带有各种不同的选项，从而采用不同的排序方法。

用选项"-f"，排序时字母不区分大小写，例如：

```
$ ls | sort -f
```

用选项"-n"，可以按数值大小进行排序，而不是按字母顺序进行排序。例如：

```
$ ls -s | sort -n
```

用选项"-r"，可以用逆序排序，例如：

```
$ ls -s | sort -nr
```

用选项"+数值"，可以按跳过若干个域后的那个字段进行排序，例如：

```
$ ls -l | sort +4nr
```

6．对文件的列或域的操作

在 Linux 系统中，可以对文件中的列或域进行各种剪切和合并，常用命令有三个：
- cut   从文件中选择列或域。
- paste 对文件中的列或域进行合并。
- join 可根据关键域对文件进行合并。

用 cut 可以仅显示文件的字节数和文件名：

```
$ ls -l | cut -c29-41, 55-
```

上述命令中的"-c"表示按字符(character)选取，"29-41"表示字符区间，"55-"表示从第 55 个字符开始到结尾，若用"-5"可表示从开头到第 5 个字符。

显示用户名，用户全名和用户的主目录名：

```
$ cut -d: -f1, 5-6  /etc/passwd
```

命令行中的"-d:"表示域的分隔符(delimiter)是":"，而不是默认的制表符 Tab 或"\t"。

用 cut 和 paste 命令可以显示用户全名、用户名、主目录名和注册的 shell。

```
$ cut -d: -f5 /etc/passwd >/tmp/t1
$ cut -d: -f1 /etc/passwd >/tmp/t2
$ cut -d: -f6 /etc/passwd | paste /tmp/t1  /tmp/t2  -
```

paste 命令行中的"-"表示第三个输入文件来自标准输入。

用 join 命令可以根据共同的关键域（GID）而将/etc/passwd 和/etc/group 进行合并。

```
$ join -t: -j1 4 -j2 3  /etc/passwd  /etc/group
```

以上命令行"-t"表示域的分隔符是"："，而不是默认的制表符 Tab 或"\t"，"-j1 4"表示第一文件的第四个域为共同域，"-j2 3"表示第二文件的第三个域为共同域。

B.3.3　文本编辑命令

Linux 文件可分为二进制文件和文本文件。二进制文件通常是由程序生成的，而文本文件既可以由程序生成也可以用编辑器来创建。在 Linux 下可运行许多种编辑器：有行编辑程序，如 ed 和 ex；也有全屏编辑程序，如 vi 和 emacs 等。

vi 是 Linux 系统提供的标准的屏幕编辑程序，它虽然很小，但功能很强，是所有 Linux 系统中最常用的文本编辑器，所以本节的讨论主要以 vi 为例。

利用 vi 进行编辑时，屏幕显示的内容是被编辑文件的一个窗口。在编辑过程中，vi 只是对文件的副本进行修改，而不直接改动源文件，因此用户可以随时放弃修改的结果，返回原始文件；只有当编辑工作告一段落、用户明确给出命令保存修改结果后，vi 才用修改后的文件取代原始文件。

1．vi 的两个模式

vi 编辑器有两种模式：一是命令模式，一是输入模式。在命令模式中，输入的是命令，这些命令有移动光标、打开或保存文件、进入输入模式以及查找或替换等。在输入模式中，输入的内容直接作为文本。只要按 Esc 或 Escape 键，就可以进入命令模式。

2．vi 使用举例

下面举例说明 vi 的使用。假如要创建或编辑文件 test，则只要输入如下命令：

```
$ vi test
```

当 vi 激活后，首先终端清屏，然后会显示如下状态：

```
~
~
~
"test"[New file]
```

这里为节省空间，只显示了部分行，其中"~"表示空白缓冲区，而"-"表示光标位置。这时 vi 处于命令模式。输入 i 进入输入模式，并如下输入：

```
What is "LINUX"? In the narrow sense,
~
~
~
```

按 Esc 键，就可进入命令模式。这时，可以通过方向键或 b 键或 f 键，将光标移动到如下所示位置：

```
What is "Linux"? In the narrow_sense,
~
~
~
```

输入 a 进入输入模式，可在光标后输入字符，按 Esc 键进入命令模式：

```
What is "LINUX"? In the narrowest sense,
~
~
~
```

输入 o 进入输入模式，输入一行字，按 Esc 键进入命令模式。将光标移到 y 字母下：

```
What is "LINUX"? In the narrowest_sense,
it is a time-sharing operating system
~
~
```

在命令模式下，按 x 键可删除一个字符。如果连续五次，那么会出现如下状态：

```
What is "LINUX"? In the narrowest sense,
it is a time-sharing operating s_
~
~
```

在命令模式下，输入 ZZ 或 wq 命令就可以保存文件并退出。

3．vi 其他信息

以上只介绍了 vi 的几个基本操作。表 B-3~表 B-5 列出了 vi 的一些常用操作。

表 B-3　进入输入模式的方法

命令	作　　用
a	在光标后输入文本
A	在当前行末尾输入文本
i	在光标前输入文本
I	在光标所在列的第一个非空格字符前输入文本
o	在光标所在列下新增一列并进入输入模式
O	在光标所在列上方新增一列并进入输入模式

说明：① 可以在以上命令之前加上数字表示重复次数。
② 可以利用键盘上的特殊键，如 Page Down 等使光标定位于所需的位置。

表 B-4 删除操作

命令	作用
x	删除光标所在的字符
dw	删除光标所在的单词
d$	删除光标至行尾的所有字符
D	同 d$
dd	删除当前行

说明：可在删除命令前加上数字，如 5dd 表示删除 5 行。

表 B-5 改变与替换操作

命令	作用
r	替换光标所在的字符
R	替换字符序列
cw	替换一个单词
ce	同 cw
cb	替换光标所在的前一字符
c$	替换自光标位置至行尾的所有字符
C	同 c$
cc	替换当前行

B.3.4 shell 的特殊字符

Linux 用户是通过 shell 来使用 Linux 操作系统的。shell 有很多种，但各种 shell 的功能都大致类似，是用户与系统之间的命令解释器。另外，shell 还提供了许多扩充工作环境的机制，允许用户编写脚本，组合各种命令，然后像执行普通的 Linux 系统命令一样执行这些组合命令。最常见的 shell 有两类：一类是 Bourne shell，如 sh、ksh、bash 等；另一类是 C shell，如 csh、tcsh 等。这里主要介绍 bash（Bourne again shell）。

1．shell 通配符

Linux 上的绝大多数 shell 都有一个主要优点，就是可以用通配符来表示多个文件。
- 通配符"*"用来代表文件名中的任意长度的字符串。例如：

$ ls *

以上命令列出所有文件和目录名。

$ ls c*
ch1.txt ch10.txt ch2.txt ch3.txt

以上命令列出以 c 打头的所有文件名 ch1.txt、ch10.txt、ch2.txt 和 ch3.txt。
- 通配符 "?" 用来代表文件名中的任一字符。例如：

```
$ ls f?c
f.c
```

- 通配符 "[]" 用来代表文件名中的任一属于字符组中的字符。例如：

```
$ ls ch[0-9]*.txt
ch1.txt   ch10.txt   ch2.txt    ch3.txt
```

2. 输入与输出重定向命令 < 和 > 以及 >>

许多 Linux 命令都是从标准输入中读取输入信息，并将输出信息送到标准输出。标准输入（standard input）和标准输出（standard output）通常缩写成 stdin 和 stdout。在默认情况下，用户的 shell 将标准输入设置为键盘，而将标准输出设置为屏幕。

例如，如下 sort 命令从所给文件中按行读取正文，将其排序，并将结果送到标准输出：

```
$ sort animals
bee
cat
dog
$
```

如果 sort 命令行中没有指定输入文件名，那么 sort 将会从标准输入中按行读取正文，将其排序，并将结果送到标准输出：

```
$ sort
bee
dog
cat
Ctrl-D
bee
cat
dog
$
```

如果希望将输出信息存入 文件以便保存，而不是送到屏幕，那么可以使用重定向标准输出符号 ">"：

```
$ sort animals>animals_sorted
```

除了重定向标准输出外，还可以重定向标准输入。这可以使用重定向标准输入符号 "<" 来完成：

```
$ sort <animals
bee
```

```
cat
dog
$
```

标准输入和标准输出的重定向可以组合使用。例如：

```
$ sort<animals> animals_sorted
```

注意 如果将标准输出重定向到某一文件，那么该文件原有内容将被新内容所替换。如果希望将输出信息附加到原来内容之后，则可以使用符号"**>>**"，例如：

```
$ ls >>animals_sorted
```

3. 管道命令 |

如果要将目录内的文件名以逆字典顺序列出，可以进行如下操作：

```
$ ls >/tmp/filelist
$ sort -r</tmp/filelist
```

以上方法虽然可行，但是比较笨拙。Linux 系统提供了管道，利用管道可以将一个命令的输出作为另一个命令的输入来使用。例如，采用管道可以按如下方式很容易地完成将目录内的文件名以逆字典顺序列出：

```
$ ls | sort -r
```

下列是管道应用的几个例子。

- 检查一下有几个用户已登录：

```
$ who | wc -l
```

- 检查用户 wang 是否已登录：

```
$ who |grep wang
```

- 将文件 cales 先列出、再排序、最后打印输出：

```
$ cat cales | sort | lp
```

4. shell 编程

当用户登录后，命令窗口就会出现 shell 提示符。也就是说，shell 已在运行并等待着用户输入命令。这个登录 shell 是由/etc/passwd 文件内容决定的。

shell 不仅仅是一个命令解释程序，而且还是一种功能强大的命令程序设计语言，也就是说除了命令集合外，shell 还包括了其他一些有关程序结构控制的语句和变量表示。用户可以用 shell 来快速创建自己的 shell 应用程序，也可以用它来定制环境。

注意 这里仅仅讨论 bash（sh 和 ksh 与之相似），而不讨论 csh 和 tcsh。

- 定义变量

与其他大多数程序设计语言一样，shell 允许自定义变量。用户无须说明变量，就可以用符号"="为变量赋值。在变量赋值之后，可以用"$"加变量名来访问变量值。例如：

```
$ foo="Hello world"
$ echo $foo
Hello world
$
```

- 环境变量

除了以上自定义变量外，还可以将有些变量导出（export）到整个环境，从而影响环境。这些变量常称为环境变量。例如 HOME（用户主目录）、PATH（命令搜索路径）等：

```
$ echo $ HOME
/home/wang
$ echo $USER
wang
$ echo $PATH
/usr/local/netscape:/usr/bin:/usr/X11/bin:/usr/andrew/bin:/usr/openwin/bin:.
$ echo $ SHELL
/bin/bash
```

- 脚本文件

可以将命令直接按顺序组织起来，存入一文件，然后将其权限变为可执行，这样就可执行该文件了。通常称这种文件为脚本文件（script file）。下面是一个脚本文件程序的例子，用以显示命令行参数，用 cat 命令显示这个文件。

```
$ cat show_args
#!/usr/bin/bash
#
echo $0
echo $1
echo $2
echo $3
echo $4
echo $*
$
```

在使用脚本程序前，要赋予其执行权限：

```
$ chmod u+x show_args
```

chmod 命令是改变文件的权限，其中 u+x 表示将文件主的使用权限改为可执行。
以下是 shell 文件执行示例：

```
$ show_args abc def gh i j k l m
./show_args
abc
```

```
def
gh
i
abc def gh i j k l m
$
```

在脚本文件中，也可以使用选择语句和循环语句。以下脚本程序 prints 用来将命令行上所给的文件打印出来，more 命令的功能是分屏列出文件的内容。

```
$ more prints
#!/usr/bin/bash
#
for i in $*
do
  echo "$i is being printed..."
  pr $i | lpr
done
```

下面修改文件 prints 的权限为可执行，然后执行文件 prints：

```
$ chmod u+x prints
$ prints *
```

以上命令执行的结果是把当前目录下所有的文件都在打印机上打印出来。

用户登录时，shell 将自动执行一些初始化文件。对 bash 而言，将执行如下文件：
- /etc/.profile　所有用户在登录时都要执行的系统脚本文件。
- .bash_profile、.bash+login、.profile　用户在登录时执行的个人脚本文件。
- .bashrc　非登录 shell 要执行的个人脚本文件。

用户通过自己设定.profile 文件可以使系统运行环境更适合用户的意愿。

B.3.5　进程控制命令

Linux 是一个多用户多任务操作系统。多任务是指可以同时执行多个任务。但是一般计算机只有一个 CPU，所以严格地说并不能同时执行多个任务。不过，由于 Linux 操作系统只分配给每个任务很短的运行时间片，如 20ms，并且可以快速地在多个任务之间进行切换，因而看起来好像是在同时执行多个任务。

在 Linux 系统中，任务就是进程，它是正在执行的程序。进程在运行过程中要使用 CPU、内存、文件等计算机资源。由于 Linux 是多任务操作系统，可能会有多个进程同时使用同一个资源，因此操作系统要跟踪所有的进程及其使用的系统资源，以便进行进程和资源的管理。

1．Linux 的前台与后台进程

在 Linux 中，进程可以分为前台进程和后台进程。前台进程可以交互操作，也就是说可以从键盘接收输入且可以将输出送到屏幕；而后台进程是不可以交互操作的。前台进程一个接一个地执行，而后台进程可以与其他进程同时执行。

2．进程控制

前面的所有例子中，在 shell 提示符下输入的命令都是按前台方式执行的。如果要按后台方式执行，只要在命令行后加上"&"即可。例如下面的命令执行了数个后台进程：

```
$ yes > /tmp/null &
[1] 163
$ yes >/tmp/trash &
[2] 164
```

- jobs

可以用 shell 内部命令 jobs 来显示当前终端下的所有进程：

```
$ jobs
[1]- Running    yes>tmp/null &
[2]+ Running    yes>tmp/trash &
```

- fg

可以用 fg 将一个后台进程转换为前台进程：

```
$ fg %1
yes >/tmp/null
```

- Ctrl+Z

可以用组合键 Ctrl+Z 暂停执行一个进程，并转换为后台进程：

```
$ fg %1
yes >/tmp/null
Ctrl+Z
[1]- Stopped   yes>/tmp/null
```

- bg

可以用 bg（重新）运行一个后台进程：

```
$ bg %1
[1] yes >/tmp/null
```

- kill

可以用 kill 命令撤销一个进程：

```
$ kill %1
```

- ps

如果想终止某个特定的进程，应该首先使用 ps 命令列出当前正在执行中的进程的清单，然后再使用 kill 命令终止其中的某一个或者全部进程。在默认的情况下，ps 命令将列出当前系统中的进程，如下所示：

```
$ ps
 PID  TTY  STAT  TIME  COMMAND
 367  p0   S     0:00  bash
 581  p0   S     0:01  rxvt
 747  p0   S     0:00  (applix)
 809  p0   S     0:18  netscape index.html
 945  p0   R     0:00  ps
```

ps 命令会列出当前正在运行的程序以及这些程序的进程号，也就是它们的 PID。可以使用这些信息通过向 kill 命令发出一个"-9"，也就是 SIGKILL 信号来终止某个进程：

```
$ kill -9 809
```

- at.atg.atrm

在 Linux 系统中，可以定时执行一个程序。只需用 at（或 batch）、atq、atrm 来分别安排、查询、删除定时作业任务。例如，下面列出一个脚本程序，并安排其在 2:30am 执行：

```
$ more WhoIsWorking
date>home/wang/bin/out
who >>/home/wang/bin/out
$ at -f /home/wang/bin/WhoIsWorking 02:30
Job 4 will be executed using /bin/sh
```

进程之间可能具有父子关系，如在 shell 提示下执行的进程都是当前 shell 的子进程。shell 也是一个进程，它不断地执行用户的输入命令。一般而言，当父进程结束时，其子进程也已结束。与文件系统相似，进程之间的关系也是树状的，但是其变化较快。所有进程都是从 1 号进程 init 进程派生出来的。这就是说，当用户退出系统后，该用户的所有进程，不管是前台的还是后台的，都将结束。

- nohup

如果要让一进程在用户退出系统后继续执行，则可使用 nohup 命令。例如：

```
$ nohup find / -name '*game*', -print &
[1] 320
nohup: appending output to nohup.out'
$
```

3. 进程的优先级

进程是有优先级的。超级用户的优先级比普通用户的要高，用户前台进程的优先级比后台进程的要高。在 Linux 中，优先数为 –20（最高优先级）～19（最低优先级）。默认优先数为 0。所有用户都可以降低自己的优先级，而只有超级用户才可以增加优先级。可以用 nice 命令或者系统调用来改变进程的优先级。

B.3.6 网络应用工具

Linux 和网络有着十分密切的关系，Linux 本身就是 Internet 的产物，Linux 的开发者使用网络进行信息交换，而 Linux 自身又用于各种组织的网络支持。本节简要介绍一些在 Linux 中经常使用到的网络应用工具。

1．mail

利用 Email（Electrical mail，电子邮件）可以与同事同学等联系。例如：

```
$ mail root
Subject: Greeting
How about dinner at 8pm
    EOT
$
```

2．telnet

利用 telnet 可以远程登录到另一台计算机，从而使用其资源。例如：

```
$ telnet astlinux
Trying 202.112.131.225...
Connected to astlinux.wang.buaa.edu.cn
Escape character is '^]'
Linux 2.0.34(astlinux.wang.buaa.edu.cn ) (ttyp0)
astilnux login: root
Password: XXXXXXXX
Linux 2.4.18-14
Last login: Tue Aug 25 22:49:09  on ttype0 from p2linux.wang..
No mail.
I went to the race track once and bet on a horse that was so good that
it took seven others to beat him!
#
```

远程登录实际上是建立在 TCP/IP 网络上的，所有支持 TCP/IP 网络协议的操作系统几乎均提供了 telnet 程序，利用 telnet 用户还可以从 Windows 中登录到一个远程的 Linux 系统中。

3．FTP

利用 ftp 可以从 FTP 站点获取有关软件的源程序等资源。例如：

```
$ftp ftp.zju.edu.cn
Connected to sun3000.zju.ecu.cn.
220 sun3000 FTP server(UNIX(r) System V Release 4.0) ready.
```

```
Name (ftp.zju.edu.cn:wang): anonymous
331 Guest login ok, send ident as password.
Password: anonymous
230 Guest login ok, access restrictions apply.
ftp>?
Commands may be abbreviated. Commands are:
!           debug          mdir        sendport    site
$           dir            mget        put         size
account     disconnect     mkdir       pwd         status
append      exit           mls         quit        struct
ascii       form           mode        quote       system
bell        get            modtime     recv        sunique
binary      glob           mput        reget       tenex
bye         hash           newer       rstatus     tick
case        help           nmap        rhelp       trace
cd          idle           nlist       rename      type
cdup        image          ntrans      reset       user
chmod       lcd            opent       restart     umask
close       ls             prompt      rmdir       verbose
cr          macdef         passive     runique     ?
delete      mdelete        proxy       send
ftp>ls
    200 PORT command successful.
150 ASCII data connection for /bin/ls (210.32.149.83.1111) (0
bytes).
total 16
-r-xr-xr-x      10      1     770 Jul23  1997      README.txt
dr-xr-xr-x      90      3     512 Apr 16 14:27     aix
dr-xr-xr-x      20      1     512 Jul 23  1997     bin
dr-xr-xr-x      20      1     512 Jul 23  1997     dev
dr-xr-xr-x      20      1     512 Jul 23  1997     etc
dr-xr-xr-x      11      1     512 Aug  1 21 :52    pub
drwxr-xr-x      20      1     512 Aug  5 10:57     sun
dr-xr-xr-x      50      1     512 Jul 23  1997     usr
226 ASCII       Transfer complete.
ftp>bin
200Type set to 1.
ftp> get README.txt
local: README.txt remote: README.txt
200 PORT command successful.
150 Binary data connection for README.txt( 210.32.149.83.1114)
(770 bytes).
226 bytes received in 0.00355  secs(2.1e+02 Kbytes/sec)
```

4. WWW

自 20 世纪 90 年代初以来，WWW 一直深受广大用户的喜爱。WWW（World Wide Web

或 Web）是基于 C/S 结构的。用户可以通过 WWW 客户程序（常称为 Web Browser）来访问 WWW 服务器。Linux 上有众多的 Web 浏览器可以选择使用。

B.3.7 联机帮助

- man

在 Linux 系统中，可随时使用联机帮助命令 man，获得命令的解释。例如：

```
$ man vi
```

以上命令可得到有关 vi 命令的使用方法介绍。对于任何不十分清楚的命令都可使用 man 获得命令的解释，man 是 manual 的前三个字母。

B.4 系统管理

Linux 是一个功能强大而复杂的操作系统。为了能更好地发挥系统性能，需要一些系统管理方面的知识。本节介绍超级用户、账号管理和文件系统管理等内容。

B.4.1 超级用户

UID（user ID，用户 ID）称作用户标识符，它是系统分配给每个用户的用户识别号。系统通常通过 UID，而不是用户名来操作和保存用户信息。每一个 Linux 系统上都有一个 UID 为 0 的特殊用户，它常被称作超级用户或 root 用户（因为它的用户名通常为 root）。当以 root 用户身份登录时，对整个系统具有完全访问权限。也就是说，对于 root 用户，系统将不进行任何权限检查，并且系统把所有文件和设备的读、写和执行权限都提供给了 root 用户。这使得 root 用户无所不能。

正因为如此，应当合理使用 root 账号。如果在 root 账号下使用命令不当，后果不堪设想。例如，以 root 身份运行"/bin/rm –rf /"，则将删除整个系统。因此，一般应以普通用户使用系统。当需要以 root 用户身份使用时，可以用 su 命令切换成 root 用户；在执行完系统管理后，应马上用 exit 命令切换到原来状态。

命令 su 可以用来改变用户身份，如果需要切换成 root 用户，只要输入 su 并输入 root 口令就可以了。例如：

```
$ su
Password:
#
```

如果还需要改变所使用的 shell，可以加上选项"-s"。例如：

```
$ su -s /bin/csh
```

```
Password:
# echo $SHELL
/bin/csh
#
```

如果仅仅以 root 用户身份运行一个命令，可以使用选项"-c"。例如：

```
# su -c "vi/etc/passwd"
Password:
```

B.4.2 用户和用户组管理

用户管理是系统管理的一个重要部分。对 Linux 而言，每个用户都有唯一的用户名或登录名（login name）。用户名用来标识每个用户，并避免一个用户删除另一个用户的文件这类事故的发生。每个用户还必须有一个口令。

除了用户登录名和口令外，每个用户还有一些其他属性如用户 ID（UID）、用户组 ID（GID，group ID）、主目录（home directory）、登录 shell（login shell）等。系统上所有用户信息都保存在系统文件/etc/passwd 和/etc/group 中。

1. 用户管理

用户管理包括增加、修改和删除用户账号。这些工作可以通过手工编辑有关文件完成，但是最好使用用户管理工具。这里介绍一组简单的基于命令的用户管理工具：useradd、usermod 和 userdel。基于图形的用户管理工具有 control-panel 等。

- useradd、adduser

如果需要增加一个用户，可以使用 useradd 或 adduser 命令。例如，以下命令增加一个名为 john 的用户。除了用户名外，其他参数均为默认。

```
# adduser john
```

通过此操作，可达到如下效果。

（1）在口令文件/ etc/passwd 中，增加了一个用户 john 的条目：

```
john: x: 506:506::/home/john:/bin/bash
```

（2）如果使用了影子口令（Linux 用来保护口令密文不被泄露的机制），还会在影子口令文件/etc/shadow 中，增加一个用户 john 的条目：

```
john :!!: 10772:0:99999:7:::
```

（3）在用户组文件/etc/group 中，增加了一个用户组 john 的条目：

```
john::506:
```

（4）为用户 john 创建了主目录，并将/etc/skel 下的模板文件复制到/home/john 下。

如果需要修改 useradd 命令的默认配置，可以通过修改目录 /etc/default/和/etc/skel 中的文件来完成。

为了让新增用户可以登录，还需要为他设置一个口令。这可以用 passwd 命令来完成，例如：

```
#passwd john
Changing password for user john
New password:
Retype new password:
passwd: all authentication tokens updated successfully
#
```

- usermod

如果需要修改与用户账号的有关信息，可以使用 usermod 命令。例如，以下命令使用户 john 的账号在 2003 年 6 月 18 日之后为无效：

```
# usermod -e 6/1803 john
```

- chfn

命令 chfn 可以用来修改用户的一些个人信息，例如：

```
$ chfn
Changing finger information for john.
Password:
Name []: John Zheng
Office []: 95 Product Development Center
Office Phone []: 82316288
Home Phone []: 63821235
Finger information changed.
$
```

- chsh

命令 chsh 可以用来改变登录 shell，例如：

```
$ chsh -s /bin/csh john
Changing shell for john.
Password:
Shell changed.
$
```

- userdel

当要删除一个用户时，可以使用 userdel 命令。例如：

```
# userdel john
```

以上 userdel 的用法只删除用户账号，并不删除主目录。如果在删除用户时还要删除其主目录，则可以加上选项 "–r"。

2．用户组管理

对 Linux，每个用户都属于一个或多个用户组。如果用户属于一个用户组，则享受该用户组的权限。这样，只需要配置用户组的权限，就能配置各个用户的权限了。

- groupadd

当要增加一个用户组时，可以使用 groupadd 命令。例如，下面增加了一个名为 teachers 的用户组：

```
# groupadd teachers
```

结果是在用户组文件/etc/group 中增加了如下一行：

```
teachers:x:507:
```

- groupmod

当要修改一个用户组时，可以使用 groupmod 命令。

格式

groupmod [-g dig [o]] [-n name] group

例如，下面将用户组 teachers 改为名为 staff 的用户组：

```
# groupmod -n staff teachers
```

结果是用户组文件/etc/group 中 teachers 行改成了如下内容：

```
staff:x:507:
```

- groupdel

当要删除一个用户组时，可以使用 groupdel 命令。命令 groupdel 很简单，只要加上用户组名就可以了。例如，如下命令删除名为 staff 的用户组：

```
# groupdel staff
```

B.4.3 文件系统管理

数据和程序文件都存储在块设备上，例如硬盘、光盘、软盘等。设备上的文件并不是无序的，而是按一定方法组织起来的。不同组织方法也就形成了不同的文件系统，例如 ext2、ext3、FAT32、FAT16 等。

Linux 操作系统的一个重要特点是，它通过 VFS（virtual file system，虚拟文件系统）支持多种不同的文件系统。Linux 使用最多的文件系统是 ext2，这是专门为 Linux 而设计的文件系统，效率高。ext3 只是在 ext2 的基础上多了日志管理。Linux 也支持许多其他文件系统如 Minix、FAT32、FAT16 等。

另外，Linux 还支持 NFS（network file system，网络文件系统）。若想了解 Linux 所支持的文件系统，可以显示一下 /proc/filesystems。如果需要增加或删除对某个文件系统的支持，可以重新编译内核。

对 Linux 而言，所有设备（如硬盘、光盘、软盘等）的文件系统都有机无缝地组成了一个树状文件系统。这与 MS DOS/Windows 9x/Windows NT/2000/XP 等不一样，不是每个分区都有独立的驱动盘符。

由于数据和文件都位于文件系统上。如果文件系统出了问题，则后果不堪设想。因此文件系统的管理尤为重要。本节主要介绍如下有关文件系统方面的知识：

- 如何安装和卸载文件系统。
- 如何监视文件系统。
- 如何创建文件系统。
- 如何维护文件系统。

1. 手工安装和卸装文件系统

在访问一个文件系统之前，必须首先将文件系统安装到一个目录上（除了根文件系统之外，因为根文件系统在启动时自动安装到根目录/上）。安装方法有二：一是启动时系统自动根据文件/etc/fstab 来安装；二是用 mount 命令或相关工具来手工安装。这里简单介绍 mount 命令。

- mount

命令 mount 的基本用途是将一个设备上的文件系统安装到某目录上。

格式

mount -t type device dir

参数说明

device：待安装文件系统的块设备名。

type：文件系统类型。关于系统所支持的文件系统类型的信息，可参见文件 /proc/filesystems。

dir：安装点。

例如，下面将第一硬盘第一分区的 FAT32 文件系统安装到 /dosc 上，这样就可以从 /dosc 处访问该文件系统了：

```
# mount -t vfat /dev/hda1 /dosc
```

命令 mount 还可以用来列出所有安装的文件系统：

```
# mount
/dev/hda3 on /type ext2(rw)
none on /proc type proc(rw)
/dev/hda2 on /dosd type vfat(rw)
none on /dev/pts type devpts (rw, mode=0622)
hawk:(pid470) on/net type nfs(intr, rw, port=1023, timeo=8, retrans=110,
 indirect,)
/dev/hda1 on/dosc type vfat (rw)
#
```

- umount

文件系统的卸装很容易，只要使用命令 umount 即可。

格式

umount [-nrv] [device][dir [....]]

例如，如果要卸装以上刚刚安装的文件系统，可以这样：

`# umount /dosc`

也可以这样：

`# umount /dev/hda1`

2．自动安装和卸装文件系统

除了用手工方式安装文件系统外，系统还可以自动安装和卸装文件系统，只要在文件 /etc/fstab 中列出要安装的文件系统。除了注释行外，每行描述一个文件系统。每行包括如下一些由空格或制表符分隔的字段：

- 设备点　指定要安装的块设备或远程文件系统。
- 安装点　指定文件系统的安装点。
- 文件系统类型　Linux 支持许多文件系统，如 ext2、ext3、ext、minix、sysv、swap、xiafs、msdos、vfat、hpfs、NFS 等。
- 安装选项　这是一组以逗号隔开的安装选项。关于本地文件系统的安装选项，请参见 mount(8)；而关于远程文件系统的安装选项，可参见 nfs(5)。
- 备份选项　指定是否使用 dump 命令备份文件系统。如果数值为 0，表示不备份。
- 检查选项　指定在系统引导时 fsck 命令按什么顺序检查文件系统。根文件系统的值应为 1，即最先检查。所有其他需要检查的文件系统的值为 2。如果没有指定数值或数值为 0，表示引导时不做一致性检查。

下面是一个/etc/fstab 的示例：

```
/dev/hda3      /            ext2       defaults           1 1
/dev/hda1      /dosc        vfat       defaults           0 0
/dev/hda2      /dosc        vfat       defaults           0 0
/dev/hda4      swap         swap       defaults           0 0
/dev/fd0       /mnt/floppy  ext2                  noauto,user
/dev/cdrom     /mnt/cdrom   iso9660 noauto, ro,user       0 0
none           /proc        proc       defaults           0 0
none           /dev/pts     devpts mode=0622              0 0
```

在大多数情况下，Linux 系统所使用的文件系统并不经常发生变化。因此，如果将这些经常使用的文件系统存放在文件 /etc/fstab 之中，则系统启动时会自动安装这些文件系统，而在系统关机时能自动卸装它们。

3. 监视文件系统状态

- df

当要显示文件系统的使用情况时，可以使用命令 df。例如：

```
# df
Filesystem    1k-blocks      Used       Available   Use %    Mounted on
/dev/hda3     2563244        1344202    1086506     55%      /
/dev/hda1     1614272        928        1613344     0%       /dosc
/dev/hda2     2004192        1509268    494924      75%      /dosd
```

- du

当要显示某一个目录及其所有子目录所占空间，可以使用命令 du。例如：

```
# du -s /home
310984 /home
#
```

4. 维护文件系统

对文件系统要定期检查。如果出现损坏或破坏的文件，则需要修补。

- 最常用的方法是在文件/etc/fstab 中将检查选项数值（pass number）设置为大于 0 的正整数，如 1 或 2。这样系统在启动时会自动检查文件系统的完整性。
- 另一种方法是直接使用 fsck 命令来检查文件系统，如果需要，还可强制该命令修改错误。这是一个前端命令，根据不同的文件系统类型，fsck 将调用不同的检查程序如 fsck ext2 等。

格式

`fsck [-AVRTNP ] [-s ] [-t fstype] [-ar] filesys [...]`

参数说明

-A：对/etc/fstab 中的文件系统逐个检查。通常在系统启动时使用。
-V：详细模式。列出有关 fsck 检查时的附加信息。
-R：当和 -A 一起使用时，不检查根文件系统。
-T：开始时不显示标题。
-N：不执行，只显示要做什么。
-P：当和 -A 一起使用时，并行处理所有文件系统。
-s：串行处理文件系统。
-t fstype：指定要检查文件系统的类型。
-a：不询问而自动修复所发现的问题。
-r：在修复之前，请求确认。
filesys：指定要检查的文件系统。可以是块设备名/dev/hda2，也可以是安装点如/usr。

在 fsck 检查一文件系统时，最好先卸下这个文件系统。这样保证了在检查该文件系统时，没有其他程序在并行操作。

5．建立文件系统

当增加一个新硬盘或需要改变硬盘上原来分区时，在 Linux 能使用之前，需要对磁盘进行分区和创建文件系统。

创建磁盘分区可以用 fdisk 命令，而利用 mkfs 命令可以建立或初始化文件系统。实际上，每个文件系统类型都对应有自己单独的初始化命令，mkfs 只是最常用的一个前台的程序，它实际根据要建立的文件系统类型调用相应的命令，文件系统类型由 mkfs 命令的 "-t" 参数指定。其他常用的 mkfs 命令有如下参数。

-c：检查坏块并建立相应的坏块清单。

-l filename：从指定的文件 filename 中读取初始坏块。

B.4.4 Linux 源代码文件安放结构

Linux 系统模块的源程序文件主要由如下几部分构成：

arch	针对不同的硬件体系结构设置的模块
fs	文件系统
init	初始化模块
ipc	进程间通信
kernel	内核
include	.h 头文件
lib	库函数
mm	存储管理
net	网络管理
drivers	驱动程序
scripts	脚本文件
documantation	系统文档

Linux 内核模块体系结构如图 B-5 所示。该图不仅体现了 Linux 设计总体思想，也体现了一般的整体内核操作系统的组成原理以及用户的应用程序与操作系统内核之间的关系。

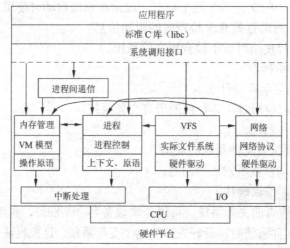

图 B-5　Linux 操作系统体系结构

B.5 小结

本附录主要讨论了操作系统用户界面，以 Linux 为例，介绍了 Linux 的系统调用的添加和 shell 解释程序的开发方法。为了让初学者了解 Linux，从 Linux 的安装、简单使用以及系统管理三个方面介绍了用户如何通过操作系统来实现与计算机之间的交互，并且为 Linux 的初学者介绍了使用 Linux 的基本常识。

Linux 是由众多软件高手共同开发的，一种运行于多种平台、源代码公开的自由软件；它是与 UNIX 兼容的操作系统，功能强大、遵守 POSIX（可移植操作系统接口）标准，也被称为是 PC 上的 UNIX 操作系统。本附录还介绍了 Red Hat Linux 的安装，并以 Linux 的简单操作为主，讲解了有关 Linux 的文件操作、vi 工具的使用、shell 编程、进程控制以及网络应用工具等内容。为了使学生能够更好地掌握 Linux 的系统功能，还着重讲解了一些 Linux 系统管理方面的知识。

B.6 习题

1．熟悉安装 Linux 系统。
2．试建一个普通用户账号。
3．试使用 man 命令浏览常用的 ls、pwd、cd、cc、vi、a.out（运行程序）等命令。
4．用 C 语言编写一个简单的程序，使用 vi 录入，用 cc 进行编译，运行 a.out 完成程序的执行。
5．利用 Linux 提供的操作系统源代码，重新生成一个新的内核，然后重新启动系统，并试用一下这个新的内核。提示：参考 B.1.1 节中"重建新的 Linux 内核"提供的命令系列。

参 考 文 献

[1] 任爱华，李鹏，刘方毅. 操作系统实验指导. 北京：清华大学出版社，2004.
[2] 任爱华. 操作系统辅导与提高. 北京：清华大学出版社，2004.
[3] 任爱华. 操作系统实用教程. 北京：清华大学出版社，2001.
[4] 任爱华，王雷. 操作系统使用教程（第二版）. 北京：清华大学出版社，2004.
[5] 陈向群，马洪兵，王雷，等. Windows 内核实验教程. 北京：机械工业出版社，2002.
[6] 王巍. Operating System Practical（Chinese）. [http://wssok.51.net]，2002.11
[7] 胡希明，毛德操. Linux 内核源代码情景分析，上/下册. 杭州：浙江大学出版社，2001.
[8] 顾宝根，王立松，顾喜梅. 操作系统实验教程——核心技术与编程实例. 北京：科学出版社，2003.
[9] 代玲莉 欧阳劲，博嘉科技主编. Linux 内核分析与实例应用. 北京：国防工业出版社，2002.
[10] 朱友芹. 新编 Windows API 参考大全. 北京：电子工业出版社，2000.
[11] 汤子瀛，哲凤屏，汤小舟. 计算机操作系统. 西安：西安电子科技大学出版社，2000.
[12] Gary Nutt. 潘登，冯锐，陆丽娜，等译. Linux 操作系统内核实习. 北京：机械工业出版社，Addison-Wesley，2002.
[13] W.Richard Stevens. 尤晋元，等译. UNIX 环境高级编程. 北京：北京：机械工业出版社，Addison-Wesley，2000.
[14] Kurt Wall 等. 张辉，译. GNU/Linux 编程指南（第二版）. 北京：清华大学出版社，2002.
[15] Jeffrey Richter. 王建华，张焕生，侯丽坤，等译. （Programming Applications for Microsoft Windows, (Fourth Edition））Windows 核心编程. 北京：机械工业出版社，2000.
[16] GNU 项目：ntfs.h、FileDisk；[http://www.acc.umu.se/~bosse]，2003.
[17] Linux 技术丛书编委会. Linux 开发者指南. 北京：北京希望电子出版社，2000.
[18] Andrew S. Tanenbaum 著. 陈向群，马洪兵，等译.（Modern Operating Systems（Second Edition））现代操作系统. 北京：机械工业出版社，2005.
[19] 蒋立源，康慕宁. 编译原理（第三版）. 西安：西北工业大学出版社，2005.
[20] 陈意云. 编译原理和技术. 合肥：中国科学技术出版社，2005.

读者意见反馈

亲爱的读者：

  感谢您一直以来对清华版计算机教材的支持和爱护。为了今后为您提供更优秀的教材，请您抽出宝贵的时间来填写下面的意见反馈表，以便我们更好地对本教材做进一步改进。同时如果您在使用本教材的过程中遇到了什么问题，或者有什么好的建议，也请您来信告诉我们。

  地址：北京市海淀区双清路学研大厦 A 座 602 室　　计算机与信息分社营销室　收
  邮编：100084　　　　　　　　　　　　电子信箱：jsjjc@tup.tsinghua.edu.cn
  电话：010-62770175-4608/4409　　　邮购电话：010-62786544

教材名称：操作系统实用教程（第三版）实验指导
ISBN：978-7-302-20250-9
个人资料
姓名：_____ 年龄：_____ 所在院校/专业：_____
文化程度：_____ 通信地址：_____
联系电话：_____ 电子信箱：_____
您使用本书是作为：□指定教材　□选用教材　□辅导教材　□自学教材
您对本书封面设计的满意度：
□很满意　□满意　□一般　□不满意　改进建议_____
您对本书印刷质量的满意度：
□很满意　□满意　□一般　□不满意　改进建议_____
您对本书的总体满意度：
从语言质量角度看　□很满意　□满意　□一般　□不满意
从科技含量角度看　□很满意　□满意　□一般　□不满意
本书最令您满意的是：
□指导明确　□内容充实　□讲解详尽　□实例丰富
您认为本书在哪些地方应进行修改？（可附页）
_____
_____

您希望本书在哪些方面进行改进？（可附页）
_____
_____

电子教案支持

敬爱的教师：

  为了配合本课程的教学需要，本教材配有配套的电子教案（素材），有需求的教师可以与我们联系，我们将向使用本教材进行教学的教师免费赠送电子教案（素材），希望有助于教学活动的开展。相关信息请拨打电话 010-62776969 或发送电子邮件至 jsjjc@tup.tsinghua.edu.cn 咨询，也可以到清华大学出版社主页（http://www.tup.com.cn 或 http://www.tup.tsinghua.edu.cn）上查询。